海洋技术与作业：理论与实践

［挪威］奥韦·托拜厄斯·古德梅斯戴德（Ove Tobias Gudmcstad） 著

白　勇 **主审**　　船海书局 **译**

U0295892

上海交通大学出版社

内容提要

本书共有 15 章,涵盖流体动力学、线性波理论、波浪载荷、结构设计原则、船舶与浮式结构物的稳性、海上作业等海洋技术和作业方面的理论知识。

本书可作为海洋科学硕士学位课程的入门教材,并为教师提供参考,让他们将课程延伸到船舶稳性、高阶波分析、船舶非线性运动等专业课程;也可为博士生和研究人员解决海洋技术相关问题提供借鉴。

图书在版编目(CIP)数据

海洋技术与作业:理论与实践 /(挪)奥韦·托拜厄斯·古德梅斯戴德(Ove Tobias Gudmestad)著;船海书局译. --上海:上海交通大学出版社,2019
ISBN 978-7-313-21185-9

Ⅰ.①海… Ⅱ.①奥… ②船… Ⅲ.①海洋学 Ⅳ.①P7

中国版本图书馆 CIP 数据核字(2019)第 070460 号

Translation from the English language edition:
Marine Technology and Operations: Theory & Practice
Copyright © WIT Press 2015
All Rights Reserved
上海市版权局著作权合同登记号:图字 09-2017-1127 号

海洋技术与作业:理论与实践

主　　编:[挪威]奥韦·托拜厄斯·古德梅斯戴德　　　　　翻　　译:船海书局
　　　　　(Ove Tobias Gudmestad)
出版发行:上海交通大学出版社　　　　　　　　　　　　地　　址:上海市番禺路 951 号
邮政编码:200030　　　　　　　　　　　　　　　　　　电　　话:021-64071208
印　　刷:武汉精一佳印刷有限公司　　　　　　　　　　经　　销:全国新华书店
开　　本:787mm×1092mm　1/16　　　　　　　　　　印　　张:20
字　　数:465 千字
版　　次:2019 年 11 月第 1 版　　　　　　　　　　　　印　　次:2019 年 11 月第 1 次印刷
书　　号:ISBN 978-7-313-21185-9
定　　价:485.00 元

出　　品:船海书局
网　　址:www.ship-press.com
告 读 者:如发现本书有印装质量问题请与船海书局发行部联系。
服务热线:4008670886

《海洋技术与作业：理论与实践》编译委员会

（以下排名不分先后）

主任委员

白　勇

副主任委员

王海斌　方　励　贾　宇　丁建玲　石　斌　周祖洋

卢道华　王世明

委　员

张大勇　张崇伟　陈家旺　章繁荣　何宜军　王彩霞

周长江　武文华　刘齐辉　陈燕虎　丁忠军　高祎凡

金　钐　邵强强

主　审

白　勇

翻　译

王　红　段子冰　王兴刚　江齐锋

编辑校对

梁启康　解洲水　黄付鑫　任康旭

前　言

海洋技术教科书通常由对海洋技术科学的特定领域具有强烈研究兴趣和有专业背景的学者编写的。这本书是由一位从事工程问题工作四十年的从业者花了二十多年的时间编写的。该从业者同时作为工程师和教师工作可能影响了书中所包含内容的选择。

海洋工程师需要在海上设计和操作的几个方面拥有广泛的知识背景。这些知识涉及海上设施应用的设计以及船舶安装和改装/维护工作的操作条件的评估。这种需求出现在海洋产业、海洋油气业以及海上可再生产业中。

作者的目的是本书应涵盖工程师所需具备知识的几个主题,为那些欲深入探讨书中不同主题的人提供一个参考。在整个工程职业生涯中,作者需要了解书中讨论的所有方面,包括定性的风险分析,该分析可以认为是识别海上作业风险的极好工具。

本书应视为作者尝试为海洋工程科学的学生编写的教材,学生们将喜欢这种实用而可靠的海洋工程教学方法。

本书可作为海洋科学硕士学位课程的入门教材,并为课程延伸到船舶稳性、高阶波分析、船舶非线性运动、北极海洋工程等专业课程的教师提供灵感;也可为博士生和研究人员解决海洋技术相关问题提供参考。

目　录

第1章 流体动力学

研究波浪的总体目标是描述海洋中作用于结构物的力。由于水质点的加速度和速度决定了作用于结构上的力,因此要描述波浪力,必须首先研究加速度和速度。

本章介绍流体动力学的最重要的几个方面。首先讨论流体的性质以及流体内部发生的情况。然后考虑方程的边界条件,研究波的运动方程和波浪作用下的水质点的行为。

在讨论流体动力学之前,先简单探讨一下流体静力学的相关知识。

1.1 流体静力学基本方程

流体静力学的任务是考虑液体平衡的规律。在这里,取 Z 轴向上为正(满足右手法则),由此重力向下为负。作用在单位微元体上的外力如图 1.1 所示,并得到:

$$\boldsymbol{f} = (f_x, f_y, f_z) \tag{1.1}$$

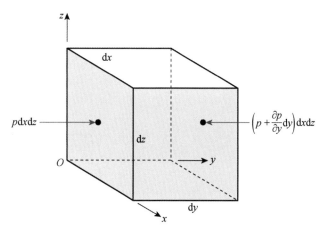

图 1.1 微元体在 x 轴方向受力情况

1.1.1 微元体在 x 轴方向受力情况

微元体在 x 轴方向作用力如图 1.2 所示。

在平衡条件下,微元体在 x 轴方向所受外力之和等于 0:

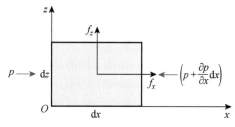

图 1.2 x 轴方向作用力

$$pdz\,dy + f_x dx\,dy\,dz - \left(p + \frac{\partial p}{\partial x}dx\right)dz\,dy = 0 \tag{1.2}$$

$$\Rightarrow f_x dx\,dy\,dz - \frac{\partial p}{\partial x}dx\,dy\,dz = 0 \tag{1.3}$$

$$\Rightarrow f_x - \frac{\partial p}{\partial x} = 0 \tag{1.4}$$

式中,f_x 是微元体在 x 轴方向上所受到的单位力;dx、dy、dz 是微元体的体积;p 是外部压力,由此可得 $f_x = \partial p/\partial x$。因此,如果 $f_x = 0$,就得出 $\partial p/\partial x = 0$。这表明当微元体平衡时,压力在 x 轴方向上是恒定不变的。

1.1.2　微元体在 y 轴方向受力情况

微元体在 y 轴方向上的受力方程(见图 1.3)与 x 轴方向上的方程一样。将上述计算方程中的 x 用 y 替换,得到:

$$f_y - \frac{\partial p}{\partial y} = 0 \tag{1.5}$$

式中,f_y 是微元体在 y 轴方向上所受到的单位力;dx、dy、dz 是微元体的体积,由此可得 $f_y = \partial p/\partial y$。因此,如果 $f_y = 0$,就得出 $\partial p/\partial y = 0$。这也表明当元素不运动时压力在 y 轴方向上是恒定不变的。

1.1.3　微元体在 z 轴方向受力情况

微元体在 z 轴方向上所受外力,如图 1.4 所示。

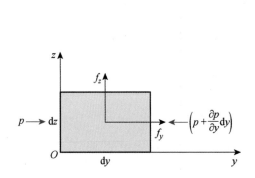

图 1.3　y 轴方向作用力

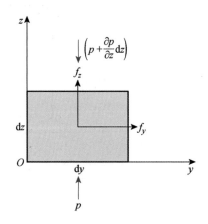

图 1.4　z 轴方向作用力

在平衡条件下,微元体在 z 轴方向所受外力之和等于 0,即

$$pdy\,dx + f_z dx\,dy\,dz - \left(p + \frac{\partial p}{\partial z}dz\right)dxdy = 0 \tag{1.6}$$

$$\Rightarrow f_z - \frac{\partial p}{\partial z} = 0 \tag{1.7}$$

z 轴方向的总作用力为

$$f = ma = -mg = -\rho dVg \tag{1.8}$$

则式(1.7)变为

$$f_z = \frac{\partial p}{\partial z} = -\rho g \tag{1.9}$$

流体力学静力方程为

$$\left.\begin{array}{l} \dfrac{\partial p}{\partial x} = f_x = 0 \\[2mm] \dfrac{\partial p}{\partial y} = f_y = 0 \\[2mm] \dfrac{\partial p}{\partial z} = f_z = -\rho g \end{array}\right\} \Rightarrow \nabla = \boldsymbol{f} \tag{1.10}$$

用向量表示,得到:

$$\frac{\partial}{\partial x} p \boldsymbol{i} + \frac{\partial}{\partial y} p \boldsymbol{j} + \frac{\partial}{\partial z} p \boldsymbol{k} = \boldsymbol{f} = -\rho g \boldsymbol{k} \tag{1.11}$$

$$\nabla = \boldsymbol{f} = -\rho g \boldsymbol{k} \tag{1.12}$$

式中,$\boldsymbol{i}$、$\boldsymbol{j}$、$\boldsymbol{k}$ 是单位方向向量;$\nabla = \frac{\partial}{\partial x}\boldsymbol{i} + \frac{\partial}{\partial y}\boldsymbol{j} + \frac{\partial}{\partial z}\boldsymbol{k}$ 是梯度。

1.1.4　静水压力表示

压力仅在 z 轴方向上有变化,由此得到:

$$\frac{\partial p}{\partial z} = -\rho g \tag{1.13}$$

假设液体密度恒定(为不可压缩流体),通过积分可得:

$$p = -\rho g z + C = -\rho g z + p_0 \tag{1.14}$$

式中,$C = p_0$ 是 $z = 0$ 自由液面上的大气压力。

原点取在自由液面,则自由液面处 $z = 0$,自由液面以下 z 为负数。另外,在底部 $z = -d$,其中 d 是水深,单位为 m。可以看出液体压强随着水深的增大而增大。而且,在规则波顶部 $z = H/2$,其中 H 是波高。

1.1.5　阿基米德定律的验证

取一条长为 l、宽为 b、高为 h 的驳船。驳船下潜深度为 d 米(见图 1.5),在平衡状态下得出:

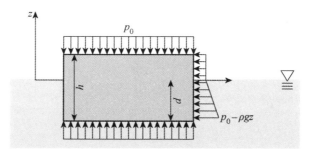

图 1.5　潜水驳船受力

$$mg + p_0bl = (p_0 - \rho gz)\,|_{z=-d}bl \tag{1.15}$$

重力 大气压力

$$mg + p_0bl = p_0bl - \rho g(-d)bl \tag{1.16}$$

$$\underline{mg} = \rho g\,\underline{dbl} \tag{1.17}$$

驳船重量 排水体积

排水量

$$m = \rho dbl \tag{1.18}$$

式中，m 是驳船的质量；ρ 是水的密度。这证明了阿基米德定律。由此可以得出下潜深度：

$$d = \frac{m}{\rho bl} \tag{1.19}$$

1.2 流体动力学的介绍

流体动力学是流体运动的集合术语，与流体静力学相反。当流体密度恒定不变时，它被称为不可压缩流体。水和油被视为不可压缩流体，而气体则不是。

(1) 定义：通过每个微元体的质量流＝密度×质量流的速度。

(2) 物理原理：质量的连续性要求通过微元体的净质量流与微元体质量的增加量相等。

(3) 速度写成 $U = ui + vj + wk$（或者 $v = v_xi + v_yj + v_zk$）。

首先考虑在 dt 时间内作用于微元体 x 轴方向上的质量力（见图 1.6）。

$$\underline{\rho u\,dy\,dz\,dt} - \left(\rho u\,dy\,dz + \frac{\partial}{\partial x}(\rho u)\,dx\,dy\,dz\right)dt \tag{1.20}$$

流经微元体的质量流 质量流的变化

微元体外部的质量流

$$= \rho u\,dy\,dz\,dt - \rho u\,dy\,dz\,dt - \frac{\partial}{\partial x}(\rho u)\,dx\,dy\,dz\,dt \tag{1.21}$$

$$= -\frac{\partial}{\partial x}(\rho u)\,dx\,dy\,dz\,dt \tag{1.22}$$

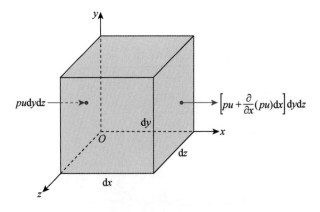

图 1.6 经过流体元的流

因此，在时间 dt 内，体积 $dx\,dy\,dz$ 中的总的质量力为

$$-\frac{\partial}{\partial x}(\rho u)\mathrm{d}x\,\mathrm{d}y\,\mathrm{d}z\,\mathrm{d}t - \frac{\partial}{\partial y}(\rho v)\mathrm{d}x\,\mathrm{d}y\,\mathrm{d}z\,\mathrm{d}t - \frac{\partial}{\partial z}(\rho w)\mathrm{d}x\,\mathrm{d}y\,\mathrm{d}z\,\mathrm{d}t \tag{1.23}$$

$$= \underbrace{-\rho\mathrm{d}x\,\mathrm{d}y\,\mathrm{d}z}_{\substack{\text{无质量流流经}\\\text{微元体的之前质量}}} + \underbrace{\left(\rho + \frac{\partial\rho}{\partial t}\mathrm{d}t\right)\mathrm{d}x\,\mathrm{d}y\,\mathrm{d}z}_{\substack{\text{时间}\mathrm{d}t\text{内质量流流经}\\\text{微元体之后的质量}}} \tag{1.24}$$

$$= \frac{\partial\rho}{\partial t}\mathrm{d}x\,\mathrm{d}y\,\mathrm{d}z\,\mathrm{d}t \tag{1.25}$$

$$= \frac{\partial}{\partial t}\rho\mathrm{d}\forall\,\mathrm{d}t \tag{1.26}$$

时间 t 的质量 $t = \rho\mathrm{d}\forall$

时间 $\mathrm{d}t$ 内质量的增加量 $= \frac{\partial}{\partial t}(\rho\mathrm{d}\forall)\mathrm{d}t = \frac{\partial\rho}{\partial t}\mathrm{d}\forall\,\mathrm{d}t$

若 $\mathrm{d}x\,\mathrm{d}y\,\mathrm{d}z\,\mathrm{d}t \neq 0$，质量力的一般方程为

$$-\frac{\partial}{\partial x}(\rho u) - \frac{\partial}{\partial y}(\rho v) - \frac{\partial}{\partial z}(\rho w) = \frac{\partial\rho}{\partial t} \tag{1.27}$$

$$\Rightarrow \frac{\partial\rho}{\partial t} + \frac{\partial}{\partial x}(\rho u) + \frac{\partial}{\partial y}(\rho v) + \frac{\partial}{\partial z}(\rho w) = 0 \tag{1.28}$$

$$\Rightarrow \frac{\partial\rho}{\partial t} + u\frac{\partial\rho}{\partial x} + \rho\frac{\partial u}{\partial x} + v\frac{\partial\rho}{\partial y} + \rho\frac{\partial v}{\partial y} + w\frac{\partial\rho}{\partial z} + \rho\frac{\partial w}{\partial z} = 0 \tag{1.29}$$

$$\Rightarrow \frac{\partial\rho}{\partial t} + \left(u\frac{\partial\rho}{\partial x} + v\frac{\partial\rho}{\partial y} + w\frac{\partial\rho}{\partial z}\right) + \rho\left(\frac{\partial u}{\partial x} + \frac{\partial v}{\partial y} + \frac{\partial w}{\partial z}\right) = 0 \tag{1.30}$$

这是连续性方程。

定义全微分算子：

$$\frac{\mathrm{D}}{\mathrm{D}t} = \frac{\partial}{\partial t} + u\frac{\partial}{\partial x} + v\frac{\partial}{\partial y} + w\frac{\partial}{\partial z} \tag{1.31}$$

得到一个新的连续性方程：

$$\frac{\mathrm{D}\rho}{\mathrm{D}t} + \rho\left(\frac{\partial u}{\partial x} + \frac{\partial v}{\partial y} + \frac{\partial w}{\partial z}\right) = 0 \tag{1.32}$$

$$\Rightarrow \frac{\mathrm{D}\rho}{\mathrm{D}t} + \rho\nabla\cdot\boldsymbol{U} = 0 \tag{1.33}$$

式中，$\mathrm{D}/\mathrm{D}t$ 是全微分算子；ρ 是水的密度；$\boldsymbol{U} = u\boldsymbol{i} + v\boldsymbol{j} + w\boldsymbol{k}$ 是速度矢量。

全微分算子 $\mathrm{D}/\mathrm{D}t$ 表示当一个水质点以速度 (u,v,w) 在一个区域内运动时随时间和空间而产生的变化。

首项 $\partial/\partial t$ 表示一个水质点随时间的变化，而其他项则表示水质点的空间运动变化。

如果流体是不可压缩的，就有 $(\partial\rho/\partial t) = (\partial\rho/\partial x) = (\partial\rho/\partial y) = (\partial\rho/\partial z) = 0$，此外还有 $(\mathrm{D}\rho/\mathrm{D}t) = 0$。由式(1.23)可见，不可压缩流体的质量力方程很容易得到：

$$\nabla\cdot\boldsymbol{U} = \frac{\partial u}{\partial x} + \frac{\partial v}{\partial y} + \frac{\partial w}{\partial z} = 0 \tag{1.34}$$

示例

无风情况下一堆篝火。当一个质点以速度 $\boldsymbol{U} = (u,v,w)$ 在一个区域范围内的运动，随着时间和空间的整体变化可以通过全微分算子 $\mathrm{D}/\mathrm{D}t$ 得出。一个人以 1 m/s 的速度走向篝火，温度梯度由 $\partial T/\partial t = 1°/\mathrm{s}$，$\partial T/\partial x = 10°/\mathrm{m}$ 得出。由此，总的温度变化是 $\mathrm{D}T/\mathrm{D}t = \partial T/$

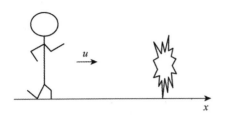

图1.7 人走近篝火受热

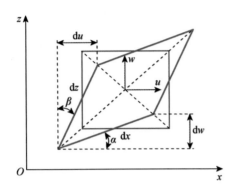

图1.8 一个水质点的变形

$\partial t + u \cdot \partial T / \partial x = 1°/\mathrm{s} + 1\ \mathrm{m/s} \cdot 10°/\mathrm{m} = 11°/\mathrm{s}$，这个人经历的总的温度变化如图1.7所示。

1.3 无旋流/势流

假设水是一种理想的流体，水质点之间没有剪切力，即无摩擦流动。除了海底附近的水或者流经某个结构的水外，其他的水流均可用理想流体进行近似。利用这个假设，一个水质点围绕着其重心的旋转必须是零，这就是"无旋流"；当水在运动时，水质点元素变形但不旋转。质点的侧面相互之间无摩擦滑动。无旋流的假设是下列推导的基础。

考虑一个水质点的变形（见图1.8），在 $x\text{-}z$ 坐标系中重心处的速度为 (u,w)。质量相对于重心没有旋转；因此，$\tan\alpha = -\tan\beta \Rightarrow \tan\alpha + \tan\beta = 0$。速度差为 $\mathrm{d}u$ 和 $\mathrm{d}w$，得到：

$$\tan\alpha = -\frac{\mathrm{d}w}{\mathrm{d}x} = -\frac{\partial w}{\partial x}\mathrm{d}t \tag{1.35}$$

$$\tan\beta = \frac{\mathrm{d}u}{\mathrm{d}z} = \frac{\partial u}{\partial z}\mathrm{d}t \tag{1.36}$$

由此可得：

$$\frac{\partial u}{\partial z} - \frac{\partial w}{\partial x} = 0 \tag{1.37}$$

同理，分别对于 $y\text{-}z$ 和 $x\text{-}y$ 平面，得到：

$$\frac{\partial w}{\partial y} - \frac{\partial v}{\partial z} = 0 \tag{1.38}$$

$$\frac{\partial v}{\partial x} - \frac{\partial u}{\partial y} = 0 \tag{1.39}$$

考虑 ∇ 和 $\boldsymbol{U}$ 的矢量积。

$$\nabla \times \boldsymbol{U} = \begin{vmatrix} \boldsymbol{i} & \boldsymbol{j} & \boldsymbol{k} \\ \dfrac{\partial}{\partial x} & \dfrac{\partial}{\partial y} & \dfrac{\partial}{\partial z} \\ u & v & w \end{vmatrix} = \boldsymbol{i}\left(\frac{\partial w}{\partial y} - \frac{\partial v}{\partial z}\right) - \boldsymbol{j}\left(\frac{\partial w}{\partial x} - \frac{\partial u}{\partial z}\right) + \boldsymbol{k}\left(\frac{\partial v}{\partial x} - \frac{\partial u}{\partial y}\right) = = \boldsymbol{0} \tag{1.40}$$

无旋

$$\nabla \times \boldsymbol{U} = \boldsymbol{0} \tag{1.41}$$

因此，速度矢量的旋转（旋度）是一个零矢量。针对速度有两个方程：

$$\nabla \cdot \boldsymbol{U} = 0 \quad \text{（不可压缩流）} \tag{1.42}$$

$$\nabla \times \boldsymbol{U} = \boldsymbol{0} \quad \text{（无旋流）} \tag{1.43}$$

1.4　水质点的速度

现在可以从速度中找到速度分量 u、v 和 w 的表达式,从速度中可以找到加速度,从加速度中可以找到力。速度的成因主要包括两方面:①潮汐因素,如潮水;②有波浪引起的或者由波浪下水流引起的动力学因素。

现在设法找到一个函数 $\varphi = \varphi(x, y, z, t)$,使得这个函数在某方向上的偏导数等于该方向的速度。由于我们用速度的偏导数 $\partial u/\partial x$、$\partial v/\partial y$、$\partial w/\partial z$ 来操作,推导偏微分方程:

$$u = \frac{\partial \varphi}{\partial x}, \quad v = \frac{\partial \varphi}{\partial y}, \quad w = \frac{\partial \varphi}{\partial z} \tag{1.44}$$

$$\boldsymbol{U} = (u, v, w) = \left(\frac{\partial \varphi}{\partial x}, \frac{\partial \varphi}{\partial y}, \frac{\partial \varphi}{\partial z} \right) \tag{1.45}$$

$$\nabla = \frac{\partial \varphi}{\partial x}\boldsymbol{i} + \frac{\partial \varphi}{\partial y}\boldsymbol{j} + \frac{\partial \varphi}{\partial z}\boldsymbol{k} = \boldsymbol{U} \tag{1.46}$$

这样的函数 φ 称为速度的势函数。现在将为 φ 寻求一个微分方程。函数必须是一个光滑函数,即导数必须存在并且是连续可导的。对于这样一个光滑函数,可以交换求导的顺序:

$$\frac{\partial}{\partial z}\left(\frac{\partial \varphi}{\partial x}\right) = \frac{\partial}{\partial x}\left(\frac{\partial \varphi}{\partial z}\right) \Rightarrow \frac{\partial u}{\partial z} = \frac{\partial w}{\partial x} \tag{1.47}$$

$$\frac{\partial}{\partial z}\left(\frac{\partial \varphi}{\partial y}\right) = \frac{\partial}{\partial y}\left(\frac{\partial \varphi}{\partial z}\right) \Rightarrow \frac{\partial v}{\partial z} = \frac{\partial w}{\partial y} \tag{1.48}$$

$$\frac{\partial}{\partial y}\left(\frac{\partial \varphi}{\partial x}\right) = \frac{\partial}{\partial x}\left(\frac{\partial \varphi}{\partial y}\right) \Rightarrow \frac{\partial u}{\partial y} = \frac{\partial v}{\partial x} \tag{1.49}$$

这三个方程等同于 $\nabla \times \boldsymbol{U} = \boldsymbol{0}$。因此已经展示了函数 φ 存在的条件就是流场的旋度为零。另外,基于流体为不可压缩流体,可以找出势函数 φ 的方程:

$$\nabla \cdot \boldsymbol{U} = 0 \tag{1.50}$$

$$\Rightarrow \frac{\partial u}{\partial x} + \frac{\partial v}{\partial y} + \frac{\partial w}{\partial z} = 0 \tag{1.51}$$

$$\Rightarrow \frac{\partial}{\partial x}\left(\frac{\partial \varphi}{\partial x}\right) + \frac{\partial}{\partial y}\left(\frac{\partial \varphi}{\partial y}\right) + \frac{\partial}{\partial z}\left(\frac{\partial \varphi}{\partial z}\right) = 0 \tag{1.52}$$

$$\Rightarrow \frac{\partial^2 \varphi}{\partial x^2} + \frac{\partial^2 \varphi}{\partial y^2} + \frac{\partial^2 \varphi}{\partial z^2} = 0 \tag{1.53}$$

$$\Rightarrow \nabla^2 \varphi = 0 \tag{1.54}$$

最后一个方程是二阶拉普拉斯微分方程。简而言之,如果流体流是无旋的,$\nabla \cdot \boldsymbol{U} = \boldsymbol{0}$;如果是不可压缩的,$\nabla \cdot \boldsymbol{U} = 0$;势函数是存在的,例如,$\nabla \varphi = \boldsymbol{U}$ 且 $\nabla^2 \varphi = 0$。因此,我们针对不可压缩、无旋的流体流有三个简化的方程:

$$\nabla \cdot \boldsymbol{U} = 0 \tag{1.55}$$

$$\nabla \times \boldsymbol{U} = \boldsymbol{0} \tag{1.56}$$

$$\nabla^2 \varphi = 0 \tag{1.57}$$

结论:

为了找出势函数 $\varphi(x, y, z, t)$,使用两个假设:

- 不可压缩流体：$\qquad \nabla \cdot \boldsymbol{U} = 0$
- 无旋流：$\qquad\qquad \nabla \times \boldsymbol{U} = \boldsymbol{0}$

$\left.\vphantom{\begin{array}{c}a\\b\end{array}}\right\}$ 遵守质量守恒定律。

两个都满足拉普拉斯方程 $\nabla^2 \varphi = 0$。

势函数满足的方程式：

$$\frac{\partial^2 \varphi}{\partial x^2} + \frac{\partial^2 \varphi}{\partial y^2} + \frac{\partial^2 \varphi}{\partial z^2} = 0 \tag{1.58}$$

在开阔海域中，波浪通常是三维的，在某些情况下可将波场描述为二维形式：

$$\frac{\partial^2 \varphi}{\partial x^2} + \frac{\partial^2 \varphi}{\partial z^2} = 0 \tag{1.59}$$

海里水质点的运动，不仅是波浪，还有波浪力。$\varphi = \varphi(x, y, z, t)$ 关于方向的导数将使我们得出波浪以下水流的特性，如水平速度（u），水平加速度（$\dot{u}$），垂直速度（w），垂直加速度（$\dot{w}$）等。

1.5 边界条件

势流方程是一个偏微分方程。一般来说，有两种类型的方程：①常微分方程（ODE），如果知道初始条件/边界，就可以得到唯一的解；②偏微分方程（PDE），即使知道边界条件，解也不是唯一的。

为了求解拉普拉斯方程 $\nabla^2 \varphi = 0$，需要边界条件。常微分方程有唯一解，而偏微分方程有一系列解。欲求解表面正弦波的相关方程，边界条件将从实际问题的物理边界中找到。

下面用三个边界条件（见图 1.9）来求解拉普拉斯方程 $\nabla^2 \varphi = 0$：

- 海底边界条件（BBC）
- 壁面边界条件（WBC）
- 表面边界条件：

—自由表面运动学边界条件（KFSBC）

—自由表面动力学边界条件（DFSBC）

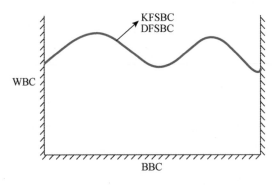

图 1.9　求解拉普拉斯方程的边界条件

1.5.1 海底边界条件

海水不能穿过海底流动。假设海底为一个平面，其中 d 是水的深度。

$$w\mid_{z=-d} = 0 \Rightarrow \frac{\partial \varphi}{\partial z}\Big|_{z=-d} = 0 \qquad (1.60)$$

1.5.2　壁面边界条件

海水不能穿过壁面。在这里考虑一个垂直壁面 $x = a$。

$$u\mid_{x=a} = 0 \Rightarrow \frac{\partial \varphi}{\partial x}\Big|_{x=a} = 0 \qquad (1.61)$$

对于移动的壁面,有如下条件:

$$\frac{\partial \varphi}{\partial x}\Big|_{x=a(t)} = S(t) \qquad (1.62)$$

式中,$S(t)$ 是移动壁面在时间 t 时的速度。

对于一条船,有

$$\frac{\partial \varphi}{\partial n}\Big|_{(x_i,y_i,z_i)} = 0 \qquad (1.63)$$

在以船为参考系的坐标系中,垂直于船体的速度分量大小为零,这表示水流不会穿过船体流动。

1.5.3　表面边界条件

水不能穿过表面流动。表面会通过自我调整达到这个目的,观察两种不同的条件:

(1) 自由表面运动学边界条件(KFSBC)。

(2) 自由表面动力学边界条件(DFSBC)。

自由表面运动学边界条件:"一个在自由表面上的水质点会一直保持在自由表面上。"令 $\xi = \xi(x,t)$ 表示表面,使用二维描述。在垂直方向上的速度是

$$w = \frac{\partial \varphi}{\partial z} = \frac{\mathrm{d}z}{\mathrm{d}t}\Big|_{z=\xi(x,t)} = \left(\frac{\partial z}{\partial t} + u\frac{\partial z}{\partial x}\right)\Big|_{z=\xi(x,t)} = \left(\frac{\partial \xi}{\partial t} + u\frac{\partial \xi}{\partial x}\right) \qquad (1.64)$$

该表达式由于交叉项 $u(\partial\xi/\partial x)$ 的存在而为非线性的。此外,为了得出速度 $w = \partial\varphi/\partial z$,需要知道 u,这需要迭代得到。表达式中的项也有不同的数量级;如果 $\partial\xi/\partial t$,$\partial\xi/\partial x$ 和 u 为 ξ 阶,则 $u(\partial\xi/\partial x)$ 为 ε^2 阶。线性化表达式将消除 ε^2 阶的非线性项,因此

$$\underbrace{\frac{\partial \varphi}{\partial z}\Big|_{z=\xi(x,t)}}_{\text{表面波的速度}} = \underbrace{\frac{\partial \varphi}{\partial z}\Big|_{z=0}}_{\text{自由表面处的速度}} = \frac{\partial \xi}{\partial t} \qquad (1.65)$$

式(1.65)忽略了非线性交叉项 $u(\partial\xi/\partial x)$,假定表面波的速度等于自由液面处速度。该假设仅适用于对小波的近似。在本书中,只考虑线性化的表面条件。

自由表面动力学边界条件:"自由表面的压力恒定不变且与大气压力相等"。伯努利方程:

$$\frac{P}{\rho} + gz + \frac{\partial \varphi}{\partial t} + \frac{1}{2}(u^2 + w^2) = C(t) \qquad (1.66)$$

描述了液体中的压力变化。函数 $C(t)$ 并不重要,可以设置为任意适当的常数。在自由表面上,$P = P_0$ 且 $z = \xi(x,t)$。如果让 $C(t) = P_0/\rho$,当在表面上 $P = P_0$ 时,两个项 P/ρ 和 P_0/ρ 将相互抵消。即

$$g\xi + \frac{\partial \varphi}{\mathrm{d}t}\Big|_{z=\xi} + \frac{1}{2}(u^2 + w^2)\mid_{z=\xi} = 0 \qquad (1.67)$$

非线性项将方程进行线性化处理,由此,忽略项 $\frac{1}{2}(u^2 + w^2)\big|_{z=\xi}$。另外,令 $\frac{\partial\varphi}{\partial t}\big|_{z=\xi} = \frac{\partial\varphi}{\partial t}\big|_{z=0}$。之所以测算 $z=0$ 而不是 $z=\xi$ 处的 $\frac{\partial\varphi}{\partial t}$,是因为波高与波长相比为小量。由此可以测算 $z=0$ 时的边界条件。该近似方法不适用于大波,但这是目前能找到的最佳一阶近似方法。因此,得到的在自由表面上边界条件的线性化表达式为

$$g\xi + \frac{\partial\varphi}{\partial t}\bigg|_{z=0} = 0 \Rightarrow \xi = -\frac{1}{g}\frac{\partial\varphi}{\partial t}\bigg|_{z=0} \tag{1.68}$$

综上所述,拉普拉斯方程 $\nabla^2\varphi = (\partial^2\varphi/\partial x^2) + (\partial^2\varphi/\partial z^2) = 0$ 满足以下边界条件:

$$\frac{\partial\varphi}{\partial z}\bigg|_{z=-d} = 0 \qquad \text{(在海底,海底边界条件)}$$

$$\frac{\partial\varphi}{\partial z}\bigg|_{z=0} = \frac{\partial\xi}{\partial t} \qquad \text{(在表面,自由表面运动学边界条件)} \tag{1.69}$$

$$\xi = -\frac{1}{g}\frac{\partial\varphi}{\partial t}\bigg|_{z=0} \qquad \text{(在表面,自由表面动力学边界条件)}$$

通过将这两个表面边界条件结合,得到:

$$\frac{\partial\varphi}{\partial z}\bigg|_{z=0} = \frac{\partial\xi}{\partial t} = \frac{\partial}{\partial t}\left(-\frac{1}{g}\frac{\partial\varphi}{\partial t}\bigg|_{z=0}\right) \tag{1.70}$$

$$\Rightarrow \frac{\partial^2\varphi}{\partial t^2} + g\frac{\partial\varphi}{\partial z} = 0 \quad \text{for} \quad z=0 \tag{1.71}$$

根据上述边界条件,可以通过求解拉普拉斯方程 $\nabla^2\varphi = 0$ 来得出 φ。根据 φ 可以找到 $\boldsymbol{U}$,因为 $\nabla\varphi = \boldsymbol{U}$。然而,这仅适用于不可压缩流和无旋流。由于线性化的自由表面边界条件,本章推导出的理论是线性波理论,由此得到的波是正弦波,该理论的适用性较广。

基于小波假设,波幅相对于波长($\xi_0/\lambda_0 \sim 0$ 且 $\xi_0 \ll \lambda_0$)为小量,在线性化中,忽略了平方项,使用在 $z=0$ 自由液面而不是 $\xi = \xi(x, t)$ 处的边界条件。由于 ξ_0 很小,所以可以利用 $z=0$ 静水位(SWL)处的速度值定义自由液面处的速度。

此外,可以求解拉普拉斯方程并获得高阶波理论。在这种方法中,表面边界条件不是线性化的。该方法对海浪的描述更具真实性和代表性。然而,真正的波浪,其波峰幅值大于波谷幅值。根据需要解决的工程问题,高阶波理论在工业中得到相应的应用,在深水中,常用的是斯托克斯五阶波浪理论。

考虑一个正弦波 $\xi(x, t) = \xi_0\sin\theta$,如图 1.10 所示。

式中:

$\xi_0 = $ 波幅($H/2$);

$H = $ 波高;

$\theta = $ 相位角,($\omega t - kx$);

$\omega = $ 圆 / 角频率,($\omega = 2\pi/T$);

$k = $ 波数($k = 2\pi/L$);

$T = $ 波周期;

$L = $ 波长。

二阶波浪理论是一种结合线性解和非线性项的高阶波浪理论示例。相较于一阶线性波理论,根据二阶波浪理论得到的波浪的波峰值更高(波峰增加 20% 左右),波通量更小(见图

1.11），并且二阶波浪理论更适用于浅水水域。

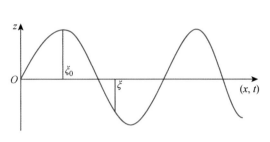

图 1.10 　正弦波剖面

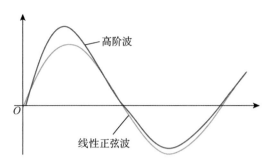

图 1.11 　非线性波与线性波对比

1.6　示例

1.6.1　例 1.1

1）流体静力学

一个尺寸为 $L \times B \times H = 30 \text{ m} \times 10 \text{ m} \times 10 \text{ m}$ 的箱式结构，重量为 3 200 t。通过吊车将箱式结构提升到水中并沉到海底。

使用流体静力学方程来求解当箱结构完全浸没在水中时所受到的作用力。

表面压力等于 $P = P_0$。

液体没有运动，因此 $F_x = F_y$，式（1.10）中的静水力学方程得出：

在 x 轴上：$F_x - \dfrac{\partial p}{\partial x} = 0$

在 y 轴上：$F_y - \dfrac{\partial p}{\partial y} = 0$

在 z 轴上：$F_z - \dfrac{\partial p}{\partial z} = -\rho g$

此外，由于水是不可压缩流体：$p = -\rho g z + C = -\rho g z + p_0$

因此，平衡方程（见图 1.12）：

$$F_{\text{顶}} = A(P_0 + \rho g z)$$
$$F_{\text{底}} = A(P_0 + \rho g (z + h))$$

垂直面：

$$\sum F = 0$$
$$\sum F = F_{\text{底}} + F_{\text{吊}} - (F_{\text{顶}} + F_m) = 0$$
$$\sum F = A(P_0 + \rho g (z + h)) + F_{\text{吊}} - (A(P_0 + \rho g z) + mg) = 0$$
$$\sum F = AP_0 + A\rho g z + A\rho g h + F_{\text{吊}} - AP_0 - A\rho g z - mg = 0$$
$$\sum F = \rho g V + F_{\text{吊}} - mg = 0$$

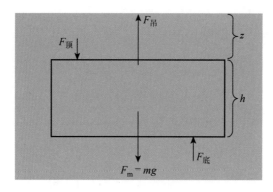

图 1.12 作用于水下结构物上的力

$$F_{吊} = mg - \rho g V$$

$$F_{吊} = 3\,200 \times 9.81 - 1.025 \times 9.81 \times 30 \times 10 \times 10$$

$$F_{吊} = 1226.25 \text{ kN}$$

吊机用 1226.25 kN 的力固定住箱子,否则箱子会下沉。

2)流体动力学

为了从势函数计算一个波中水质点的速度和加速度,必须做出一些假设。总结这些假设并讨论其有效性。

为了找到势函数 $\varphi(x, y, z, t)$,运用两个假设:

不可压缩流体 $\nabla \cdot \boldsymbol{U} = 0$ $\left.\right\}$ 遵守质量守恒方程。
无旋流 $\nabla \times \boldsymbol{U} = \boldsymbol{0}$

两个方程都满足拉普拉斯方程 $\nabla^2 \varphi = 0$。

水质点的非旋转流动意味着质点会发生变形,但不会旋转。

此外,假设一种理想流体,这意味着质点之间没有摩擦。

3)当用边界条件求解势函数方程时,进行线性化处理

(1)自由表面运动学边界条件(KFSBC):"一个在自由表面上的水质点会一直保持在自由表面上"。垂直方向上的速度为

$$w = \frac{\partial \varphi}{\partial z} = \frac{\mathrm{d}z}{\mathrm{d}t}\bigg|_{z=\xi(x,t)} = \left(\frac{\partial z}{\partial t} + u\,\frac{\partial z}{\partial x}\right)\bigg|_{z=\xi(x,t)} = \left(\frac{\partial \xi}{\partial t} + u\,\frac{\partial \xi}{\partial x}\right)$$

由于交叉项 $u(\partial \xi/\partial x)$ 的存在,该表达式是非线性的。此外,为了找出速度 $w = \partial \varphi/\partial z$,需要知道 u,这需要迭代。表达式中的项也有不同的量级;如果 $\partial \xi/\partial t$,$\partial \xi/\partial x$ 和 u 具有阶 ε,则 $u(\partial \xi/\partial x)$ 项具有阶数 ε^2。

线性化表达式将消除 ε^2 阶的非线性项,由此得到:

$$\underbrace{\frac{\partial \varphi}{\partial z}\bigg|_{z=\xi(x,t)}}_{\text{表面波速度}} = \underbrace{\frac{\partial \varphi}{\partial z}\bigg|_{z=0}}_{\text{静止表面速度}} = \frac{\partial \xi}{\partial t}$$

在这里,非线性的交叉项 $u(\partial \xi/\partial x)$ 被忽略,且表面波的速度被设定为与静止表面的速度相等。

(2)自由表面动力学边界条件(KFSBC):"自由表面上的压力是恒定不变的且与大气压

力相等"。

自由表面边界条件的线性化版本为

$$g\xi + \frac{\partial \varphi}{\partial t}\Big|_{z=0} = 0 \Rightarrow \xi = -\frac{1}{g}\frac{\partial \varphi}{\partial t}\Big|_{z=0}$$

基于小波假设,波幅相对于波长($\xi_0/\lambda_0 \sim 0$ 且 $\xi_0 \ll \lambda_0$)为小量,在线性化中,忽略了平方项,使用在 $z=0$ 自由液面而不是 $\xi = \xi(x,t)$ 处的边界条件。由于 ξ_0 很小,所以可以利用 $z=0$ 静水位(SWL)处的速度值定义自由液面处的速度。

1.6.2　例 1.2

以势函数描述海况[见式(2.57)]:

$$\varphi(x,t) = \varphi_1 + \varphi_2 = \frac{\xi_{01} g}{\omega_1}\frac{\cosh k_1(z+d)}{\cosh k_1 d}\cos(\omega_1 t - k_1 x) +$$

$$\frac{\xi_{02} g}{\omega_2}\frac{\cosh k_2(z+d)}{\cosh k_2 d}\cos(\omega_2 t - k_2 x)$$

(1) 求出三个正交方向上的速度分量。

从势函数中得出速度:

x 轴上的水平速度 $u = \partial \varphi/\partial x$

$$u = \frac{\xi_{01} g}{\omega_1}\frac{\cosh k_1(z+d)}{\cosh k_1 d}(-)(-k_1)\sin(\omega_1 t - k_1 x) +$$

$$\frac{\xi_{02} g}{\omega_2}\frac{\cosh k_2(z+d)}{\cosh k_2 d}(-)(-k_2)\sin(\omega_2 t - k_2 x)$$

$$u = \frac{\xi_{01} g}{\omega_1}\frac{\cosh k_1(z+d)}{\cosh k_1 d}(k_1)\sin(\omega_1 t - k_1 x) +$$

$$\frac{\xi_{02} g}{\omega_2}\frac{\cosh k_2(z+d)}{\cosh k_2 d}(k_2)\sin(\omega_2 t - k_2 x)$$

由上述方程可以看出,水平速度函数与表面函数具有相同的表达型式:$\xi = \xi_0 \sin(\omega t - kx)$。在本示例中,给出了两个波浪方程的叠加。

当两个波都位于波峰处时,水平速度具有最大值,其中 $\sin(\omega t - kx) = 1$;当两个波都在波谷处时,水平速度为最小值,其中 $\sin(\omega t - kx) = -1$。

对于深水,可以做一些简化处理:

$$\cosh d = \frac{e^d + e^{-d}}{2} \approx \frac{e^d}{2}$$

$$\sinh d = \frac{e^d - e^{-d}}{2} \approx \frac{e^d}{2}$$

由此水平速度变为

$$u_{\text{deep}} = \frac{\xi_{01} g}{\omega_1}(k_1)e^{k_1 z}\sin(\omega_1 t - k_1 x) + \frac{\xi_{02} g}{\omega_2}(k_2)e^{k_2 z}\sin(\omega_2 t - k_2 x)$$

对于浅水,也可以做一些简化:

$$\cosh d = \frac{e^d + e^{-d}}{2} \approx \frac{1+1}{2} = 1$$

$$\sinh d = \tanh d \approx d$$

因此

$$u_{浅水} = \frac{\xi_{01} g}{\omega_1}(k_1)\sin(\omega_1 t - k_1 x) + \frac{\xi_{02} g}{\omega_2}(k_2)\sin(\omega_2 t - k_2 x)$$

y 轴方向上的速度 $v = \partial\varphi/\partial y$

$$v = \frac{\partial\varphi}{\partial y} = 0$$

z 轴方向上的速度 $w = \partial\varphi/\partial z$

$$w = \frac{\xi_{01} g}{\omega_1}\frac{\cos(\omega_1 t - k_1 x)}{\cosh k_1 d}\frac{\partial}{\partial z}\cosh k_1(z+d) + \frac{\xi_{02} g}{\omega_2}\frac{\cos(\omega_2 t - k_2 x)}{\cosh k_2 d}\frac{\partial}{\partial z}\cosh k_2(z+d)$$

其中：

$$\frac{\mathrm{d}}{\mathrm{d}x}\sinh x = \cosh x$$

$$\frac{\mathrm{d}}{\mathrm{d}x}\cosh x = \sinh x$$

$$w = \frac{\xi_{01} g}{\omega_1}\frac{\cos(\omega_1 t - k_1 x)}{\cosh k_1 d}(k_1)\sinh k_1(z+d) +$$

$$\frac{\xi_{02} g}{\omega_2}\frac{\cos(\omega_2 t - k_2 x)}{\cosh k_2 d}(k_2)\sinh k_2(z+d)$$

$$w = \frac{\xi_{01} g}{\omega_1}(k_1)\frac{\sinh k_1(z+d)}{\cosh k_1 d}\cos(\omega_1 t - k_1 x) +$$

$$\frac{\xi_{02} g}{\omega_2}(k_2)\frac{\sinh k_2(z+d)}{\cosh k_2 d}\cos(\omega_2 t - k_2 x)$$

由上述方程可以总结出垂直速度的形式为 $\xi = \xi_0\sin(\omega t - kx)$。

这个例子为两个波方程的叠加。当两个波都位于波峰处时，垂直速度值为 0，其中 $\sin(\omega t - kx) = 1$ 或 $\cos(\omega t - kx) = 0$，即波峰下的垂直速度为零。

对于深水，垂直速度为

$$w_{深水} = \frac{\xi_{01} g}{\omega_1}(k_1)\mathrm{e}^{k_1 z}\cos(\omega_1 t - k_1 x) + \frac{\xi_{02} g}{\omega_2}(k_2)\mathrm{e}^{k_2 z}\cos(\omega_2 t - k_2 x)$$

对于浅水，垂直速度为

$$w_{浅水} = \frac{\xi_{01} g}{\omega_1}(k_1)\frac{k_1(z+d)}{1}\cos(\omega_1 t - k_1 x) + \frac{\xi_{02} g}{\omega_2}(k_2)\frac{k_2(z+d)}{1}\cos(\omega_2 t - k_2 x)$$

（2）表明速度矢量是无散度的，并给出了无散度流的条件。

$$\nabla \cdot \boldsymbol{U} = \frac{\partial u}{\partial x} + \frac{\partial v}{\partial y} + \frac{\partial w}{\partial z} = 0$$

由问题（1）可知

$$u = \frac{\xi_{01} g}{\omega_1}\frac{\cosh k_1(z+d)}{\cosh k_1 d}(k_1)\sin(\omega_1 t - k_1 x) +$$

$$\frac{\xi_{02} g}{\omega_2}\frac{\cosh k_2(z+d)}{\cosh k_2 d}(k_2)\sin(\omega_2 t - k_2 x)$$

因此

$$\frac{\partial u}{\partial x} = \frac{\xi_{01} g}{\omega_1}\frac{\cosh k_1(z+d)}{\cosh k_1 d}(k_1)(-k_1)\cos(\omega_1 t - k_1 x) +$$

$$\frac{\xi_{02} g}{\omega_2}\frac{\cosh k_2(z+d)}{\cosh k_2 d}(k_2)(-k_2)\cos(\omega_2 t - k_2 x)$$

$$\frac{\partial u}{\partial x} = -\frac{\xi_{01} g k_1^2}{\omega_1} \frac{\cosh k_1(z+d)}{\cosh k_1 d} \cos(\omega_1 t - k_1 x) +$$

$$\frac{\xi_{02} g k_2^2}{\omega_2} \frac{\cosh k_2(z+d)}{\cosh k_2 d} \cos(\omega_2 t - k_2 x)$$

且

$$w = \frac{\xi_{01} g}{\omega_1}(k_1) \frac{\sinh k_1(z+d)}{\cosh k_1 d} \cos(\omega_1 t - k_1 x) +$$

$$\frac{\xi_{02} g}{\omega_2}(k_2) \frac{\sinh k_2(z+d)}{\cosh k_2 d} \cos(\omega_2 t - k_2 x)$$

因此

$$\frac{\partial w}{\partial z} = \frac{\xi_{01} g}{\omega_1} \frac{\cos(\omega_1 t - k_1 x)}{\cosh k_1 d}(k_1)(k_1) \cosh k_1(z+d) +$$

$$\frac{\xi_{02} g}{\omega_2} \frac{\cos(\omega_2 t - k_2 x)}{\cosh k_2 d}(k_2)(k_2) \cosh k_2(z+d)$$

$$\frac{\partial w}{\partial z} = \frac{\xi_{01} g}{\omega_1} k_1^2 \frac{\cosh k_1(z+d)}{\cosh k_1 d} \cos(\omega_1 t - k_1 x) +$$

$$\frac{\xi_{02} g}{\omega_2} k_2^2 \frac{\cosh k_2(z+d)}{\cosh k_2 d} \cos(\omega_2 t - k_2 x)$$

$$\frac{\partial u}{\partial x} + \frac{\partial w}{\partial z} = -\frac{\xi_{01} g}{\omega_1} k_1^2 \frac{\cosh k_1(z+d)}{\cosh k_1 d} \cos(\omega_1 t - k_1 x) +$$

$$\frac{\xi_{02} g}{\omega_2} k_2^2 \frac{\cosh k_2(z+d)}{\cosh k_2 d} \cos(\omega_2 t - k_2 x) +$$

$$\frac{\xi_{01} g}{\omega_1} k_1^2 \frac{\cosh k_1(z+d)}{\cosh k_1 d} \cos(\omega_1 t - k_1 x) +$$

$$\frac{\xi_{02} g}{\omega_2} k_2^2 \frac{\cosh k_2(z+d)}{\cosh k_2 d} \cos(\omega_2 t - k_2 x) = 0$$

$$\nabla \cdot \boldsymbol{U} = \frac{\partial u}{\partial x} + \frac{\partial v}{\partial y} + \frac{\partial w}{\partial z} = 0$$

如果流体单元的密度在其运动过程中不改变,则认为该流体是不可压缩的。它是流的性质,而不是流体的性质。物质流体元素的密度变化率由物质导数给出:

$$\frac{\mathrm{D}\rho}{\mathrm{D}t} = \frac{\partial \rho}{\partial t} + u\frac{\partial \rho}{\partial x} + v\frac{\partial \rho}{\partial y} + w\frac{\partial \rho}{\partial z}$$

根据连续性方程,得到:

$$\frac{\mathrm{D}\rho}{\mathrm{D}t} + \rho\left(\frac{\partial u}{\partial x} + \frac{\partial v}{\partial y} + \frac{\partial w}{\partial z}\right) = 0$$

因此,如果流速场的散度为零,则流体是不可压缩的。注意,在不可压缩流体中密度场可以不一致,只需要流体元素的密度在穿过空间流动时不随时间改变即可。例如,海洋中的流体由于分层现象,水的密度并不一致,即便如此,也可以视为不可压缩的。

$$\nabla \cdot \boldsymbol{U} = \frac{\partial u}{\partial x} + \frac{\partial v}{\partial y} + \frac{\partial w}{\partial z} = 0$$

(3)说明速度矢量是非旋转的,讨论非旋转概念的物理意义及其局限性。

$$\nabla \times \boldsymbol{U} = \text{rotation} \qquad \nabla \times \boldsymbol{U} = \begin{vmatrix} ii & jj & kk \\ \dfrac{\partial}{\partial x} & \dfrac{\partial}{\partial y} & \dfrac{\partial}{\partial z} \\ u & v & w \end{vmatrix}$$

无旋流 → $\nabla \times \boldsymbol{U} = \mathbf{0}$

$$\nabla \times \boldsymbol{U} = ii\left(\frac{\partial w}{\partial y} - \frac{\partial v}{\partial z}\right) - jj\left(\frac{\partial w}{\partial x} - \frac{\partial u}{\partial z}\right) + kk\left(\frac{\partial v}{\partial x} - \frac{\partial u}{\partial y}\right)$$

$$\frac{\partial w}{\partial y} = 0$$

$$\frac{\partial v}{\partial z} = 0$$

$$w = \frac{\xi_{01} g}{\omega_1}(k_1) \frac{\sinh k_1(z+d)}{\cosh k_1 d}\cos(\omega_1 t - k_1 x) +$$

$$\frac{\xi_{02} g}{\omega_2}(k_2) \frac{\sinh k_2(z+d)}{\cosh k_2 d}\cos(\omega_2 t - k_2 x)$$

$$\frac{\partial w}{\partial x} = \frac{\xi_{01} g}{\omega_1} \frac{\sinh k_1(z+d)}{\cosh k_1 d}(k_1)(-)(-k_1)\sin(\omega_1 t - k_1 x) +$$

$$\frac{\xi_{02} g}{\omega_2} \frac{\sinh k_2(z+d)}{\cosh k_2 d}(k_2)(-)(-k_2)\sin(\omega_2 t - k_2 x)$$

$$\frac{\partial w}{\partial x} = \frac{\xi_{01} g}{\omega_1}k_1^2 \frac{\sinh k_1(z+d)}{\cosh k_1 d}\sin(\omega_1 t - k_1 x) +$$

$$\frac{\xi_{02} g}{\omega_2}k_2^2 \frac{\sinh k_2(z+d)}{\cosh k_2 d}\sin(\omega_2 t - k_2 x)$$

$$u = \frac{\xi_{01} g}{\omega_1} \frac{\cosh k_1(z+d)}{\cosh k_1 d}(k_1)\sin(\omega_1 t - k_1 x) +$$

$$\frac{\xi_{02} g}{\omega_2} \frac{\cosh k_2(z+d)}{\cosh k_2 d}(k_2)\sin(\omega_2 t - k_2 x)$$

$$\frac{\partial u}{\partial z} = \frac{\xi_{01} g}{\omega_1} \frac{\sin(\omega_1 t - k_1 x)}{\cosh k_1 d}(k_1)(k_1)\sinh k_1(z+d) +$$

$$\frac{\xi_{02} g}{\omega_2} \frac{\sin(\omega_2 t - k_2 x)}{\cosh k_2 d}(k_2)(k_2)\sinh k_2(z+d)$$

$$\frac{\partial u}{\partial z} = \frac{\xi_{01} g}{\omega_1}k_1^2 \frac{\sin(\omega_1 t - k_1 x)}{\cosh k_1 d}\sinh k_1(z+d) +$$

$$\frac{\xi_{02} g}{\omega_2}k_2^2 \frac{\sin(\omega_2 t - k_2 x)}{\cosh k_2 d}\sinh k_2(z+d)$$

$$\frac{\partial v}{\partial x} = 0$$

$$\frac{\partial u}{\partial y} = 0$$

因此

$$\nabla \times \boldsymbol{U} = -jj\left\{\left(\frac{\xi_{01} g}{\omega_1}k_1^2 \frac{\sinh k_1(z+d)}{\cosh k_1 d}\sin(\omega_1 t - k_1 x) + \right.\right.$$

$$\left.\frac{\xi_{02} g}{\omega_2}k_2^2 \frac{\sinh k_2(z+d)}{\cosh k_2 d}\sin(\omega_2 t - k_2 x)\right) -$$

$$\Big(\frac{\xi_{01}g}{\omega_1}k_1^2 \frac{\sin(\omega_1 t - k_1 x)}{\cosh k_1 d}\sinh k_1(z+d) +$$

$$\frac{\xi_{02}g}{\omega_2}k_2^2 \frac{\sin(\omega_2 t - k_2 x)}{\cosh k_2 d}\sinh k_2(z+d) \Big) \Big\} = \mathbf{0}$$

无旋流意味着水是一种理想的流体,在水质点之间没有剪切力(无摩擦流动)。除了海底附近的水或者流经某个结构的水外,其他的水流均可用理想流体进行近似。利用这个假设,一个水质点围绕着其重心的旋转必须是零,这就是"无旋流";当水在运动时,水质点元素变形但不旋转。质点的侧面相互之间无摩擦滑动。

如果流体流动为无旋流,则 $\nabla \times \mathbf{U} = \mathbf{0}$;若流体不可压缩,则 $\nabla \cdot \mathbf{U} = \mathbf{0}$。若存在一个势函数即 $\nabla \varphi = \mathbf{U}$ 且满足 $\nabla^2 \varphi = 0$(拉普拉斯方程),其中拉普拉斯方程是:

$$\nabla \varphi = \frac{\partial^2 \varphi}{\partial x^2} + \frac{\partial^2 \varphi}{\partial z^2} = 0$$

且边界条件为

① 底部条件。没有水可以穿过底部流动(考虑一个平底):

$$w = \frac{\partial \varphi}{\partial z}\Big|_{z=-d} = 0$$

② 壁面条件。没有水可以穿过壁面流动(考虑一个 $x = a$ 时的垂直壁面):

$$u = \frac{\partial \varphi}{\partial x}\Big|_{x=a} = 0$$

③ 表面条件。没有水可以穿过表面流动。表面上的水质点将保持在表面上。

——运动学边界条件:表面上的水质点将保持在表面上。

$$\frac{\partial \varphi}{\partial z}\Big|_{z=\xi(x,t)} = \frac{\mathrm{D}z}{\mathrm{D}t}\Big|_{z=\xi(x,t)}$$

$$\frac{\partial \varphi}{\partial t}\Big|_{z=\xi(x,t)} = \frac{\partial \xi}{\partial t} + u\frac{\partial \xi}{\partial x}$$

经线性化简化处理:$\rightarrow \dfrac{\partial \varphi}{\partial z}\Big|_{z=0} = \dfrac{\partial \xi}{\partial t}$。

——动力学边界条件:波表面的压力与大气压力相等(连续压力变化)。

伯努利方程:

$$\frac{P}{\rho} + \frac{\partial \varphi}{\partial t} + \frac{1}{2}(u^2 + v^2 + w^2) + gz = 常数$$

$$\xi(x,t) = -\frac{1}{g}\frac{\partial \varphi}{\partial t}\Big| \quad \rightarrow 动力学线性化边界条件。$$

将两个边界条件结合,得到:

$$\frac{\partial \varphi}{\partial z} + \frac{1}{g}\frac{\partial^2 \varphi}{\partial t^2} = 0$$

在这种情况下,满足拉普拉斯方程的证明:

$$\nabla^2 \varphi = \frac{\partial^2 \varphi}{\partial x^2} + \frac{\partial^2 \varphi}{\partial z^2} = -\frac{\xi_{01}gk_1^2}{\omega_1}\frac{\cosh k_1(z+d)}{\cosh k_1 d}\cos(\omega_1 t - k_1 x) +$$

$$\frac{\xi_{02}gk_2^2}{\omega_2}\frac{\cosh k_2(z+d)}{\cosh k_2 d}\cos(\omega_2 t - k_2 x) +$$

$$\frac{\xi_{01}g}{\omega_1}k_1^2 \frac{\cos(\omega_1 t - k_1 x)}{\cosh k_1 d}\cosh k_1(z+d) +$$

$$\frac{\xi_{02}\,g}{\omega_2}k_2^2\,\frac{\cos(\omega_2 t - k_2 x)}{\cosh k_2 d}\cosh k_2(z+d) = 0$$

边界条件

① 底部条件：

$$w = \frac{\partial \varphi}{\partial z}\Big|_{z=-d} = \frac{\xi_{01}\,g}{\omega_1}(k_1)\,\frac{\sinh k_1(z+d)}{\cosh k_1 d}\cos(\omega_1 t - k_1 x) +$$

$$\frac{\xi_{02}\,g}{\omega_2}(k_2)\,\frac{\sinh k_2(z+d)}{\cosh k_2 d}\cos(\omega_2 t - k_2 x) =$$

$$\frac{\xi_{01}\,g}{\omega_1}(k_1)\,\frac{\sinh k_1(-d+d)}{\cosh k_1 d}\cos(\omega_1 t - k_1 x) +$$

$$\frac{\xi_{02}\,g}{\omega_2}(k_2)\,\frac{\sinh k_2(-d+d)}{\cosh k_2 d}\cos(\omega_2 t - k_2 x) = 0$$

② 表面条件：

$$\frac{\partial \varphi}{\partial z} + \frac{1}{g}\frac{\partial^2 \varphi}{\partial t^2} = 0 \quad \text{for} \quad z = 0$$

$$\frac{\partial \varphi}{\partial z} = \frac{\xi_{01}\,g}{\omega_1}k_1\cos(\omega_1 t - k_1 x) + \frac{\xi_{02}\,g}{\omega_2}k_2\cos(\omega_2 t - k_2 x)$$

$$\frac{1}{g}\frac{\partial^2 \varphi}{\partial t^2} = -\frac{\xi_{01}\,g}{\omega_1}k_1\cos(\omega_1 t - k_1 x) - \frac{\xi_{02}\,g}{\omega_2}k_2\cos(\omega_2 t - k_2 x)$$

其中 $\omega^2 = kg$。

因此，对于 $z = 0$，则

$$\frac{\partial \varphi}{\partial z} + \frac{1}{g}\frac{\partial^2 \varphi}{\partial t^2} = 0$$

符号表

A	面积
d	水深
g	标准重力加速度
H	波高
k	波数
L	波长
p	压力
p_0	大气压力
t	时间
T	波周期
$u,\ v,\ w$	速度分量
ξ	波幅
λ	波长
ρ	密度
φ	速度势

ω 角频率

扩展阅读

- Chakrabarti，S. K.，Hydrodynamics of Offshore Structures，Computational Mechanics Publication，1994.
- Faltinsen，O. M.，Sea Loads on Ships and Offshore Structures，Cambridge University Press，Cambridge，UK，1990.
- Heath，T. L.（ed.），The Works of Archimede's，University Press，Cambridge，1897，http://www.archive.org/stream/worksofarchimede00arch＃page/n5/mode/2up
- Journeè，J. M. J. & Pinkster，J.，Introduction to Ship Hydromechanics，Delft University of Technology，2002，http://www.shipmotions.nl/DUT/LectureNotes/ShipHydromechanics_Intro.pdf
- Sarpkaya，T. & Isaacson，M.，Mechanics of Wave Forces on Offshore Structures，Van Nostrand，New York，NY，1981.

第 2 章 线性波理论

本章给出了线性波理论的基本介绍.线性波理论是海洋工程、海岸工程和船舶工程使用的海洋表面波的核心理论。这个理论使用线性化边界条件,而高阶波理论则不然。由于线性度的存在,波具有正弦形状,而高阶波将具有比波谷更高的波峰。在现实生活中,几乎不存在正弦形式的海浪,通常有许多不同波高和周期的不同波的组合,这些称为不规则波,并通过傅立叶分析作为规则波的总和进行分析。最接近正弦波外观的是涌浪。长时间从一个方向吹的风也会产生非常大的波,接近规则波。

2.1 水面线

正弦(或余弦)函数定义了所谓的规则波。正弦波具有以下水面线系数:

$$\xi = \xi(x,t) = \xi_0 \sin(\omega t - kx) \tag{2.1}$$

利用动态边界条件从势函数导出水面线系数方程:

$$\varphi(x,z,t) = \frac{\xi_0 g}{\omega} \underbrace{\frac{\cosh k(z+d)}{\cosh(kd)}}_{\text{随深度变化}} \underbrace{\cos(\omega t - kx)}_{\text{规则波}} \tag{2.2}$$

$$\xi = -\frac{1}{g} \left. \frac{\partial \varphi}{\partial t} \right|_{z=0} \tag{2.3}$$

$$\xi = -\frac{1}{g} \cdot -\omega \frac{\xi_0 g}{\omega} \frac{\cosh k(z+d)}{\cosh(kd)} \sin(\omega t - kx) \tag{2.4}$$

$$\xi = \xi_0 \frac{\cosh k(z+d)}{\cosh(kd)} \sin(\omega t - kx) \tag{2.5}$$

在表面上 $z=0$

$$\xi = \xi_0 \sin(\omega t - kx) \tag{2.6}$$

式中,ξ_0 是振幅;ω 是波(角)频率;t 是时间;k 是常数,常被称为波数;x 是位置。高阶波的振幅大约比线性波的振幅高 10%。因此,真正的非线性波将更容易到达平台甲板。

典型的正弦波在二维上的水面线如图 2.1 所示。

当 $t=0$ 时,可以评估 x 上的曲线的独立性。波长 L 是两个相邻波峰(峰)或两个波谷(槽)之间的距离。它们有以下特性:

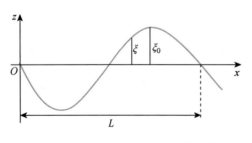

图 2.1 一个正弦波形的二维图

$$\xi\left(\frac{L}{2},0\right)=0\Rightarrow\xi_0\sin\left(-k\,\frac{L}{2}\right)=0 \tag{2.7}$$

$$\xi(L,0)=0\Rightarrow\xi_0\sin(-kL)=0 \tag{2.8}$$

从这些特性中可以得到如下结论：

$$k\,\frac{L}{2}=\pi\Rightarrow k=\frac{2\pi}{L} \tag{2.9}$$

如果有什么方法可以找到 k，就能计算波的长度 L。

通过评估 $x=0$ 的曲线，发现水面线对时间 t 的依赖性。波周期 T 是两个相邻波峰或波谷之间的时间。它们有以下特性：

$$\xi\left(0,\frac{T}{2}\right)=0\Rightarrow\xi_0\sin\left(\omega\,\frac{T}{2}\right)=0 \tag{2.10}$$

$$\xi(0,T)=0\Rightarrow\xi_0\sin(\omega T)=0 \tag{2.11}$$

从这些属性中可以得到如下结论：

$$\omega\,\frac{T}{2}=\pi\Rightarrow\omega=\frac{2\pi}{T} \tag{2.12}$$

正弦在水面线上的参数 $\omega t-kx$，通常称为相位。如图 2.2 所示，在水面线上两个不同位置的点：

第一个位置：$t=t_0$，$x=x_0$；

第二个位置：$t=t_1=t_0+\Delta t$，$x=x_1=x_0+\Delta x$。

如果满足以下条件，则两个点的波谱将是相等的：

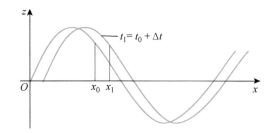

图 2.2　点的运动

$$\xi_0\sin(\omega t_0-kx_0)=\xi_0\sin(\omega t_1-kx_1) \tag{2.13}$$

$$\Rightarrow\omega t_0-kx_0=\omega t_1-kx_1 \tag{2.14}$$

$$\Rightarrow k(x_1-x_0)=\omega(t_1-t_0) \tag{2.15}$$

$$\Rightarrow\frac{\Delta x}{\Delta t}=\frac{x_1-x_0}{t_1-t_0}=\frac{\omega}{k} \tag{2.16}$$

或者

$$x_1=x_0+\frac{\omega}{k}(t_1-t_0) \tag{2.17}$$

此外，有

$$c=\lim_{\Delta t\to 0}\frac{\Delta x}{\Delta t}=\lim_{\Delta t\to 0}\frac{\omega}{k}=\frac{\omega}{k} \tag{2.18}$$

$$c=\frac{2\pi/T}{2\pi/L}=\frac{L}{T} \tag{2.19}$$

x 轴上的点 x_1，随着速度 $c=\omega/k=L/T$ 移动，将会一直经历相同的相位。因此，c 称为与波相关联的相速度。如果在水面线 ξ 中没有 k 前面的负号，将有负相速度 c，即沿着负 x 轴（相反方向）的运动。

在深水的情况下，k 和 ω 之间保持如下关系：

$$\omega^2=gk\tanh kd \tag{2.20}$$

当水深较大时，$\tanh kd \approx 1$。

$$\rightarrow k = \frac{\omega^2}{g} \tag{2.21}$$

适当进行尺寸检查：$1/\mathrm{m} = (1/\mathrm{s}^2)/(\mathrm{m}/\mathrm{s}^2) => \mathrm{ok}$。因此，对于深水波来说，相速度为

$$c = \frac{\omega}{k} = \frac{\omega}{\omega^2/g} = \frac{g}{\omega} = \frac{g}{2\pi/T} = \frac{gT}{2\pi} \tag{2.22}$$

换言之，深水中的相速度与波周期 T 是成正比的，这意味着长周期波具有比短周期波运动更快的波形。因此涌浪可能表明有低气压（风暴）接近。

2.2　深水和浅水波调整

当水深较大时，也就是 $d \gg 1$，可以做一些简化。一般来说，可以写为

$$\cosh d = \frac{\mathrm{e}^d + \mathrm{e}^{-d}}{2} \approx \frac{\mathrm{e}^d}{2} \tag{2.23}$$

$$\sinh d = \frac{\mathrm{e}^d - \mathrm{e}^{-d}}{2} \approx \frac{\mathrm{e}^d}{2} \tag{2.24}$$

$$\tanh d = \frac{\sinh d}{\cosh d} \approx \frac{\mathrm{e}^d/2}{\mathrm{e}^d/2} = 1 \tag{2.25}$$

当水深较小时，可以做以下调整：

$$\cosh d = \frac{\mathrm{e}^d + \mathrm{e}^{-d}}{2} \approx \frac{1+1}{2} = 1 \tag{2.26}$$

$$\tanh d \approx \sinh d \approx d \tag{2.27}$$

2.3　拉普拉斯方程的解

给出二维拉普拉斯方程：

$$\nabla^2 \varphi = \frac{\partial^2 \varphi}{\partial x^2} + \frac{\partial^2 \varphi}{\partial z^2} = 0 \quad -\infty < x < \infty, \quad -d < z < \xi \tag{2.28}$$

用边界条件：

（1）在底部，底面边界条件（BBC）：

$$\left. \frac{\partial \varphi}{\partial z} \right|_{z=-d} = 0 \tag{2.29}$$

（2）在水面，动态自由表面边界条件（DFSBC）：

$$\xi = -\frac{1}{g} \left. \frac{\partial \varphi}{\partial t} \right|_{z=0} \tag{2.30}$$

在水面，结合运动自由表面边界条件 KFSBC 和动态自由表面边界条件 DFSBC：

$$\frac{\partial^2 \varphi}{\partial t^2} + g \frac{\partial \varphi}{\partial z} = 0 \quad \text{for } z = 0 \tag{2.31}$$

线性波速曲线如图 2.3 所示。

为了求解偏微分方程式（2.28），进行变量分离，通过引入函数 $X(x)$、$Z(z)$ 和 $T(t)$，可以尝试求出一个解 $\varphi = \varphi(x, z, t)$。

$$\frac{\partial^2 \varphi}{\partial x^2} + \frac{\partial^2 \varphi}{\partial z^2} = 0 \tag{2.32}$$

$$\Rightarrow \frac{d^2 X}{dX^2} \cdot Z(z) \cdot T(t) + X(x)\frac{d^2 Z}{dZ^2}T(t) = 0 \tag{2.33}$$

$$\Rightarrow \underbrace{\frac{d^2 X/dX^2}{X(x)}}_{\text{仅}X\text{的函数}} = -\underbrace{\frac{d^2 Z/dZ^2}{Z(z)}}_{\text{仅}Z\text{的函数}} \tag{2.34}$$

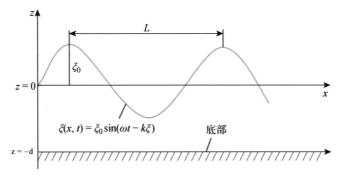

图 2.3 正弦波曲线

这里，假设 $T(t) \neq 0$。变量现在分离了；左边只依赖于 x，右边只依赖于 z，这意味着两边都必须等于一个常数。这个常数必须是负的且等于 $-k^2$，这样得到的波沿着正 x 轴移动。因此，有以下两个方程，图 2.4 和图 2.5 示出了它们各自的曲线：

$$\frac{d^2 X/dX^2}{X(x)} = -k^2 \Rightarrow \frac{d^2 X}{dX^2} + k^2 X(x) = 0 \tag{2.35}$$

$$-\frac{d^2 Z/dZ^2}{Z(x)} = -k^2 \Rightarrow \frac{d^2 Z}{dZ^2} - k^2 Z(x) = 0 \tag{2.36}$$

式(2.35)和式(2.36)的解：

$$(2.35) \Rightarrow X(x) = A\sin kx + B\cos kx \tag{2.37}$$

$$(2.36) \Rightarrow Z(z) = Ce^{kz} + De^{-kz} \tag{2.38}$$

图 2.4 x 函数

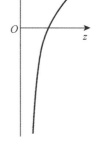

图 2.5 z 函数

常数 A,B,C,D 都依赖于边界条件。一个简单的检查是将这些导数插入到式(2.35)和式(2.36)中，以确保得到零。因此，可以得到一个势函数：

$$\varphi(x,z,t) = X(x)Z(z)T(t) = \underbrace{(A\sin kx + B\cos kx)}_{\text{正弦曲线}} \underbrace{(Ce^{kz} + De^{-kz})}_{\text{随深度增加或减少}} \underbrace{T(t)}_{\text{时间函数}} \quad (2.39)$$

为了获得在正 x 方向传播的波，ξ 必须包含 $\sin(\omega t - kx)$ 和 $\cos(\omega t - kx)$ 的项。因为有关系式 $\xi = -\dfrac{1}{g} \cdot \dfrac{\partial \varphi}{\partial t}\bigg|_{z=0}$，$\varphi$ 应该也是包含这些项的一种形式。假设 T 是一个调和函数，也就是说，它包含正弦和余弦函数：

$$T(t) = E\sin \omega t + F\cos \omega t \quad (2.40)$$

然后，可以把势能写成

$$\varphi(x,z,t) = (A_1\sin(\omega t - kx) + B_1\cos(\omega t - kx))(Ce^{kz} + De^{kz}) \quad (2.41)$$

式中，A_1 和 B_1 可以在 A、B、E 和 F 的项中找到。运用式（2.30）中的边界条件，得到：

$$\xi = -\frac{1}{g}\frac{\partial \varphi}{\partial t}\bigg|_{z=0} = -\frac{1}{g}(A_1\omega\cos(\omega t - kx) - B_1\omega\sin(\omega t - kx))(Ce^0 + De^0) \quad (2.42)$$

因为水面线是 $\xi = \xi_0\sin(\omega t - kx)$ 的形式，必须使 $A_1 = 0$ 且 $\xi_0 = -1/g(-B_1\omega(C+D))$。因此，把势能写为

$$\varphi(x,z,t) = \underbrace{(B_1\cos(\omega t - kx))}_{\substack{\text{沿x轴方向随} \\ \text{时间移动（波形）}}} \cdot \underbrace{(Ce^{kz} + De^{-kz})}_{\text{深度项}} \quad (2.43)$$

由式（2.29）得到：

$$\frac{\partial \varphi}{\partial z}\bigg|_{z=-d} = 0 \Rightarrow (B_1\cos(\omega t - kx))(Cke^{-kd} - Dke^{kd}) = 0 \quad (2.44)$$

$$\Rightarrow Cke^{-kd} - Dke^{kd} = 0 \quad (2.45)$$

$$\Rightarrow C - De^{2kd} = 0 \quad (2.46)$$

$$\Rightarrow C = De^{2kd} \quad (2.47)$$

因此

$$\varphi = (B_1\cos(\omega t - kx))(De^{2kd}e^{kz} + De^{-kz}) \quad (2.48)$$

$$= B_1De^{kd}\cos(\omega t - kx)(e^{kd}e^{kz} + e^{-kd}e^{-kz}) \quad (2.49)$$

$$= 2B_1De^{kd}\cos(\omega t - kx)\left(\frac{e^{k(z+d)} + e^{-k(z+d)}}{2}\right) \quad (2.50)$$

$$= \underbrace{2B_1De^{kd}}_{\text{常数}}\cos(\omega t - kx)\underbrace{\cosh k(z+d)}_{\text{随深度变化}} \quad (2.51)$$

如果再次使用式（2.30），可以得到：

$$\xi = -\frac{1}{g}\frac{\partial \varphi}{\partial t}\bigg|_{z=0} = -\frac{1}{g}2B_1De^{kd}\cosh(kd)\sin(\omega t - kx)(-\omega) \quad (2.52)$$

$$= \frac{2B_1D\omega e^{kd}}{g}\cosh(kd)\sin(\omega t - kx) \quad (2.53)$$

因为有 $\xi = \xi_0\sin(\omega t - kx)$，得到：

$$\frac{2B_1D\omega e^{kd}}{g}\cosh(kd)\sin(\omega t - kx) = \xi_0\sin(\omega t - kx) \quad (2.54)$$

$$\Rightarrow \xi_0 = \frac{2B_1D\omega e^{kd}}{g}\cosh(kd) \quad (2.55)$$

$$\Rightarrow 2B_1De^{kd} = \frac{\xi_0 g}{\omega}\frac{1}{\cosh(kd)} \quad (2.56)$$

将式(2.56)代入式(2.51)，可得到速度势：

$$\varphi(x,z,t) = \frac{\xi_0 g}{\omega} \underbrace{\frac{\cosh k(z+d)}{\cosh(kd)}}_{\text{随深度变化}} \underbrace{\cos(\omega t - kx)}_{\text{常规线性波}} \tag{2.57}$$

现在有了一个满足所有需求的势能函数。因此，可以计算出波下的水质点的速度。然而，流体必须是不可压缩的和无旋的。

对于深水的情况，在 2.2 节中做了简化。为了获得与深度无关的方程，采用以下简化：

$$\cosh k(z+d) = \frac{1}{2}\{e^{k(z+d)} + e^{-k(z+d)}\} \tag{2.58}$$

$$\cosh kd = \frac{1}{2}\{e^{kd} + e^{-kd}\} \tag{2.59}$$

$$\frac{\cosh k(z+d)}{\cosh(kd)} = \frac{e^{k(z+d)}}{e^{kd}} e^{kz} \tag{2.60}$$

当 z 接近于水面且 $d \to \infty$ 时，这个表达式趋向于 e^{kz}，同时注意随着深入水里，z 的负数增加，这意味着 e^{kz} 会越来越小。

换句话说，随深度呈指数衰减，因为 z 在低于静止水位（SWL）时是负数。深水波的势能可以写为

$$\varphi(x,z,t) = \frac{\xi_0 g}{\omega} e^{kz} \cos(\omega t - kx) \tag{2.61}$$

浅水的速度势为

$$\varphi(x,z,t) = \frac{\xi_0 g}{\omega} \cos(\omega t - kx), \quad (e^{kz} \approx 1) \tag{2.62}$$

2.4　水质点速度与加速度

2.4.1　水平速度和加速度

利用势函数的导数求出速度。水平速度：

$$u = \frac{\partial \varphi}{\partial x} = \frac{\xi_0 g}{\omega} \frac{\cosh k(z+d)}{\cosh(kd)}(-1)\sin(\omega t - kx)(-k) \tag{2.63}$$

$$= \frac{\xi_0 kg}{\omega} \frac{\cosh k(z+d)}{\cosh(kd)} \sin(\omega t - kx) \tag{2.64}$$

因此，可以看到水平速度与水面线 $\xi = \xi_0 \sin(\omega t - kx)$ 具有相同的函数。当 $\sin(\omega t - kx) = 1$ 时，水平速度在波峰达最大值，当 $\sin(\omega t - kx) = -1$ 时，它在波谷时为最小值。

对于深水，水平速度的表达式为

$$u_{\text{deep}} = \frac{\xi_0 kg}{\omega} e^{kz} \sin(\omega t - kx) \tag{2.65}$$

对于浅水，水平速度表示为

$$u_{\text{shallow}} = \frac{\xi_0 kg}{\omega} \sin(\omega t - kx) \tag{2.66}$$

水平水质点加速度为

$$\dot{u} = \frac{\partial u}{\partial t} = \xi_0 kg \, \frac{\cosh k(z+d)}{\cosh(kd)} \cos(\omega t - kx) \qquad (2.67)$$

在波峰时，加速度项为零；当 $\sin(\omega t - kx) = 1$ 时，$\cos(\omega t - kx) = 0$。此外，当 $\cos(\omega t - kx) = 1$ 且 $\xi = \xi_0 \sin(\omega t - kx) = 0$ 时，也就是说，当水面线穿过静止水位 SWL 时它是最大的。

如图 2.6 所示，沿距离 x 的水平速度是正弦函数。如图 2.7 所示，水平速度的取值将沿着水深变小。最大值将在水面上（波峰下），最小（负）值将在波谷下。

如图 2.8 所示，沿着深度的水平速度是一个双曲函数，需要通过从静止水位 SWL 到波峰的推断来扩展这个函数。

如图 2.9 所示，水平速度的最大值将在波峰的下方，因为速度函数与水面线的函数相同；然而，水平加速度的最大值将在静止水位 SWL 上。水平速度的值和水平加速度的值都将在接近底部时减小。

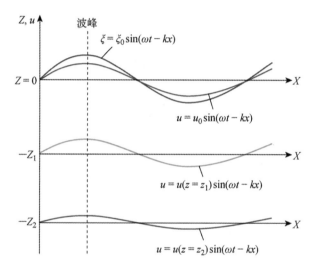

图 2.6　不同水深的水平速度

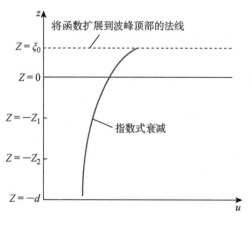

图 2.7　波峰下的水平速度

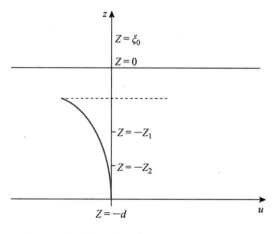

图 2.8　当波穿过自由表面时，速度会改变方向

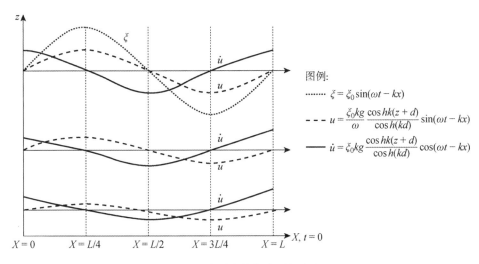

图 2.9　水平速度与水平加速度

2.4.2　垂直速度和加速度

给出垂直速度：

$$w = \frac{\partial \varphi}{\partial z} = \frac{\xi_0 g}{\omega} \frac{\cos(\omega t - kx)}{\cosh(kd)} \frac{\partial}{\partial z}(\cosh k(z+d)) \tag{2.68}$$

$$= \frac{\xi_0 g}{\omega} \frac{\cos(\omega t - kx)}{\cosh(kd)}(\sinh k(z+d))k \tag{2.69}$$

$$= \frac{\xi_0 kg}{\omega} \frac{\sinh k(z+d)}{\cosh(kd)}\cos(\omega t - kx) \tag{2.70}$$

注意，波形是 $\xi = \xi_0 \sin(\omega t - kx)$ 的形式。因此，当在波峰时，$\sin(\omega t - kx) = 1$ 且 $\cos(\omega t - kx) = 0$，这意味着垂直波粒速度在波峰下为零。对于深水，垂直速度为

$$w_{\text{deep}} = \frac{\xi_0 kg}{\omega} e^{kz} \cos(\omega t - kx) \tag{2.71}$$

对于浅水区，有

$$w_{\text{shallow}} = \frac{\xi_0 kg}{\omega} \frac{k(z+d)}{1}\cos(\omega t - kx) = \frac{\xi_0 k^2 g}{\omega}(z+d)\cos(\omega t - kx) \tag{2.72}$$

垂直的水粒子加速度：

$$\dot{w} = \frac{\partial w}{\partial t} = -\xi_0 kg \frac{\sinh k(z+d)}{\cosh(kd)}\sin(\omega t - kx) \tag{2.73}$$

垂直粒子加速在波峰的顶部是最大的，此时 $\sin(\omega t - kx) = 1$。然而，这个加速度是向下的。

如图 2.10 所示，水平速度是一个正弦函数；另一方面，竖直速度是一个余弦函数。因此，当水平速度达到最大值时，垂直速度将达到最小值。

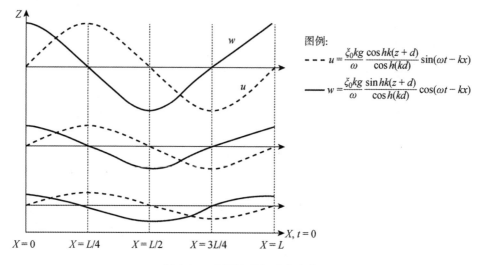

图例：

$$u = \frac{\xi_0 kg}{\omega} \frac{\cos hk(z + d)}{\cos h(kd)} \sin(\omega t - kx)$$

$$w = \frac{\xi_0 kg}{\omega} \frac{\sin hk(z + d)}{\cos h(kd)} \cos(\omega t - kx)$$

图 2.10　水平速度与垂直速度

2.5　深水和浅水分类

在海洋工程中，当水深为 500 m 或更深时，使用"深水"一词。当水深为 2 000 m 及以上时，适用"超深水"一词。然而，将水深与波长联系起来并将这种关系考虑在内进行分类可能会很有趣。本节介绍了一种基于这种关系对水深进行分类的常见方法。

当 $d > L/2$ 时是深水。在水的深度 $z = 0$ 和 $z = -L/2$ 中比较波的质点速度，以证明 $d > L/2$ 用"深水"一词是合理的。在这里，考虑水平速度，但同样的推理可以用于垂直速度。

$$\frac{u\mid_{z=-L/2}}{u\mid_{z=0}} = \frac{\dfrac{\xi_0 kg}{\omega} \dfrac{\cosh k\left(d - \dfrac{L}{2}\right)}{\cosh(kd)} \sin(\omega t - kx)}{\dfrac{\xi_0 kg}{\omega} \dfrac{\cosh(kd)}{\cosh(kd)} \sin(\omega t - kx)} \tag{2.74}$$

$$= \frac{\cosh k\left(d - \dfrac{L}{2}\right)}{\cos(kd)} \tag{2.75}$$

$$= \frac{e^{k\left(d - \frac{L}{2}\right)} + e^{-k\left(d - \frac{L}{2}\right)}}{e^{kd} + e^{-kd}} \tag{2.76}$$

$$= \frac{e^{kL\left(\frac{d}{L} - \frac{1}{2}\right)} + e^{-kL\left(\frac{d}{L} - \frac{1}{2}\right)}}{e^{kL\frac{d}{L}} + e^{-kL\frac{d}{L}}} \tag{2.77}$$

$$= \frac{e^{2\pi\left(\frac{d}{L} - \frac{1}{2}\right)} + e^{-2\pi\left(\frac{d}{L} - \frac{1}{2}\right)}}{e^{2\pi\frac{d}{L}} + e^{-2\pi\frac{d}{L}}} \tag{2.78}$$

$$= \frac{e^{-\pi} + e^{-4\pi\frac{d}{L} + \pi}}{1 + e^{-4\pi\frac{d}{L}}} = 0.086 \quad \text{when} \quad \frac{d}{L} = \frac{1}{2} \tag{2.79}$$

这里，用了 $k = 2\pi/L \Rightarrow kL = 2\pi$。由式（2.79）可以看出，$d = L/2$ 时的速度是表面速度的 8.6%，这对深水来说是一个很好的象征。同样，当 $d/L \to \infty$ 时，两个速度的比值接近 $e^{-\pi} \approx$

0.043。综上所述,得出波的以下特性:

$$深水 \qquad d > \frac{L}{2} \tag{2.80}$$

$$有限水深 \qquad \frac{1}{20} < \frac{d}{L} < \frac{1}{2} \tag{2.81}$$

$$浅水 \qquad \frac{d}{L} < \frac{1}{20} \tag{2.82}$$

2.6　波下压力

伯努利方程:

$$\frac{p}{\rho} + gz + \frac{\partial \varphi}{\partial t} + \frac{1}{2}(u^2 + w^2) = C(t) \tag{2.83}$$

描述流体中的压力变化。函数 $C(t)$ 并不重要,可能会被设置为任意方便常数。如果让 $C(t) = p_0/\rho$,在线性化之后,得到:

$$p + \rho gz + \rho \frac{\partial \varphi}{\partial t} = p_0 \tag{2.84}$$

$$\Rightarrow p = \underbrace{p_0}_{气压} - \underbrace{\rho gz}_{静水压力} - \underbrace{\rho \frac{\partial \varphi}{\partial t}}_{动态压力} \tag{2.85}$$

回想一下,z 在 SWL 下定义为负数。如我们所料,水压随水深而增加。同样,压力 p 由于波的存在而改变,可以从动态压力项 $p_d = -\rho(\partial \varphi/\partial t)$ 中得到:

$$p_d = -\frac{\partial \varphi}{\partial t} = -\rho \frac{\partial}{\partial t}\left(\frac{\xi_0 g}{\omega}\frac{\cosh k(z+d)}{\cosh(kd)}\cos(\omega t - kx)\right) \tag{2.86}$$

$$= \rho \xi_0 g \frac{\cosh k(z+d)}{\cosh(kd)}\sin(\omega t - kx) \tag{2.87}$$

因此,动态压力 p_d 在波峰下达到最大值,此时 $\sin(\omega t - kx) = 1$ 时,在波谷达最小值,此时 $\sin(\omega t - kx) = -1$。当波穿过静止水位时,动态压力 p_d 的值等于零。

2.7　频散关系

结合边界条件给出了拉普拉斯方程 $\nabla^2 \varphi = 0$ 的解,速度势 φ。然而,其中一个边界条件没有考虑,即组合自由表面边界条件:

$$\frac{\partial^2 \varphi}{\partial t^2} + g\frac{\partial \varphi}{\partial z} = 0 \quad \text{for } z = 0 \tag{2.88}$$

这个条件给出了一个波长和波周期之间的关系,也就是频散关系:

$$\Rightarrow -\xi_0 g\omega \frac{\cosh(kd)}{\cosh(kd)}\cos(\omega t - kx) + g\frac{\xi_0 g}{\omega}k\left.\frac{\sinh k(z+d)}{\cosh(kd)}\right|_{z=0}\cos(\omega t - kx) = 0 \tag{2.89}$$

$$\Rightarrow -\xi_0 g\omega \cos(\omega t - kx) + \frac{\xi_0 g^2 k}{\omega}\frac{\sinh(kd)}{\cosh(kd)}\cos(\omega t - kx) = 0 \tag{2.90}$$

$$\Rightarrow -\xi_0 g\cos(\omega t - kx) + \left(-\omega + \frac{gk}{\omega}\frac{\sinh(kd)}{\cosh(kd)}\right) = 0 \tag{2.91}$$

$$\Rightarrow -\omega^2 + gk\tanh(kd) = 0 \tag{2.92}$$

$$\Rightarrow \frac{\omega^2}{gk} = \tanh(kd) \tag{2.93}$$

那么 $k = 2\pi/L$ 呢?

可以通过一个迭代过程找到 k:

(1) 尝试"猜测" k。

$$(2) \text{ 计算 } \left.\begin{array}{c} \dfrac{\omega^{2*}}{gk} \\[2mm] \tanh kd^{**} \end{array}\right\} \text{对比 } * \text{ 和 } **。$$

(3) 进行新的猜测知道接近 $*$ 和 $**$。

因此

$$\omega^2 = gk\tanh(kd) \tag{2.94}$$

$$\Rightarrow \left(\frac{2\pi}{T}\right)^2 = g\frac{2\pi}{L}\tanh(kd) \tag{2.95}$$

$$\Rightarrow L = \frac{g}{2\pi}T^2\tanh(kd) \tag{2.96}$$

对于深水, $kd \gg 1$, $\tanh(kd) \sim 1$。因此, $\omega^2/gk = 1 \Rightarrow \omega^2 = gk$。深水的频散关系:

$$\omega^2 = gk \tag{2.97}$$

$$\Rightarrow \left(\frac{2\pi}{T}\right)^2 = g\frac{2\pi}{L} \tag{2.98}$$

$$\Rightarrow L = \frac{g}{2\pi}T^2 = 1.56T^2 \tag{2.99}$$

对于浅水, $kd \leqslant 1$, $\tanh(kd) \approx \sinh(kd) \approx kd$。

因此, $\omega^2/gk = kd \Rightarrow \omega^2 = gdk^2$。浅水区的频散关系式为

$$\omega^2 = gdk^2 \tag{2.100}$$

$$\Rightarrow \left(\frac{2\pi}{T}\right)^2 = gd\left(\frac{2\pi}{L}\right)^2 \tag{2.101}$$

$$\Rightarrow L = \sqrt{gdT^2} \tag{2.102}$$

例如:

$$T = 5 \text{ s}: \quad L_5 = \frac{9.81}{2\pi}5^2 \approx 40 \text{ m}$$

$$T = 10 \text{ s}: \quad L_{10} = \frac{9.81}{2\pi}10^2 \approx 160 \text{ m}$$

$$T = 15 \text{ s}: \quad L_{15} = \frac{9.81}{2\pi}15^2 \approx 350 \text{ m}$$

2.8 相位速度

如前所述,相位速度 c 被定义为 $c = \omega/k = L/T$,利用频散关系得到:

$$c^2 = \frac{\omega^2}{k^2} = \frac{g}{k}\tanh(kd) \tag{2.103}$$

对于深水，有 $\tanh(kd) \sim 1$，因此：

$$c^2 = \frac{g}{k}\tanh(kd) = \frac{g}{k} = \frac{g}{2\pi/L} \quad （深水） \tag{2.104}$$

在深水中，相速度随波长的增加而增加。

对于浅水，$kd \ll 1$，$\tanh(kd) \approx \sinh(kd) \approx kd$。因此，得到了一个令人惊讶的答案，即相速度与 ω 和 k 无关。

$$c^2 = \frac{g}{k}\tanh(kd) = gd \quad （浅水） \tag{2.105}$$

相速度 c 取决于波数 k 的波称为频散，即 $c = c(k)$。非频散波不是波数的函数。

例如，考虑波周期 $T = 16$ s 和波高 $H = 3$ m 的浪涌，即 $\xi_0 = 1.5$ m。在深水中，有

$$\frac{\omega^2}{gk} = 1 \Rightarrow k = \frac{\omega^2}{g} = \frac{(2\pi/16)^2}{9.81} = 0.015\ 72\ \text{m}^{-1}$$

然后得出波长

$$L = \frac{2\pi}{k} = \frac{2\pi}{0.015\ 72} = 400\ \text{m}$$

深水中的水平速度 u 为

$$u = \frac{\xi_0 kg}{\omega}\text{e}^{kz}\sin(\omega t - kx)$$

$$= \xi_0 \omega \text{e}^{kz}\sin(\omega t - kx)$$

当 $\sin(\omega t - kx) = 1$ 时，最大水平速度在波峰下面，即

$$u_{\max} = \xi_0 \omega \text{e}^{kz} = 1.5\frac{2\pi}{16}\text{e}^{0.015\ 72z} \approx 0.6\text{e}^{0.015\ 72z}$$

2.9　水质点运动

波的表层形式以 $c = \omega/k$ 的相速度移动。水质点以另一种模式移动。观察在线性波理论中水质点是如何运动的。粒子这幅图接近于非线性波的真实图像。一个漂浮在波浪中的瓶子会微微移动，但在强烈的表面水流的情况下，其移动会增强。将水质点速度转变为位移，并找到水质点运动的轨道。

正如已经看到的，水质点速度：

$$u = \frac{\xi_0 kg}{\omega}\frac{\cosh\left[k(z+d)\right]}{\cosh(kd)}\sin(\omega t - kx) \tag{2.106}$$

$$w = \frac{\xi_0 kg}{\omega}\frac{\sinh\left[k(z+d)\right]}{\cosh(kd)}\cos(\omega t - kx) \tag{2.107}$$

让 (x_0, z_0) 表示平均值或参考位置，而 $\{x(t), z(t)\}$ 表示时间 t 的瞬时位置，线性化理论适用于比波长小的浪高，所有的二次项都可以被消除，即

$$\frac{\text{D}x(t)}{\text{D}t} \approx \frac{\text{d}x(t)}{\text{d}t} = u(t) \tag{2.108}$$

$$\frac{\text{D}z(t)}{\text{D}t} \approx \frac{\text{d}z(t)}{\text{d}t} = w(t) \tag{2.109}$$

整合速度得到：

$$\int_{x_0}^{x} \mathrm{d}x = \int_{0}^{t} u(t)\,\mathrm{d}t \tag{2.110}$$

$$\Rightarrow x - x_0 = -\frac{\xi_0 kg}{\omega^2} \frac{\cosh\left[k(z+d)\right]}{\cosh(kd)} \cos(\omega t - kx) \tag{2.111}$$

$$\int_{z_0}^{z} \mathrm{d}z = \int_{0}^{t} w(t)\,\mathrm{d}t \tag{2.112}$$

$$\Rightarrow z - z_0 = \frac{\xi_0 kg}{\omega^2} \frac{\sinh\left[k(z+d)\right]}{\cosh(kd)} \sin(\omega t - kx) \tag{2.113}$$

对于短时间 t 的整合，$z \approx z_0$ 且 $d + z \approx d + z_0$。因此

$$x - x_0 = -A(z_0)\cos(\omega t - kx), \quad A(z_0) = \frac{\xi_0 kg}{\omega^2} \frac{\cosh\left[k(z_0+d)\right]}{\cosh(kd)} \tag{2.114}$$

$$z - z_0 = B(z_0)\sin(\omega t - kx), \quad B(z_0) = \frac{\xi_0 kg}{\omega^2} \frac{\sinh\left[k(z_0+d)\right]}{\cosh(kd)} \tag{2.115}$$

得到：

$$\frac{(x-x_0)^2}{A^2(z_0)} + \frac{(z-z_0)^2}{B^2(z_0)} = \cos^2(\omega t - kx) + \sin^2(\omega t - kx) = 1 \tag{2.116}$$

$$\frac{(x-x_0)^2}{A^2(z_0)} + \frac{(z-z_0)^2}{B^2(z_0)} = 1 \tag{2.117}$$

可以看出，式(2.117)是椭圆的方程。因此，水质点是以中心为 (x_0, z_0)、半轴为 $A(z_0)$ 和 $B(z_0)$ 的椭圆轨迹运动，如图 2.11 所示。在 $A(z_0) = B(z_0)$ 的情况下，轨迹是一个圆，如图 2.12 所示。本节中推导出的表达式基于线性近似。在非线性理论中，轨迹会稍微开放，运动大约是相位速度 c 的 2%。

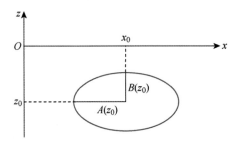

图 2.11　椭圆形水质点运动

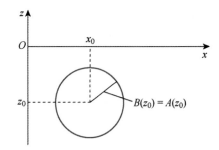

图 2.12　圆形水质点运动

在深水，即 $d > L/2$ 的情况下，得到了轴 $A(z_0)$ 和 $B(z_0)$ 的简化表达式：

$$A(z_0)_{\mathrm{deep}} = \frac{\xi_0 kg}{\omega^2} \mathrm{e}^{kz_0} = \xi_0 \mathrm{e}^{kz_0} \tag{2.118}$$

这里，使用频散关系 $\omega^2 = gk$ 以及在 2.2 节中的结果。在深水的情况下，得到了 $B(z_0)$ 的相同表达式，因此

$$A(z_0)_{\mathrm{deep}} = B(z_0)_{\mathrm{deep}} = \xi_0 \mathrm{e}^{kz_0} \tag{2.119}$$

因为椭圆的半轴是相等的，所以质点轨迹是圆的。在浅水，即 $d < L/20$ 的情况下，将 2.2 节中的结果与频散关系 $\omega^2 = gdk^2$ 一起使用，得到：

$$A(z_0)_{\text{浅水}} = \frac{\xi_0 kg}{\omega^2} = \frac{\xi_0}{dk} \tag{2.120}$$

因此,在浅水的情况下,轨迹的水平轴是常数。此外有

$$B(z_0)_{浅水} = \frac{\xi_0 kg}{\omega^2}\frac{k(z_0+d)}{1} = \frac{\xi_0 k^2 g}{\omega^2}(z_0+d) \tag{1.121}$$

z 在 SWL 下定义为负数,而 d 是一个正的常数。因此,越往下走,(z_0+d) 这个项越小,由此纵轴越小,如图 2.13 所示。

案例研究-Stffjord C:

• 平台甲板在静止水面上方 28 m 处。

• 设计波高为 29 m,意味着规则波的振幅为14.5 m。

• 高阶波动理论表明,静止表面与波峰之间的距离为 16 m,波谷为 13 m。

• 潮汐水可以额外增加 1.5 m 的振幅。

• 波浪中的水沿着平台腿("爬升")流动。

• 然而,反射波会遇到入射波,导致非常大的波峰,从而波浪可以到达平台甲板。

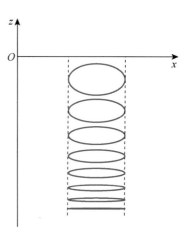

图 2.13　浅水中的水质点运动

2.10　确定性波

海洋是由一个普通的单波组成的。它可以是一个线性波/规则波;$\xi_0 = \xi_0 \sin(\omega t - kx)$,如图 2.14 所示。典型的规则波是浪涌(没有风,长波,不一定高)。

另一种是非线性波。这些波有一个大波峰和一个减小的波谷。不规则波(见图 2.15)更适合描述真实的海况(海洋状况)。在不规则波中,假设真实状态是规则波的组合,而水面线是由傅里叶分析确定的。

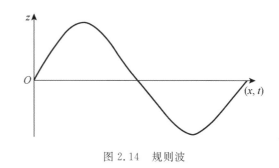

图 2.14　规则波

在不规则波中使用各种术语,包括:

(1) 有效波高(H_S):从一个给定的波群或一个受过训练的观察者所观察到的海浪高度,在不规则海况下的 1/3 的最高波的平均值。

(2) 最大波高(H_{max}):在给定波群中观测到的最高的波。

通过 3 h 风暴观察:$H_{max} = 1.86 H_S$

通过 6 h 风暴观察:$H_{max} = 1.91 H_S$

在北海,工作条件为:

—有效波高(H_S)~2.5 m。

—最大波高(H_{max})~4.8 m(通过 3 h 风暴观察得到)。

波周期 $T = 8$ s,波长 $L = 100$ m。

在北海,设计条件为:

—有效波高(H_S)~14 m。

——最大波高(H_{max})～27 m(通过 3 h 风暴观察得到)。

波周期 $T=15$ s,波长 $L=375$ m。

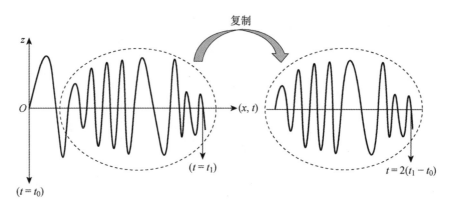

图 2.15　不规则波

2.11　结语

本章试图描述一种波形的运动和波中的水质点的运动。在这里,只关注规则的二维波。研究表明,在深水中水平和垂直速度是相似的,这表明波中的结构将会受到垂直的力。越往水深处,波浪作用就越小。然而,水下的水流仍然非常大,而水流对海洋的影响也很大。要了解更多信息,请参阅参考文献列表和扩展阅读。

2.12　示例

2.12.1　例 2.1

1)介绍

风区,通常称为风区长度,是描述给定风吹过的水的长度的一个术语。风区长度,以及风速(或风力),决定了产生的波浪的大小。风区长度越长,风速越高,波就越大。

在波弗特海,风区长度也受到了极地浮冰位置的影响。浮冰位置在不同季节会有很大不同。随着可能产生的气候变化,秋季的风区长度将比通常记录的情况更长,而且可以预期比以前的统计数据更大的波。

2)任务

我们将研究在恒定风速 U_w 以下的风导致的波在风区长度 F 上的发展。为确定波高 H_S,可以使用公式:

$$H_S = 0.003U_w \sqrt{F/g} \tag{2.122}$$

式中,g 是重力加速度。

(1)检验式(2.122)中相关单位的一致性,讨论"最大波高"和"有效波高"这两个术语,分别写出 3 h 和 6 h 风暴时"最大波高"和"有效波高"之间的关系,并准备一个 H_S 曲线作为不同长度相对较大的风速值的风区长度 F 的函数。

式(2.122)中相关单位的一致性：

U_w＝风速＝m/s

F＝波长＝m

g＝重力加速度＝m/s^2

因此

$$H_s = \frac{m}{s} \sqrt{\frac{m}{\frac{m}{s^2}}} = m$$

式(2.122)中相关单位是一致的。

最大波高是在记录中从波峰到波谷的最大的高度。

有效波高是测量波记录中三分之一的最大波浪的平均值。近来，人们从测量波位移计算出了有效波高。如果海洋中包含的波频范围很窄，那么 H_s 与表面位移的标准偏差有关，即 $H_s = 4\sigma$，其中 σ 是表面位移的标准偏差（见图 2.16）。

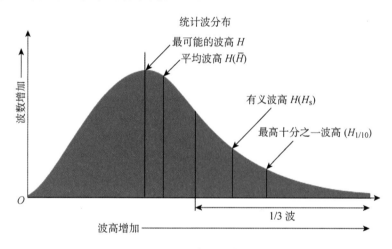

图 2.16　波高的统计分布

$3\,h$ 风暴和 $6\,h$ 风暴的最大波高与有效波高之间的关系为

$$H_{\max} = \sqrt{\frac{\ln(N)}{2}} H_S$$

式中，N 是给定海况下的波数。

在持续 $3\,h$ 风暴及典型的 $10\,s$ 波周期下：$N = 1\,000$。因此

$$H_{\max} = \sqrt{\frac{\ln(1\,000)}{2}} H_S \approx 1.86 H_S$$

在持续 $6\,h$ 风暴及典型的 $15\,s$ 波周期下：$N = 1\,440$。因此

$$H_{\max} = \sqrt{\frac{\ln(1\,440)}{2}} H_S \approx 1.91 H_S$$

图 2.17 为不同风区长度 F 下的有效波高 H_S 的曲线。

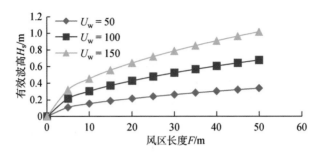

图 2.17 风区长度与有效波高

（2）讨论安装在一个有冰的环境中的任何结构，在大量的冰盖融化时所受到的影响。冰盖融化是如何影响波浪力及浮冰力。在这个物理环境中，这种情况会如何影响结构必要空间？

波是由风吹过水面形成的。当风沿着被冰覆盖的水面吹拂时，能量被转移到冰上。但是当大量的冰盖融化时，暴露在风作用下的区域会增加，这就导致了风区长度的增加。"风区"是风以一个相似的速度和方向吹到水面上的距离。高风速长时间地吹在长距离水上导致最高的波。波越高，在该区域内安装的结构所感受到的波力就越大。

此外，由水流、风和波驱动的浮冰可能与结构碰撞并产生冲击载荷。

如果大量的冰盖融化，海平面将会上升，这也将减少在这个物理环境中结构的间隙。因为平台的甲板不是设计成抵抗波浪的，因此需要额外的间隙来防止甲板被海浪冲击。

（3）通过考虑不同波的相速度，讨论为什么长波是可能发生风暴的预警。

相速度是波的相位在空间中传播的速率。这是波传播的任何一个频率分量的相位传播的速度。

相速度被定义为 $c = \omega/k$。

$$c = \frac{\omega}{k} \frac{2\pi/T}{2\pi/L} = \frac{L}{T}$$

通常

$$c^2 = \frac{\omega^2}{k^2} = \frac{kg\tanh(kd)}{k^2} = \frac{g}{k}\tanh(kd)$$

对于深水

$$c^2 = \frac{g}{k} = \frac{g}{2\pi}L$$

深水中的波越长，波移动得越快。长时间的涌浪会告诉某个地方有暴风雨。涌浪通常波长较长。

对于浅水

$$c^2 = \frac{g}{k}\tanh(kd) = \frac{g}{k}kd = gd$$

（4）假设当 $H_{max} < 0.3d$ 时，波高受风区长度的限制，其中 d 是水深。在比这浅的水域中，深度将限制波高的产生。对于这种情况，同样假设波长 L，得出 $L = 15H_s$。以海洋中的波定义"深水"一词，并找出"波高受风区长度限制"的情况是否是深水状态。

关于海洋中的波,术语"深水"可以由式(2.74)定义:

$$\frac{u\mid_{z=-L/2}}{u\mid_{z=0}} = \frac{\dfrac{\xi_0 kg}{\omega}\dfrac{\cosh k\left(d-\dfrac{L}{2}\right)}{\cosh(kd)}\sin(\omega t - kx)}{\dfrac{\xi_0 kg}{\omega}\dfrac{\cosh(kd)}{\cosh(kd)}\sin(\omega t - kx)}$$

$$= \frac{\cosh k\left(d-\dfrac{L}{2}\right)}{\cosh(kd)} = \frac{e^{k\left(d-\frac{L}{2}\right)} + e^{-k\left(d-\frac{L}{2}\right)}}{e^{kd} + e^{-kd}} = \frac{e^{k\left(\frac{d}{L}-\frac{1}{2}\right)} + e^{-k\left(\frac{d}{L}-\frac{1}{2}\right)}}{e^{kL\frac{d}{L}} + e^{-kL\frac{d}{L}}}$$

$$= \frac{e^{2\pi\left(\frac{d}{L}-\frac{1}{2}\right)} + e^{-2\pi\left(\frac{d}{L}-\frac{1}{2}\right)}}{e^{2\pi\frac{d}{L}} + e^{-2\pi\frac{d}{L}}}\frac{1}{e^{2\pi\frac{d}{L}}}$$

$$= \frac{e^{-\pi} + e^{-4\pi\frac{d}{L}+\pi}}{1 + e^{-4\pi\frac{d}{L}}} = 0.086 \quad 当\frac{d}{L} = \frac{1}{2} \text{ 时}$$

这里,用 $k = 2\pi/L \to kL = 2\pi$。可以看到,$d = L/2$ 时的速度是表面速度的 8.6%,这是深水的一个很好的象征。

因此,深水定义为深度 d,$d > L/2$ 时。

当 $H_{max} < 0.3d$ 时,波高受限于风区长度。

风暴持续时间为 3 h:

$$H_{max} = \sqrt{\frac{\ln(1\ 000)}{2}} H_S \approx 1.86 H_S$$

所以

$$H_S = 0.538 H_{max}$$
$$L = 15 H_S$$
$$L = 15 \cdot 0.538 H_{max} = 8.065 H_{max}$$

由频散关系可以知道深水

$$\frac{d}{L} > \frac{1}{2}$$

$$\frac{d}{L} = \frac{d}{8.065 H_{max}} > \frac{1}{2}$$

因此,对于深水 $H_{max} < 0.248d$。

风暴持续时间为 6 h:

$$H_{max} \approx 1.91 H_S$$

所以

$$H_S = 0.524 H_{max}$$
$$L = 15 H_S$$
$$L = 15 \cdot 0.524 H_{max} = 7.853 H_{max}$$

由频散关系可以知道深水:

$$\frac{d}{L} > \frac{1}{2}$$

$$\frac{d}{L} = \frac{d}{7.853 H_{max}} > \frac{1}{2}$$

因此,对于深水,$H_{max} < 0.255d$。

由此可以得出:"波高受风区长度限制"这一结论是指深水的情况。

(5)证明水波的一些性质。

$$\varphi = \frac{\xi_0 g}{\omega} \frac{\cosh k(z+d)}{\cosh (kd)} \sin(\omega t - kx) \qquad (2.123)$$

是一种真实的势能,并引申出与深水相关的势能。在这种情况下,可以在深水中的波峰下找到水平的水流速度,并准备一个示意图。证明式(2.123)是一个真实的势能(拉普拉斯方程)。拉普拉斯方程:

$$\nabla^2 \varphi = \frac{\partial^2 \varphi}{\partial x^2} + \frac{\partial^2 \varphi}{\partial z^2} = 0$$

$$\frac{\partial \varphi}{\partial x} = -\frac{\xi_0 kg}{\omega} \frac{\cosh k(z+d)}{\cosh kd} \cos(\omega t - kx)$$

$$\frac{\partial^2 \varphi}{\partial x^2} = -\frac{\xi_0 k^2 g}{\omega} \frac{\cosh k(z+d)}{\cosh kd} \sin(\omega t - kx)$$

并且

$$\frac{\partial \varphi}{\partial z} = \frac{\xi_0 kg}{\omega} \frac{\sinh k(z+d)}{\cosh kd} \sin(\omega t - kx) \quad \frac{\partial^2 \varphi}{\partial z^2} = \frac{\xi_0 k^2 g}{\omega} \frac{\cosh k(z+d)}{\cosh kd} \sin(\omega t - kx)$$

因此

$$\frac{\partial^2 \varphi}{\partial x^2} + \frac{\partial^2 \varphi}{\partial z^2} = -\frac{\xi_0 k^2 g}{\omega} \frac{\cosh k(z+d)}{\cosh kd} \sin(\omega t - kx) + \frac{\xi_0 k^2 g}{\omega} \frac{\cosh k(z+d)}{\cosh kd} \sin(\omega t - kx)$$

$$\nabla^2 \varphi = \frac{\partial^2 \varphi}{\partial x^2} + \frac{\partial^2 \varphi}{\partial z^2} = 0$$

式(2.123)是一个真实的势能。

在深水中,可以做如下简化:

$$\cosh d = \frac{e^d + e^{-d}}{2} \approx \frac{e^d}{2}$$

$$\sinh d = \frac{e^d - e^{-d}}{2} \approx \frac{e^d}{2}$$

因此,深水的势函数:

$$\varphi = \frac{\xi_0 g}{\omega} \frac{e^{k(z+d)}}{e^{kd}} \sin(\omega t - kx)$$

$$\varphi = \frac{\xi_0 g}{\omega} e^{kz} \sin(\omega t - kx)$$

水平速度:

$$u = \frac{\partial \varphi}{\partial x}$$

$$u = -\frac{\xi_0 kg}{\omega} \frac{\cosh k(z+d)}{\cosh kd} \cos(\omega t - kx)$$

深水的水平速度为

$$u = -\frac{\xi_0 kg}{\omega} \frac{e^{k(z+d)}}{e^{kd}} \cos(\omega t - kx)$$

$$u = -\frac{\xi_0 kg}{\omega} e^{kz} \cos(\omega t - kx)$$

准备一个示意图,注意水面线是 $\xi = \xi_0 \cos(\omega t - kx)$。

例如,假设以下数据:

$$H = 6 \text{ m}$$
$$T = 10 \text{ s}$$
$$d = 100 \text{ m}$$
$$\xi_0 = \frac{H}{2} = \frac{6}{2} = 3 \text{ m}$$

由频散关系得到:

$$\omega^2 = gk \tanh(kd) \rightarrow \omega = \frac{2\pi}{T}$$

$$\left(\frac{2\pi}{T}\right)^2 = gk \tanh(kd)$$

$$\omega = \frac{2\pi}{T} = \frac{2\pi}{10} = 0.628$$

从这个等式,可以通过迭代计算 $k = 0.040\,3$。

$$\left(\frac{2\pi}{T}\right)^2 = gk \tanh(kd)$$

$$\left(\frac{2\pi}{T}\right)^2 = g \frac{2\pi}{L} \tanh(kd)$$

$$L = \frac{g}{2\pi} T^2 \tanh(kd)$$

$$L = \frac{9.81}{2\pi} 10^2 \tanh(0.0403 \cdot 100)$$

$$L = 156.03 \text{ m}$$

$$\frac{d}{L} = \frac{100}{156.03} = 0.64$$

$$\frac{d}{L} > \frac{1}{2} \rightarrow \text{因此为深水}$$

可以得到以下的水平速度表达式:

$$u = -\frac{\xi_0 kg}{\omega} e^{kz} \cos(\omega t - kx)$$

利用这个公式,可以绘制水平波速度作为深度函数的示意图,如表 2.1 和图 2.18 所示。

表 2.1　水平速度与水深

深度/m	速度/(m/s)
−100	−0.034
−90	−0.050
−80	−0.075
−70	−0.112
−60	−0.168
−50	−0.252

深度/m	速度/(m/s)
−40	−0.376
−30	−0.563
−20	−0.843
−10	−1.261
0	−1.887

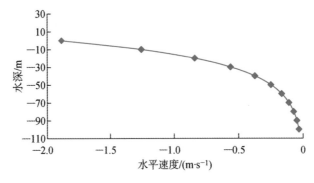

图 2.18　水平速度与水深

当 $\cos(\omega t - kx) = 1$ 时，水平速度达最大值。

（6）计算 50 m 水深处，波高为 4 m，周期为 8 s 的有效波高的海底处的水平水速（首先检查深水是否可用于这种情况）。讨论波下方长风区长度对水平水流速度的影响。

$$H_S = 4 \text{ m}$$
$$T = 8 \text{ s}$$
$$d = 50 \text{ m}$$

由频散关系得到：

将边界条件用于拉普拉斯方程 $\nabla^2 \varphi = 0$。

$$-\omega + \frac{gk}{\omega}\tanh(kd) = 0$$

$$\frac{\omega^2}{gk} = \tanh(kd)$$

$$\omega^2 = gk\tanh(kd) \rightarrow \omega = \frac{2\pi}{T}$$

$$\left(\frac{2\pi}{T}\right)^2 = gk\tanh(kd)$$

$$H_S = 4 \text{ m}$$

$$T = 8 \text{ s}$$

$$d = 50 \text{ m}$$

假设将使用有效波高来进行设计。

$$\omega = \frac{2\pi}{T} = \frac{2\pi}{8} = 0.785$$

由这个方程可以通过迭代计算出 $k = 0.063\ 2$。

$$\left(\frac{2\pi}{T}\right)^2 = gk\tanh(kd)$$

$$\left(\frac{2\pi}{T}\right)^2 = g\frac{2\pi}{L}\tanh(kd)$$

$$L = \frac{g}{2\pi}T^2\tanh(kd)$$

$$L = \frac{9.81}{2\pi}8^2\tanh(0.063\ 2 \cdot 50)$$

$$L = 99.56\ \mathrm{m}$$

$$\frac{d}{L} = \frac{50}{99.56} = 0.502$$

$$\frac{d}{L} > \frac{1}{2} \rightarrow 因此为深水$$

速度势函数为

$$\varphi = \frac{\xi_0 g}{\omega}\frac{\mathrm{e}^{k(z+d)}}{\mathrm{e}^{kd}}\cos(\omega t - kx)$$

因此,水平速度为

$$u = \frac{\partial\varphi}{\partial x}$$

$$u = \frac{\xi_0 kg}{\omega}\frac{\mathrm{e}^{k(z+d)}}{\mathrm{e}^{kd}}\sin(\omega t - kx)$$

对于深水,水平速度为

$$u = \frac{\xi_0 kg}{\omega}\mathrm{e}^{kz}\sin(\omega t - kx)$$

海底的水平速度意味着 $\rightarrow z = -d$,即

$$u = \frac{\xi_0 kg}{\omega}\mathrm{e}^{-kd}\sin(\omega t - kx)$$

$$\xi_0 = \frac{H}{2} = \frac{4}{2} = 2\ \mathrm{m}$$

表 2.2 和图 2.19 给出了沿 x 的水平速度。

表 2.2　不同位置的水平速度

x/m	$u/(\mathrm{m/s})$
0.000	0.000
12.452	−0.047
24.903	−0.067
37.355	−0.047
49.807	0.000

（续表）

x/m	$u/(\mathrm{m/s})$
62.258	0.048
74.710	0.067
87.162	0.047
99.614	0.000
112.065	-0.048
124.517	-0.067
136.969	-0.047
149.420	0.001
161.872	0.048
174.324	0.067
186.775	0.047
199.227	-0.001
211.679	-0.048
224.131	-0.067

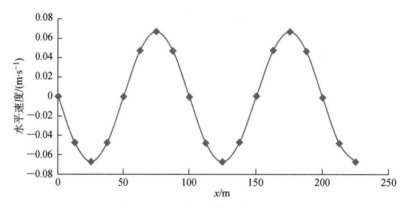

图 2.19　水平速度

讨论波下方长风区长度对水平水流速度的影响。

如果风区长度增加，有效波高将增加，基于方程：

$$H_{\mathrm{s}} = 0.003 U_{\mathrm{w}} \sqrt{F/g}$$

如果波高增加，水平速度也会增加。参见方程：

$$u = \frac{\xi_0 k g}{\omega} \mathrm{e}^{-kd} \sin(\omega t - kx)$$

其中

$$\xi_0 = \frac{H}{2} \rightarrow 振幅$$

2.12.2　例 2.2

（1）列出在研究速度势的过程中所做的所有假设。在研究速度势中的假设有：

① 流体必须是不可压缩的，即

$$\nabla \cdot \boldsymbol{U} = \frac{\partial u}{\partial x} + \frac{\partial v}{\partial y} + \frac{\partial w}{\partial z} = 0$$

如果流体元素的密度在运动过程中没有变化，那么流体就被认为是不可压缩的。

② 流体必须是无旋的，即

$$\nabla \times \boldsymbol{U} = \text{有旋的} \qquad \nabla \times \boldsymbol{V} = \begin{vmatrix} ii & jj & kk \\ \dfrac{\partial}{\partial x} & \dfrac{\partial}{\partial y} & \dfrac{\partial}{\partial z} \\ u & v & w \end{vmatrix}$$

无旋 → $\nabla \times \boldsymbol{U} = \boldsymbol{0}$

$$\nabla \times \boldsymbol{U} = ii\left(\frac{\partial w}{\partial y} - \frac{\partial v}{\partial z}\right) - jj\left(\frac{\partial w}{\partial x} - \frac{\partial u}{\partial z}\right) + kk\left(\frac{\partial v}{\partial x} - \frac{\partial u}{\partial y}\right)$$

无旋流体意味着水是一种理想的流体，在质点之间没有剪切力（无摩擦流动）。除了靠近海底的水，或者当水通过一个建筑（桥梁的柱或桩腿等）这是一个很好的近似波。使用这个假设，水质点绕其重心旋转必须为零。这是"无旋流"；当水运动时，水元素变形但不旋转。质点侧彼此相对滑动无摩擦。

如果流体是无旋的 $\nabla \times \boldsymbol{U} = \boldsymbol{0}$ 和不可压缩的 $\nabla \cdot \boldsymbol{U} = 0$，那么存在一个势函数，如 $\nabla \varphi = \boldsymbol{U}$ 和 $\nabla^2 \varphi = 0$（拉普拉斯方程），其中拉普拉斯方程：

$$\nabla^2 \varphi = \frac{\partial^2 \varphi}{\partial x^2} + \frac{\partial^2 \varphi}{\partial z^2} = 0$$

边界条件：

（a）底部状态：没有水可以流过底面（考虑平底）。

$$w = \frac{\partial \varphi}{\partial z}\bigg|_{z=-d} = 0$$

（b）壁面状态：没有水可以流过壁面（考虑在 $x=a$ 处的垂直壁）。

$$u = \frac{\partial \varphi}{\partial x}\bigg|_{x=a} = 0$$

（c）表面状态：没有水可以流过表面。

—运动边界条件：表面上的水质点将停留在表面上。

$$\frac{\partial \varphi}{\partial z}\bigg|_{z=\xi(x,t)} = \frac{\mathrm{D}z}{\mathrm{D}t}\bigg|_{z=\xi(x,t)}$$

$$\frac{\partial \varphi}{\partial t}\bigg|_{z=\xi(x,t)} = \frac{\partial \xi}{\partial t} + u\frac{\partial \xi}{\partial x}$$

线性化 → $\dfrac{\partial \varphi}{\partial z}\bigg|_{z=0} = \dfrac{\partial \xi}{\partial t}$

—动态边界条件：波表面的压力等于大气压力（持续压力变化）。

伯努利方程：

$$\frac{P}{\rho} + \frac{\partial \varphi}{\partial t} + \frac{1}{2}(u^2 + v^2 + w^2) + gz = \text{常数}$$

$$\xi(x,t) = -\frac{1}{g}\frac{\partial\varphi}{\partial t}\bigg|_{z=0} \to 动态线性化边界条件$$

结合两个表面条件，得到：

$$\frac{\partial\varphi}{\partial z} + \frac{1}{g}\frac{\partial^2\varphi}{\partial t^2} = 0$$

（2）"频散关系"一词的含义是什么？

频散关系是波长与波周期之间的关系。

这是从拉普拉斯方程的边界条件推导出来的：$\nabla^2\varphi = 0$。

当 $z=0$

$$\frac{\partial^2\varphi}{\partial t^2} + g\frac{\partial\varphi}{\partial z} = 0$$

$$\frac{\partial^2}{\partial t^2}\left(\frac{\xi_0 g}{\omega}\frac{\cosh[k(z+d)]}{\cosh(kd)}\cos(\omega t - kx)\right)\bigg|_{z=0} +$$

$$g\frac{\partial}{\partial z}\left(\frac{\xi_0 g}{\omega}\frac{\cosh[k(z+d)]}{\cosh(kd)}\cos(\omega t - kx)\right)\bigg|_{z=0} = 0$$

$$-\xi_0 g\omega\frac{\cosh(kd)}{\cosh(kd)}\cos(\omega t - kx) + g\frac{\xi_0 g}{\omega}k\frac{\sinh[k(z+d)]}{\cosh(kd)}\bigg|_{z=0}\cos(\omega t - kx) = 0$$

$$-\xi_0 g\omega\cos(\omega t - kx) + \frac{\xi_0 g^2}{\omega}k\frac{\sinh(kd)}{\cosh(kd)}\cos(\omega t - kx) = 0$$

$$\xi_0 g\cos(\omega t - kx)\left(-\omega + \frac{gk}{\omega}\frac{\sinh(kd)}{\cosh(kd)}\right) = 0$$

$$-\omega + \frac{gk}{\omega}\tanh(kd) = 0$$

$$\frac{\omega^2}{gk} = \tanh(kd)$$

因此

$$\omega^2 = gk\tanh(kd) \to \omega = \frac{2\pi}{T}$$

$$\left(\frac{2\pi}{T}\right)^2 = g\frac{2\pi}{T}\tanh(kd)$$

$$L = \frac{g}{2\pi}T^2\tanh(kd)$$

对于深水，$kd \gg 1$ 且 $\tanh(kd) = 1$。因此

$$\frac{\omega^2}{gk} = 1$$

深水的频散关系如式（2.97）～式（2.99）所示。即

$$\omega^2 = gk$$

$$\left(\frac{2\pi}{T}\right)^2 = g\frac{2\pi}{T}$$

$$L = \frac{g}{2\pi}T^2$$

对于浅水，$kd \ll 1$ 且 $\tanh(kd) = \sinh(kd) = kd$。因此

$$\frac{\omega^2}{gk} = kd$$

浅水区的频散关系如式(2.100)~式(2.102)所示。即

$$\omega^2 = gdk^2$$

$$\left(\frac{2\pi}{T}\right)^2 = gd\left(\frac{2\pi}{L}\right)^2$$

$$L = \sqrt{gdT^2}$$

(3) 解释为什么波下的水平水质点速度在波峰下最高。

速度势为

$$\varphi(x,z,t) = \frac{\xi_0 g}{\omega} \frac{\cosh\left[k(z+d)\right]}{\cosh(kd)}\cos(\omega t - kx)$$

水平速度为

$$u = \frac{\partial \varphi}{\partial x}$$

$$u = \frac{\xi_0 kg}{\omega} \frac{\cosh\left[k(z+d)\right]}{\cosh(kd)}\sin(\omega t - kx)$$

从上面的方程中,可以得出结论:当波分量在波峰时,水平速度达最大值,此时 $\sin(\omega t - kx) = 1$;当波分量在波谷时,它为最小值,此时 $\sin(\omega t - kx) = -1$。

(4) 计算在 300 m 水深处,高度为 15 m、周期为 12 s 的波的最大水平波速(深度函数)并准备其图表。首先检查这是不是一个深水波。

由式(2.94)得到:

$$\omega^2 = gk\tanh(kd) \rightarrow \omega = \frac{2\pi}{T}$$

$$\left(\frac{2\pi}{T}\right)^2 = gk\tanh(kd)$$

利用

$$H = 15 \text{ m}$$
$$g = 9.81 \text{ m/s}^2$$
$$T = 12 \text{ s}$$
$$d = 300 \text{ m}$$
$$\omega^2 = \frac{2\pi}{T} = 0.524$$

可以计算出 $k = 0.0279$。

由式(2.96)得到:

$$L = \frac{g}{2\pi}T^2\tanh(kd)$$

$$= \frac{9.81}{2\pi}12^2\tanh(0.0279 \cdot 300)$$

$$= 224.83 \text{ m}$$

$$\frac{d}{L} = \frac{300}{224.83} = 1.33$$

$$\frac{d}{L} > \frac{1}{2} \rightarrow \text{因此为深水}$$

准备一个最大水平波速度作为深度的函数的图。

由问题（3）的解，得水平速度为

$$u = \frac{\xi_0 kg}{\omega} \frac{\cosh\left[k(z+d)\right]}{\cosh(kd)} \sin(\omega t - kx)$$

由于这种情况是深水，得到水平速度的表达式为

$$u = \frac{\xi_0 kg}{\omega} e^{kz} \sin(\omega t - kx)$$

利用这个公式，可以计算最大水平波速（见表 2.3 和图 2.20）。

当两个波分量都在波峰的时候，水平速度是最大的，此时 $\sin(\omega t - kx) = 1$。

$$\xi_0 = \frac{H}{2} = \frac{15}{2} = 7.5 \text{ m}$$

（5）对于上述（4），周期为 20 s 的波（长涌波）。

使用与（4）部分相同的方法和计算，可以创建一个最大水平速度作为深度函数的图（见表 2.4 和图 2.21）。

由式（2.94）得到：

$$\omega^2 = gk \tanh(kd) \rightarrow \omega = \frac{2\pi}{T}$$

$$\left(\frac{2\pi}{T}\right)^2 = gk \tanh(kd)$$

表 2.3　水平速度与水深

z/m	$u/(\text{m} \cdot \text{s}^{-1})$
−300	0.000 893
−250	0.003 613
−200	0.014 627
−150	0.059 215
−100	0.239 716
−90	0.317 066
−80	0.419 375
−70	0.554 697
−60	0.733 683
−50	0.970 423
−25	1.952 509
0	3.928 484

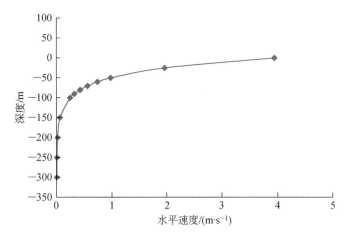

图 2.20　水平速度与水深

利用

$$H = 15 \text{ m}$$

$$g = 9.81 \text{ m/s}^2$$

$$T = 20 \text{ s}$$

$$d = 300 \text{ m}$$

$$\omega = \frac{2\pi}{T} = 0.314$$

可以计算出 $k = 0.01$。

表 2.4　水平速度与水深

z/m	$u/(\text{m} \cdot \text{s}^{-1})$
−300	0.227 092
−250	0.256 82
−200	0.353 616
−150	0.542 915
−100	0.874 177
−90	0.964 221
−80	1.064 146
−70	1.174 977
−60	1.297 849
−50	1.434 020
−25	1.842 169
0	2.368 835

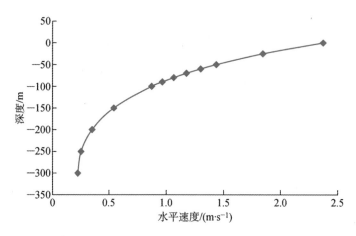

图 2.21　水平速度与水深

由频散关系式(2.96)得到：

$$L = \frac{g}{2\pi} T^2 \tanh(kd)$$

$$= \frac{9.81}{2\pi} 20^2 \tanh(0.01 \cdot 300)$$

$$= 621.44 \text{ m}$$

$$\frac{d}{L} = \frac{300}{621.44} = 0.483$$

$$\frac{1}{20} < \frac{d}{L} < \frac{1}{2} \rightarrow \text{因此为中间水域}$$

准备一个最大水平波速度作为深度的函数的图。

水平速度的公式为

$$u = \frac{\xi_0 kg}{\omega} \frac{\cosh\left[k(z+d)\right]}{\cosh(kd)} \sin(\omega t - kx)$$

由于这种情况是中间水域，得到水平速度的表达式为

$$u = \frac{\xi_0 kg}{\omega} \frac{\cosh\left[k(z+d)\right]}{\cosh(kd)} \sin(\omega t - kx)$$

利用这个公式，可以计算最大水平波速作为深度的函数(见图 2.22)。

当波的分量在波峰时，水平速度达最大值，为 $\sin(\omega t - kx) = 1$。

$$\xi_0 = \frac{H}{2} = \frac{15}{2} = 7.5 \text{ m}$$

(6) 访问网站 http://www.coastal.udel.edu/faculty/rad/并根据要求创建 Java 账户，然后探索波条件的特征。报告一些你发现的特别有趣的特征。

线性波运动学。在线性波下的水质点速度在水面上是最大值，并且随着深度呈数量级减小。在问题(4)部分中给出了高度＝15 m，周期＝12 s，水深＝300 m 的波的计算，如果比较问题(4)部分和图 2.23 的结果，可以看出它们的结果相同。最大水平速度发生在表面等于 3.92 m/s。由问题(4)的解，还可以看到水平速度随深度呈数量级减小(见表2.3)。

在浅水中，水质点遵循的椭圆形路径变平成为水平线，特别是在底部，没有垂直流动。

在波峰处,水的运动是水平的,并且沿着波的方向。在波谷,速度是相反的(但与波峰下的趋势相同,这是线性理论)。当静水交叉发生时,垂直速度达到最大值。

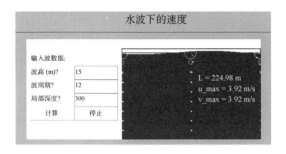

图 2.22　用波计算器计算水波下的速度

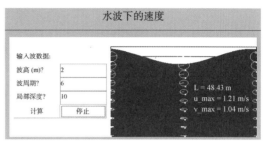

图 2.23　用波计算器计算水波下的速度

现用式(2.106)和式(2.107)来证明这种现象:

$$u = \frac{\xi_0 kg}{\omega} \frac{\cosh\left[k(z+d)\right]}{\cosh(kd)} \sin(\omega t - kx) \rightarrow 水平速度$$

$$w - \frac{\xi_0 kg}{\omega} \frac{\sinh\left[k(z+d)\right]}{\cosh(kd)} \cos(\omega t - kx) \rightarrow 垂直速度$$

假设 x_0 和 z_0 是参考位置,$x(t)$ 和 $z(t)$ 是时间 t 的位置。

式(2.106)、式(2.107)的积分速度为

$$\int_{x_0}^{x} \mathrm{d}x = \int_0^t u(t)\mathrm{d}t \rightarrow x - x_0 = \frac{\xi_0 kg}{\omega^2} \frac{\cosh\left[k(z_0+d)\right]}{\cosh(kd)} \cos(\omega t - kx)$$

$$\int_{z_0}^{z} \mathrm{d}z = \int_0^t w(t)\mathrm{d}t \rightarrow z - z_0 = \frac{\xi_0 kg}{\omega^2} \frac{\sinh\left[k(z_0+d)\right]}{\cosh(kd)} \sin(\omega t - kx)$$

$$x - x_0 = -A(z_0)\cos(\omega t - kx)$$

$$z - z_0 = B(z_0)\sin(\omega t - kx)$$

其中

$$A(z_0) = \frac{\xi_0 kg}{\omega^2} \frac{\cosh\left[k(z_0+d)\right]}{\cosh(kd)}$$

$$B(z_0) = \frac{\xi_0 kg}{\omega^2} \frac{\sinh\left[k(z_0+d)\right]}{\cosh(kd)}$$

得到:

$$\frac{(x-x_0)^2}{A^2(z_0)} + \frac{(z-zx_0)^2}{B^2(z_0)} = \cos^2(\omega t - kx) + \sin^2(\omega t - kx) = 1$$

$$\frac{(x-x_0)^2}{A^2(z_0)} + \frac{(z-zx_0)^2}{B^2(z_0)} = 1 \rightarrow 椭圆形方程$$

在深水的情况下,得到了简化表达式:

$$A(z_0) = \frac{\xi_0 kg}{\omega^2} \mathrm{e}^{kz_0} = \xi_0 \mathrm{e}^{kz_0}$$

由 $\omega^2 = gk$ 得到:

$$B(z_0) = A(z_0) = \xi_0 \mathrm{e}^{kz_0}$$

由于椭圆的半轴是相等的,所以深水中质点轨迹是圆形的。

对于具有频散关系的浅水 $\omega^2 = gdk^2$，得到：

$$A(z_0) = \frac{\xi_0 kg}{\omega^2} = \frac{\xi_0}{dk}$$

因此，轨迹的水平轴是浅水的常数。对于 $B(z_0)$，得到：

$$B(z_0) = \frac{\xi_0 kg}{\omega^2} \frac{k(z_0 + d)}{1} = \frac{\xi_0 k^2 g}{\omega^2}(z_0 + d)$$

z 在水下定义为负数，d 是正常数。因此，越往深处，$(z_0 + d)$ 越小，垂直轨迹也就越小。

波叠加。根据叠加原理，当两个（或更多）波同时在同一介质中传播时，它们会穿过彼此而不会受到干扰。介质在空间或时间的任何一点上的净位移就是单个波位移的总和。

通过考虑如图 2.24 所示的四个波，使用波叠加特征来验证以下现象：

• 单波列，通过将其他三波的高度归零而发现。

• 波群，当两个（或更多）波有几乎相同的波周期时非常明显。按照惯例，波的运动方向是相同的，波群的运动速度小于单个波的速度。

• 两个波（具有相同的振幅、频率和波长）在一条线上以相同的方向运动。利用叠加原理，可以将产生的位移写成：

$$\xi(x,t) = \xi_0 \sin(kx - \omega t) + \xi_0 \sin(kx - \omega t + \phi)$$
$$= 2\xi_0 \cos\left(\frac{\phi}{2}\right) \sin\left(kx - \omega t + \frac{\phi}{2}\right)$$

这是一个振幅依赖于相位（phi）的行波。当两个波同相（$\phi = 0$）时，它们互相增强干扰，其结果是单个波的振幅翻倍。当两波具有相反相位（$\phi = 180$）时，它们相消干涉，相互抵消。

驻波系统是指两波具有相同特征，但传播方向相反的波（见图 2.25 和图 2.26）。

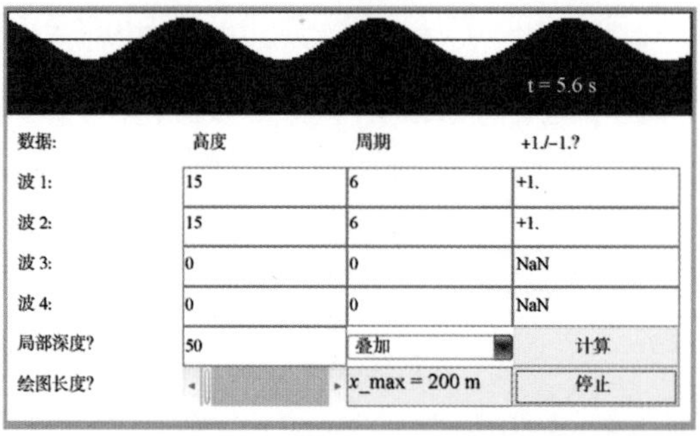

图 2.24　波叠加的波计算器

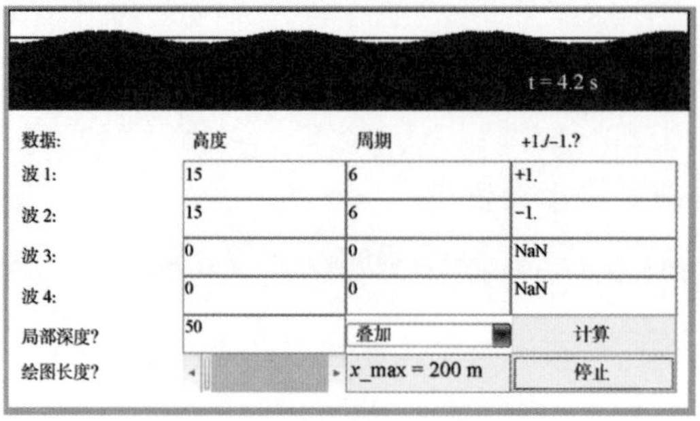

图 2.25　用于"驻波"的波计算器

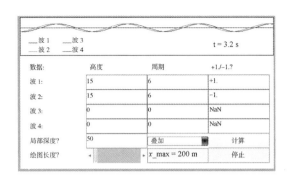

图 2.26　"驻波"波叠加

利用叠加原理,可以将产生的位移写成

$$\xi(x,t) = \xi_0 \sin(kx - \omega t) + \xi_0 \sin(kx + \omega t)$$
$$= 2\xi_0 \sin kx \cos \omega t$$

这个波不再是行进波,因为位置和时间依赖性已经被分离。作为位置函数的位移,振幅为 $2\xi_0 \sin kx$。这个振幅不是行进的而是静止的,并根据 $\cos(\omega t)$ 上下振荡。驻波的特征是具有最大位移(波腹)的位置和具有零位移(波节)的位置。

当两个波彼此相异于 $180°$ 时,它们彼此抵消;当它们完全同相时,它们相加在一起。当两个波相互通过时,净结果在零和一些最大振幅之间交替。然而,这种模式只是振荡,它不会向右或向左移动,因此称为"驻波"。

两个相同振幅的波沿同一个方向运动(见图 2.27)。这两波有不同的频率和波长,但它们都以相同的波速传播。利用叠加原理,将产生的质点位移写成

$$\xi(x,t) = \xi_0 \sin(k_1 x - \omega_1 t) + \xi_0 \sin(k_2 x - \omega_2 t)$$
$$= 2\xi_0 \cos\left[\frac{(k_1 - k_2)}{2}x - \frac{(\omega_1 - \omega_2)}{2}t\right] \sin\left[\frac{(k_1 + k_2)}{2}x - \frac{(\omega_1 + \omega_2)}{2}t\right]$$

波计算器。该特征通过使用可用的数据(波高、周期 T 或频率和水深 d)来确定波长 $L(m)$、波数 $k(1/m)$、波速 $c = L/T(m/s)$、方向(°)、浅水系数 K_s、折射系数 K_r、波高 H、群速 $c_g = nc$。波高不允许超过水深的 0.8,如果满足此条件,则表示为"破碎"(见图 2.28)。表 2.5 列出了线性波动的理论回顾。

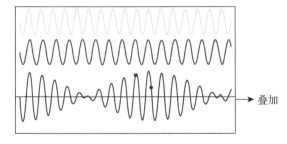

图 2.27　波叠加

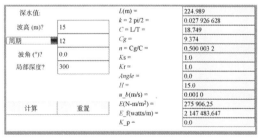

图 2.28　波计算器

表 2.5　线性波动理论回顾

波特性	浅水，$d/L<1/20$	中间水深，$1/20<d/L<1/2$	深水，$d/L>1/2$
速度势	$\varphi=\dfrac{\xi_0 g}{\omega}\cos(\omega t-kx)$	$\varphi=\dfrac{\xi_0 g}{\omega}\dfrac{\cosh[k(z+d)]}{\cosh(kd)}\cos(\omega t-kx)$	$\varphi=\dfrac{\xi_0 g}{\omega}e^{kz}\cos(\omega t-kx)$
频散关系	$\omega^2=gdk^2$ $L=\sqrt{gdT^2}$	$\omega^2=gk-\tanh(kd)$ $L=\dfrac{g}{2\pi}T^2\tanh(kd)$	$\omega^2=g-k$ $L=\dfrac{g}{2\pi}T^2$
波形	$\xi=\xi_0\sin(\omega t-kx)$	$\xi=\xi_0\sin(\omega t-kx)$	$\xi=\xi_0\sin(\omega t-kx)$
动态压力	$P_d=\rho\xi_0 g\sin(\omega t-kx)$	$P_d=\rho\xi_0 g\dfrac{\cosh[k(z+d)]}{\cosh(kd)}\sin(\omega t-kx)$	$P_d=\rho\xi_0 g e^{kz}\sin(\omega t-kx)$
横向质点速度	$u=\dfrac{\xi_0 kg}{\omega}\sin(\omega t-kx)$	$u=\dfrac{\xi_0 kg}{\omega}\dfrac{\cosh[k(z+d)]}{\cosh(kd)}\sin(\omega t-kx)$	$u=\dfrac{\xi_0 kg}{\omega}e^{kz}\sin(\omega t-kx)$
垂直质点速度	$w=\dfrac{\xi_0 k^2 g}{\omega}(z+d)\cos(\omega t-kx)$	$w=\dfrac{\xi_0 kg}{\omega}\dfrac{\sinh[k(z+d)]}{\cosh(kd)}\cos(\omega t-kx)$	$w=\dfrac{\xi_0 kg}{\omega}e^{kz}\cos(\omega t-kx)$
水平质点加速度	$\dot{u}=\xi_0 kg\cos(\omega t-kx)$	$\dot{u}=\xi_0 kg\dfrac{\cosh[k(z+d)]}{\cosh(kd)}\cos(\omega t-kx)$	$\dot{u}=\xi_0 kg e^{kz}\cos(\omega t-kx)$
垂直质点加速度	$\dot{w}=-\xi_0 k^2 g(z+d)\sin(\omega t-kx)$	$\dot{w}=-\xi_0 kg\dfrac{\cosh[k(z+d)]}{\cosh(kd)}\sin(\omega t-kx)$	$\dot{w}=-\xi_0 kg e^{kz}\sin(\omega t-kx)$
相速度	$c^2=gh$	$c^2=\dfrac{g}{k}\tanh(kd)$	$c^2=\dfrac{g}{k}$

$\omega=2\pi/T$, $k=2\pi/L$　　　　　　　$t=$时间

$T=$波周期　　　　　　　　　　　　$x=$传播方向

$L=$波长　　　　　　　　　　　　　$z=$垂直坐标，正数向上，原点在静止水面

$\xi_0=$波幅　　　　　　　　　　　　$d=$水深

$g=$重力加速度　　　　　　　　　　$P_d=$动态压力

$c=\omega/k=L/T=$相速度　　　　　　$P_0=$大气压力

其他的结果是每平方米的水面波能量 E，每米波峰长度的能量通量 E_f，底部的压力响应系数 K_p，以及底部压力 $P_b=K_p\delta\rho g$，其中 δ 为表面位移，ρ 是水的密度，g 是重力的加速度。还计算了底部速度 u_b(m/s) 的量级。

符号表

c	波速
d	水深
E	单位面积能量
$E_f = E_c$	单位长度波能量通量
H	波高
H_{max}	最大波高
H_s	有效波高
k	波数
L	波长
ρ	密度
p_0	大气压力
SWL	静水位
t	时间
u	水平速度
$\dot{u}$	水平加速度
w	垂直速度
$\dot{w}$	垂直加速度
ξ	波幅
λ	波长
φ	速度势
Ω	角速度

参考文献

[1]　Bretschneider，C. L.，Generation of Waves by Wind State of the Art，National Engineering Science Company，Washington，D. C.，1964.

[2]　University of Delaware，Waves Calculator［online］，2003，http：//www. coastal. udel. edu/faculty/rad/＞.

[3]　Russel，D. A.，Superposition of Waves［online］，1996，＜http：//www. acs. psu. edu/drussell/Demos/superposition/superposition. html＞.

[4]　Krogstad，H. E. ＆ Arntsen，Ø. A.，Linear Wave Theory，Compendium，NTNU，Trondheim，Norway，2000.

扩展阅读

•　Arntsen，Ø. A.，Tsunami，Lecture Notes，NTNU，2008.

- Barltrop，N. D. P. & Adams，A. J. ，Dynamics of Fixed Marine Structures，Butterworth-Heinemann，Oxford，UK，1991.
- Chakrabarti，S. K. ，Hydrodynamics of Offshore Structures，Computational Mechanics Publication，1994.
- Dysthe，K. B. ，Water Waves and Ocean Currents [online]，2004，http：//folk. uio. no/johng/info/dysthe/Nordfjordeid-versjon. pdf
- Faltinsen，O. M. ，Sea Loads on Ships and Offshore Structures，Cambridge University Press，Cambridge，UK，1990.
- Sarpkaya，T. & Isaacson，M. ，Mechanics of Wave Forces on Offshore Structures，van Nostrand，1981.
- Tucker，M. J. & Pitt，E. G，Waves in Ocean Engineering，Elsevier，2001.

第 3 章　海啸波

海啸是由海底滑坡或海底断层运动产生的波的集合(见图 3.1)。海啸波的长度大约是几百千米,因此它们被认为是浅水波,即使它们在通常被认为是深水的地方传播。要了解更多信息,读者可以参考扩展阅读。

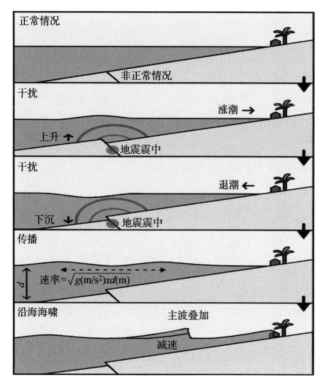

图 3.1　海啸的发展

3.1　波长 L

海啸波的波长 L 可以由浅水波的频散关系来确定,这是由一般频散关系式(2.94)推导而来。即

$$\omega^2 = gk \tanh kd \approx gkkd \tag{3.1}$$

$$\omega^2 = gk^2 d \tag{3.2}$$

$$\left(\frac{2\pi}{T}\right)^2 = gd \left(\frac{2\pi}{L}\right)^2 \tag{3.3}$$

$$L^2 = gdT^2 \tag{3.4}$$

$$L = \sqrt{gd}\,T \tag{3.5}$$

3.2　波传播速度 c

波传播速度或相速度是"波形"运动的速度。对于浅水波，可以表示为

$$c = \sqrt{\frac{\omega^2}{k^2}} = \sqrt{gd} = \frac{L}{T} \tag{3.6}$$

为了说明水深对波速的影响，考虑两种情况。

(1) 4 000 m 水深：

$$c_1 = \sqrt{10 \cdot 4\,000} = 200 \text{ m/s} = 720 \text{ km/h}$$

(2) 5 m 水深：

$$c_2 = \sqrt{10 \cdot 5} \approx 7 \text{ m/s} = 25.2 \text{ km/h}$$

结果表明，当波进入浅水时，"波速"（相速度）减小。

3.3　波能通量

波的单位面积能量由以下表达式给出：

$$E = \frac{1}{8}\rho g H^2 \tag{3.7}$$

式中，ρ 是水的密度；H 是波高。此外，单位长度波前的能量通量如下：

$$E_f = E_c = \frac{1}{8}\rho g H^2 \sqrt{gd} \tag{3.8}$$

用浅水波近似表示在水深 d_1 中具有高度 H_1 的波的能量通量的守恒，移动到具有水深 d_2 的区域中：

$$\frac{1}{8}\rho g H_1^2 \sqrt{gd_1} = \frac{1}{8}\rho g H_2^2 \sqrt{gd_2} \tag{3.9}$$

浅水波近似假设深度与波长相比相对较小，即 $d \ll L$。

海啸有一个小波高，如 $H_1 = 1$ m。在太平洋，水深的典型值 $d_1 = 4\,000$ m。然而，陆地附近的波高会大得多。例如，当水深为 5 m 时，由式（3.9）可以得到波高 H_2：

$$\Rightarrow H_1^2 \sqrt{d_1} = H_2^2 \sqrt{d_2} \tag{3.10}$$

$$H_2 = H_1 \left(\frac{d_1}{d_2}\right)^{1/4} \tag{3.11}$$

$$H_2 = 1 \text{ m} \left(\frac{4\,000}{5}\right)^{1/4} \approx 5.3 \text{ m} \tag{3.12}$$

正如所看到的，当波接近浅水时，浪高就会大大增加。还可以从 2.2 节的浅水调整中看到，深海中的海啸是浅水波。

3.4　示例

例 3.1

（1）在印度尼西亚水域,存在着海底运动的势能（由地震导致的断层或海底滑坡引起）。这样的运动可能会引发海啸,在接近海岸线时可能造成相当大的破坏。这样的波可以认为是很长的,可以从一般的频散关系假设浅水区中找到这样的波长。从基本原理中也可以发现波形的视速度（相速度）,并计算当海啸从 500 m 深到浅水处（例如）进入最小水深 9 m 时,速度是如何减少的。

浅水的频散关系：

$$\omega^2 = gk^2d$$

其中

$$\omega = \frac{2\pi}{T} \ 、 \quad k = \frac{2\pi}{T}$$

由上面关系可以得到：

$$L = \sqrt{gdT^2}$$

区域 2 的最小深度等于 9 m。

浅水相速度：

$$c = \sqrt{\frac{\omega^2}{k^2}} = \sqrt{gd} = \frac{L}{T}$$

因此

$$c_1 = \sqrt{9.81 \cdot 500} = 70 \text{ m/s} = 252 \text{ km/h}$$

$$c_2 = \sqrt{9.81 \cdot 9} = 9.4 \text{ m/s} = 33.8 \text{ km/h}$$

相速度降低了 60.6 m/s 或 86.6%。

（2）假定海啸波在 500 m 水深的高度为 1 m,在深度为 84.7 m（沿管道路径的最大深度）和 9 m（沿管道路径的最小深度）的位置上的海啸波的高度是多少?

$$H_1 = 1 \text{ m} \quad 当 \ d = 500 \text{ m 时}$$

单位波前的能量通量计算式为

$$E_f = E_c = \frac{1}{8}\rho g H^2 \sqrt{gd}$$

当水深 d_1 中的波高为 H_1 的波进入具有水深 d_2 的区域时,能量通量守恒：

$$\frac{1}{8}\rho g H_1^2 \sqrt{gd_1} = \frac{1}{8}\rho g H_2^2 \sqrt{gd_2}$$

$$\frac{H_2}{H_1} = \left(\frac{d_1}{d_2}\right)^{1/4}$$

$$H_2 = 1 \text{ m} \left(\frac{500}{9}\right)^{1/4} = 2.73 \text{ m}$$

沿管道路径最大深度的波高：

$$H_2 = 1 \text{ m} \left(\frac{500}{84.7} \right)^{1/4} = 1.56 \text{ m}$$

符号表

c	波速
d	水深
E	单位面积能量
$E_f = E_c$	单位长度波能量通量
g	标准重力
H	波高
k	波数
L	波长
T	波周期
ρ	密度
ω	角速度

扩展阅读

- Arntsen, Ø. A., Tsunami, Lecture Notes, NTNU, 2008.

第4章　波浪载荷

浸没在运动的水中的物体将由于波浪和/或水流的流体动力作用而受到力。

波浪数据的统计分析用于推断出设计波浪。这种方法用于确定荷载值和波浪对结构的影响。根据挪威石油安全管理局(PSA)文件,挪威水域的所有海洋结构都应设计成能承受100年波浪＋100年风＋10年海流的组合。百年一遇波意味着年超越概率为1‰(10^{-2})。

在 NORSOK 标准 N-003 中给出了 100 年波况下的有义波高 H_s 和相关的最大峰值周期 T_p 的图,具有 10^{-2} 年超越概率。

有些波比设计波高,有些波比设计波低,这是下面的结果:

- 较低的年超越概率,如 10^{-4}
- 非线性相互作用

通过参考相关的表格和图表,可以预测由于海洋环流引起的潮流和海流。然而,风暴产生的海流是不可预测的,它们的值不能基于统计,因为它们的条件各不相同。

图 4.1 和图 4.2 显示了高潮开始和低潮开始时的典型流速。可以尝试从不同的物理现象中估计风暴产生的海流。

可以尝试从不同的物理现象中估计最大值。

由风暴引起的环流/旋涡形式的强流会对海上结构产生严重的不利影响。例如,由于强大的海流,特罗尔油田的钻井平台即将在钻井作业期间偏离位置,并且必须由供应船在现场。

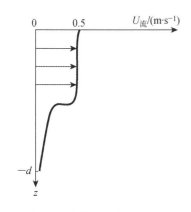

图 4.1　在高潮开始时的流速

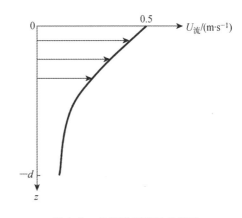

图 4.2　在低潮开始时的流速

运动中的水/空气将产生力,图 4.3 显示了波浪下典型的水质点运动。

用速度观察了特殊的质点水元素:

水平速度:

$$u = \frac{\partial \phi}{\partial x} \qquad (4.1)$$

垂直速度：

$$w = \frac{\partial \phi}{\partial z} \qquad (4.2)$$

还观察了水的加速度：

水平加速度：

$$\dot{u} = \frac{\partial u}{\partial t} \qquad (4.3)$$

垂直加速度：

$$\dot{w} = \frac{\partial w}{\partial t} \qquad (4.4)$$

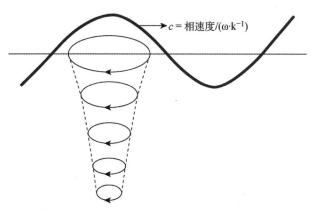

$c = $ 相速度$/(\omega \cdot k^{-1})$

图 4.3　水质点运动

这就引出了以下假设：

(1) 波浪对结构的影响。指水以恒定速度运动的影响，加上加速质点（$F_x = ma_x$）的影响。对于恒定速度，可以参考河流，因为速度 u 和河流的速度是一样的。

(2) 波浪＋流对结构的影响。指波浪产生的水质点的速度加上海流速度。处理规则波，还必须找到一种在真实波浪情况下计算结构上的力的方法。

方法：

(1) 找到了恒定海流和恒定加速度情况下的一般公式。

(2) 然后，在造波水池中对理论进行试验，并对造波水池的结果进行反算；最后，将结果缩放到真实波高。

为了跟进以上的做法，先观察两个不同的情况：

(1) 定常流中的完全浸水的圆柱体。

(2) 定常加速流中的完全浸水的圆柱体。

最后，假设波浪中的圆柱体同时经历这两种情况。将对细长圆柱体，也就是与波长相比直径较小的圆柱体进行这种处理，然后将这种处理扩展到较大的圆柱体。不同的是，假设在小直径的情况下，水将围绕圆柱体流动，而如果直径较大，一些水将被反射。

4.1　定常流中的圆柱潜体

考虑将一个圆柱体浸没在没有波浪的水中,但是流速恒定为 c_0。图 4.4～图 4.6 显示了定常流中的圆柱潜体,这些图是从实验中获得的典型图片。图 4.4 显示了上游侧和下游侧水流几乎对称的情况。这幅图非常类似于假设的理想流体,水质点之间没有摩擦、没有涡流的情况。由于圆柱和水流之间的摩擦,涡流逐渐在下游侧产生。这些涡流最终会变得很大,以至于它们会离开圆柱体(见图 4.6)。当这种情况发生时,作用在圆柱体上的力将发生变化,将有平行和垂直于水流方向的力。所以,期望有 x 方向和 z 方向的力(见图 4.7)。

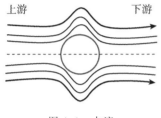

图 4.4　水流

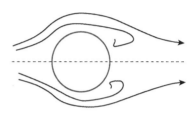

图 4.5　增加涡流

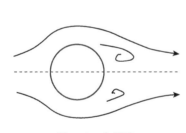

图 4.6　大涡流

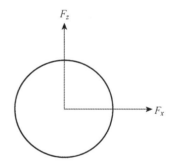

图 4.7　涡流脱落产生的 2 种力 F_x,F_z(大涡流)

一般来说,流动模式取决于:①流速;②时间;③圆柱直径;④圆柱体的粗糙度。

由于流的诱导作用,某些条件下会产生较大的振动,这被称为圆柱的涡激振动(VIV)。一个例子是风吹过烟囱导致 VIV。风效应可能导致疲劳损伤,这必须通过沿烟囱引入防涡器(螺旋线)来避免。当引入防涡器时,旋涡破碎,并且不会沿着烟囱均匀地形成。涡流形成的周期与结构的自然周期不匹配,必须避免共振。

涡旋的形成是由于流体内部的摩擦(流体黏度),因此,理想的流体不能用来解释这种现象。沿着流动方向的力称为阻力 f_D,垂直于流动方向的力称为升力 f_L。

我们经常区分小尺度和大尺度物体。与波长相比,小尺度物体(细长体)具有小的特征尺寸。重点是物体不会显著干扰流体的速度和加速度。对细长物体的要求:

$$\frac{D}{L} < 0.2 \tag{4.5}$$

式中,D 表示细长体的直径(m);L 表示当圆柱体放置在波中时的波长(m)。

具有大特征尺寸(如 D)的大体积物体将影响波,以致波反射变得重要。大体积物体也是相对于波长来定义的。

定常流作用下圆柱潜体上的力分量：

- 流动方向：阻力
- 垂直于流动方向：升力

这些力产生的原因：

(1) 流体和圆柱体之间的摩擦会导致涡流。非常光滑的圆柱体和粗糙的圆柱体之间存在差异(例如由于海生物)。粗糙的圆柱体会产生较大的涡流,力会更大。

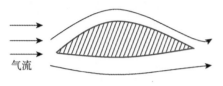

气流

图 4.8　暴露在气流中的机翼

(2) 上游侧和下游侧之间的压力差。造成这种差异的原因是下游涡流中的水质点速度较高。从伯努利方程可以看出,高速意味着较低的压力。因此,下游侧压力较低,产生水流流动方向的力。这个原理同飞机上的基本原理(见图 4.8)。机翼的形状使得风在机翼上方的速度比在机翼下方的速度高。因此,下面的压力最大,从而产生升力。

(3) 水将不得不流回圆柱体后面的停滞点。这种现象会产生旋涡。涡流中的高速意味着上游和下游之间的压力差。

4.1.1　阻力

为了估算作用在圆柱潜体上的力,可以对压力进行积分。遗憾的是,涡流很难用解析方法描述,需要非线性理论。然而,实验表明,圆柱体每单位长度的阻力 f_D 近似为

$$f_\mathrm{D} = \frac{1}{2}\rho C_\mathrm{D} Du \mid u \mid \tag{4.6}$$

式中,ρ 表示水的密度;C_D 表示阻力系数,由实验确定;D 表示圆柱直径;u 表示水质点水平速度。

执行量纲控制总是一个好方案。由于 $f_\mathrm{D}=$ 力/单位长度 $=\mathrm{N/m}$,期望 f_D 的表达式具有相同的单位：

$$\frac{1}{2}\rho C_\mathrm{D} Du \mid u \mid \sim 1\frac{\mathrm{kg}}{\mathrm{m}^3}1\ \mathrm{m}\ \frac{\mathrm{m}}{\mathrm{s}}\frac{\mathrm{m}}{\mathrm{s}} \sim \frac{\mathrm{kg}}{\mathrm{s}^2} \sim \frac{\mathrm{kg\ m}}{\mathrm{s}^2}\frac{1}{\mathrm{m}} \sim \frac{\mathrm{N}}{\mathrm{m}} \tag{4.7}$$

$u=u(z,t)$ 随水深变化,因此 f_D 也随水深变化。作用在圆柱潜体上的总力为

$$F_\mathrm{D}(t) = \int_{-d}^{\text{surface}} f_\mathrm{D}(z,t)\mathrm{d}z \tag{4.8}$$

最大总力是当表面处于其最大值时：

$$F_\mathrm{D}(t)_{\max} = \int_{-d}^{\text{max surface}} f_\mathrm{D}(z,t)\mathrm{d}z \tag{4.9}$$

在这里假设圆柱体的顶部一直延伸到水面。

4.1.2　阻力系数

阻力系数 C_D 是无量纲的,并且是几个参数的函数,如雷诺数 Re 和圆柱表面的粗糙度 k：

$$C_{\mathrm{D}} = C_{\mathrm{D}}(Re, k/d) \tag{4.10}$$

k 越大，C_{D} 越大，f_{D} 越大。因此，必须尽量避免平台的腿太粗糙，这意味着如果可能的话，海藻和贻贝必须被移除。

雷诺数 Re 是无量纲的，给出：

$$Re = \frac{uD}{\nu} \tag{4.11}$$

式中，u 是水质点的速度（平均流体速度）；D 是圆柱体的直径；ν 是水的运动黏度。因为 u 随深度减小，Re 随深度减小。因此，应该根据深度使用不同的阻力系数。有许多标准可以找到阻力系数的值，包括 NORSOK 标准 N-003。通常，在整个结构上使用一个阻力系数。

图 4.9 显示了阻力系数和雷诺数之间的关系。可以看到 $Re \sim 10^5$ 的阻力系数急剧下降。当 $C_{\mathrm{D}} \sim 1.2$ 时，雷诺数非常小，那么有如图 4.10 所示的临界以下的流体，即大涡流、大的力。

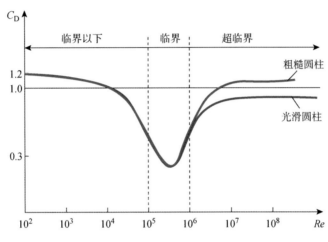

图 4.9　阻力系数与雷诺数的关系

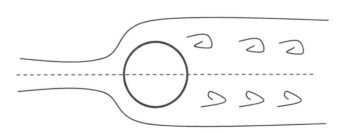

图 4.10　临界以下的流体

当 $C_{\mathrm{D}} \sim 0.3$ 和 $Re \sim 10^5$ 时，有临界流量，如图 4.11 所示。现在涡流的伸展要小得多，力也小了。

当 $Re \sim 10^7$ 时，有超临界流量。然而，C_{D} 将取决于圆柱的粗糙度。一般来说，有

$$C_{\mathrm{D,粗糙}} \sim 1.0 \sim 1.1$$
$$C_{\mathrm{D,光滑}} \sim 0.7 \sim 0.9$$

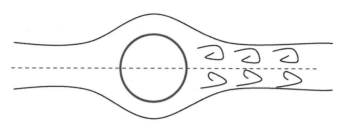

图 4.11　临界流

对于海洋中的洋流，uD 通常在 $1 \sim 10$ m/s 的范围内，水的运动黏度大约是 10^{-6} m²/s，所以 $Re \sim 10^6 \sim 10^7$。

4.1.3　升力

经过实验后，圆柱体每单位长度的升力 f_L 近似为

$$f_L = \frac{1}{2} \rho C_L D u \mid u \mid \tag{4.12}$$

式中，C_L 为升力系数，$C_L \sim 0.3$；其他项与上述相同。回想一下，在这里讨论的是定常流作用在物体上的力。

4.2　定常加速流中的圆柱潜体

考虑将一个圆柱体浸没在没有波浪的水中，但是有恒定的加速流。如果移走圆柱会发生什么？靠在虚拟圆柱表面上的压力会产生一个足以给质量加速的力。单位长度的力给出如下：

$$f = f_{FK} = ma = m\dot{u} = \left(\rho \frac{\pi D^2}{4} \right) \dot{u} \tag{4.13}$$

式中，ρ 是流体的密度；$\rho \pi D^2 / 4$ 是圆柱体单位长度的质量。如果把物理圆柱体放回去，力必须和想象中的圆柱体一样。力 f_{FK} 称为弗劳德·克里洛夫力。如果 $D/L < 1/5$，其中 L 是波长，则假设波中的加速度 u 是恒定的，并且等于圆柱中心处的流动的加速度。

对于满足 $D/L < 1/5 = 0.2$ 要求的实际圆柱，圆柱附近的流体将沿流动方向拖曳。因此将得到一个加速的附加质量。每单位长度作用在圆柱体上的总质量力：

$$f_M = (m + m_A)\dot{u} = \left(\rho \frac{\pi D^2}{4} \right) C_M \dot{u} \tag{4.14}$$

式中，m_A 是附加质量；$C_M = (1 + m_A/m)$ 是惯性系数，也是无量纲的。当加速度随时间保持近似恒定时，$C_M \sim 2$。质量力有时也称为惯性力。

对于其他几何形状，很难找到 C_M 值模拟结构。

4.3　波浪中的圆柱潜体——组合情况

在波浪的情况下，圆柱潜体会有来自水质点的速度和加速度的组合。对于一个足够小

的圆柱体,其加速度在圆柱体上是恒定的,也就是说,$D/L < 1/5$,Morison 等人提出了作用在波浪中圆柱体单位长度上的总力。莫里森方程(公式)是以实验为基础的,给出如下:

$$f(z,t) = f_{\mathrm{M}} + f_{\mathrm{D}} = \frac{\pi D^2}{4} \rho C_{\mathrm{M}} \dot{u} + \frac{1}{2} \rho C_{\mathrm{D}} D u \mid u \mid \tag{4.15}$$

注意,这个力就是质量力和阻力的总和。整个圆柱上的合力:

$$F(t) = \int_{-d}^{\mathrm{surface}} f(z,t) \mathrm{d}z = \int_{-d}^{\xi} f_{\mathrm{M}}(z,t) \mathrm{d}z + \int_{-d}^{\xi} f_{\mathrm{D}}(z,t) \mathrm{d}z \tag{4.16}$$

在波峰顶,$\dot{u} = 0$,$f_{\mathrm{M}}(z,t) = 0$。所以合力:

$$F(t) = \int_{-d}^{\xi_0} f_{\mathrm{D}}(z,t) \mathrm{d}z \tag{4.17}$$

当波浪通过平均水位时,$u = 0$,$f_{\mathrm{D}}(z,t) = 0$。所以合力:

$$F(t) = \int_{-d}^{0} f_{\mathrm{M}}(z,t) \mathrm{d}z \tag{4.18}$$

与定常流的情况不同,在定常流的情况下,涡流产生需要一段时间,而在波浪的情况下,涡流可能没有足够的时间形成。问题在于是否有时间产生阻力项。如果每个半波周期产生许多涡流,阻力将是重要的。但是,如果涡流不是那么多,情况就接近恒加速度的时候了。在这些情况之间,有复杂的条件。

阻力和质量(惯性)力对于海洋设计中的强度计算非常重要。

4.3.1　科勒冈—卡朋特数(KC 数)

已经观察了恒流下的雷诺数,现在将引入一个新的参数,用于对波浪力进行分类。参数科勒冈—卡朋特数(Keulegan-Carpenter number):

$$N_{\mathrm{KC}} = \frac{u_0 T}{D} \tag{4.19}$$

式中,u_0 表示波幅,也就是波峰下最大的水质点速度;T 表示波周期;D 表示圆柱体的直径。

关于科勒冈—卡朋特数(Keulegan-Carpenter number)的讨论:

(1) 当 N_{KC} 很小时,要么 $u_0 T$ 很小,要么 D 很大。第一种可能性意味着经过圆柱体的流动是缓慢的,在流动项改变方向之前不会产生很多涡流。第二种可能性意味着不会产生太多涡流。在这两种情况下,质量项将占主导地位。记住,在持续加速通过圆柱的情况下,$D/L < 1/5$ 的要求。如果 $D > 0.2L$,那么撞击圆柱体的波浪会有太多的反射,因此必须考虑到这一点。

(2) 当 N_{KC} 很大时,有快速流动(大 u_0)或小圆柱。除了圆柱后面的许多涡流,流经圆柱流体几乎是恒速的。现在,阻力项将占主导地位。

在深水的情况下,利用第 2 章导出的关于线性波浪理论的关系式得到:

$$N_{\mathrm{KC}} = \frac{u_0 T}{D} = \frac{\xi_0 \omega \mathrm{e}^{kz} T}{D} = \frac{\frac{2\pi}{T} \xi_0 \mathrm{e}^{kz} T}{D} = \frac{2\pi \xi_0 \mathrm{e}^{kz}}{D} = \frac{\pi H}{D} \mathrm{e}^{kz} \tag{4.20}$$

在静水水位,得到:

$$N_{\mathrm{KC}} = \frac{\pi H}{D} \tag{4.21}$$

但是 N_{KC} 的哪些值被认为是小的,哪些值被认为是大的? 根据经验,有

（1）阻力项将占主导地位：

$$D/H < 0.1 \Rightarrow H/D > 10 \Rightarrow \pi H/D = N_{KC} > 30 \tag{4.22}$$

（2）惯性（质量）项将占主导地位：

$$0.5 < D/H < 1.0 \Rightarrow 2\pi > \pi H/D = N_{KC} > \pi \tag{4.23}$$

（3）在这两者之间，必须考虑到阻力和质量。若有

$$D/H > 1.0 \Rightarrow \pi H/D = N_{KC} < \pi \tag{4.24}$$

那么部分波将被反射。当反射很重要时，则有潜流。

也就是说，

$N_{KC} < 5$，惯性占主导地位。

$5 \leqslant N_{KC} \leqslant 30$，既有阻力又有惯性。

$N_{KC} > 30$，阻力占主导地位。

图 4.12 显示了这些条件的图形说明。

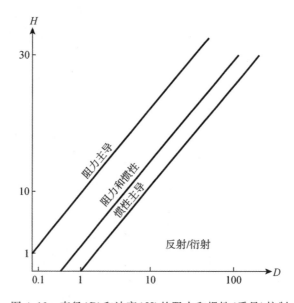

图 4.12　直径（D）和波高（H）的阻力和惯性（质量）控制

4.3.2　关于莫里森方程的讨论

莫里森方程是经验性的，也就是说它是由实验得来的。莫里森方程包括两个常数：① 阻力系数 C_D；② 惯性系数 C_M。

这些常数可以从实验中找到。在 NORSOK 标准中，Action 这个词是一个包含载荷、变形等的扩展项。

可以将公式扩展到其他几何类型。即

$$f(z,t) = \underbrace{\frac{\pi D^2}{4}}_{\forall} \rho C_M \dot{u} + \frac{1}{2} \rho C_D \underbrace{Du}_{A_p} | u | \tag{4.25}$$

式中，$\forall$ 是结构的横截面积；A_p 是结构的投影面积（见图 4.13）。海流流动根据结构的不同几何形状而变化。另外，对于不同的结构，阻力系数 C_D 和惯性系数 C_M 是不同的。

图 4.13　不同的几何形式

仍然考虑不破碎的规则波浪。在深水中，当 $H/L \geqslant 0.14$ 时，规则波破碎，冲击载荷。

为了使用莫里森方程，要求加速度不要在圆柱体直径上有太大的变化，即 $D/L < 0.2$，而且圆柱体运动的幅度 a 不应该太大，即 $a/D < 0.2$。

综上所述，莫里森方程适用于：

（1）不破碎的波浪；$H/L < 0.14$。

（2）$D/L < 0.2$。

（3）$a/D < 0.2$。

4.3.3　阻力载荷与质量载荷之比

在这里根据圆柱体的大小考虑两个有趣的情况。在这两种情况下，直径都足够小，可以假设恒定的加速度和没有相当大的反射，即 $D/L < 0.2$。另外，将在这里假设深水，并考虑静止表面的情况，其中 $z = 0$。因此，有 $N_{KC} = \pi H/D$。

（1）情况 1：$D/L < 0.2$ 并且 $0.5 < D/H < 1.0$。

根据式（4.23），惯性项将占主导地位，则

$$F(t)_{max} = \int_{-d}^{0} \frac{\pi D^2}{4} \rho C_M \dot{u} \, \mathrm{d}z \tag{4.26}$$

回忆第 2 章线性波理论，水平加速度 $\dot{u}$ 在静止表面是最大的。这就是为什么要积分到 $z = 0$。

（2）情况 2：$D/L < 0.2$ 并且 $D/H < 0.1$。

根据式（4.22），阻力项将占主导地位，则

$$F(t)_{max} = \int_{-d}^{\xi_0} \frac{\rho}{2} C_D D u \mid u \mid \mathrm{d}z \tag{4.27}$$

水平速度 u 在波峰下是最大的，这就是为什么要积分到 $z = \xi_0$。

4.3.4　相对于海底的力矩

波浪力作用下的圆柱体如图 4.14 所示。当莫里森方程适用时，作用在圆柱体上的合力为

$$F_H = \int_{-d}^{\xi} f_M(z,t) \, \mathrm{d}z + \int_{-d}^{\xi} f_D(z,t) \, \mathrm{d}z \tag{4.28}$$

作用在圆柱体上的力将引起一个相对于底部的力矩，即

$$M_H = \int_{-d}^{\xi} [f_M(z,t) + f_D(z,t)][d+z] \, \mathrm{d}z \approx \frac{2}{3} F_H \tag{4.29}$$

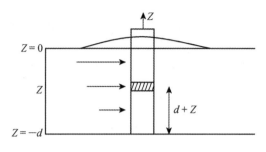

图 4.14　圆柱体

不需要积分的一个好的近似是让力臂大约为 $2d/3$。

4.3.5　示例：海流对阻力的影响

考虑波浪和水流同时存在的情况下的阻力：

$$f_D(z,t) = \frac{1}{2}\rho C_D D(u+u_s)\mid u+u_s\mid \tag{4.30}$$

式中，u 是波浪中的水质点速度；u_s 是水流速度。这里产生的问题是 C_D 在这两种情况下是否具有相同的值。一般情况下认为：静止表面的典型值为 $u=4$ m/s，$u_s=1$ m/s。对于这些值，将波浪和水流情况下的阻力与波浪情况下的阻力进行比较。即

$$\frac{f_{D,\text{wave\&current}}}{f_{D,\text{wave}}} = \frac{\frac{1}{2}\rho D C_{D,\text{wave\&current}}(4+1)\mid 4+1\mid}{\frac{1}{2}\rho D C_{D,\text{wave}}(4)\mid 4\mid} \approx \frac{25}{16} \approx 1.56 \tag{4.31}$$

可以看到由于水流的作用，阻力增加了 56%。

4.3.6　海流

海流非常依赖当地条件，因此必须就地测量。海流受以下因素影响：

- 潮汐效应
- 水中的温差
- 湾流
- 科里奥利效应
- 盐度影响
- 风海流
- 风暴效应（风暴期间积水；暴风雨过后水回流）

即使深水中没有波浪效应，也可能存在海流效应。海洋作业受海流影响，需要进行海流测量。此外，阻力也受到海流的影响。当强海流与巨浪同时出现时，结构必须经受住这一点。挪威石油安全管理局（PSA）制定了一个标准，要求挪威水域的所有海洋结构都应符合：100 年波＋100 年风＋10 年流。

在这里，100 年一遇的波浪意味着每年超越概率为 1%。总的来说，挪威海域有：

- 100 年波～$H_{\max}=28$ m，$T=15$ s
- 100 年风～风速 33 米/秒

- 100 年流～表面流速 1.5 m/s
- 10 年流～表面流速 1.2 m/s

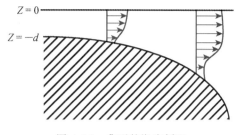

图 4.15　典型的海流剖面

此前,NPD(挪威石油管理局)负责跟踪挪威大陆架的资源利用和安全相关事项。

假设海流流速在水面上是恒定的,然后它会随着往下走而减小。典型的海流剖面如图 4.15 所示。

4.3.7　示例:风暴场景

这个例子将总结本章和前一章中有关流体力学和线性波浪理论的许多概念。如图 4.16 所示,对于暴露在波浪中的圆柱体,有以下场景:

- 波幅 $\xi_0 = 8$ m
- 波高 $2\xi_0 = H = 16$ m
- 水深 $d = 200$ m
- 波长 $L = 300$ m
- 圆柱直径 $D = 10$ m
- $C_M = 2.0, C_D = 1.0$

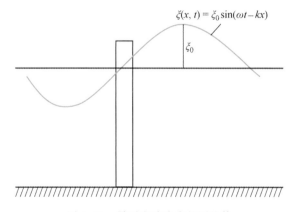

$$\zeta(x, t) = \zeta_0 \sin(\omega t - kx)$$

图 4.16　暴露在波浪中的圆柱体

有义波高 H_s 是指在指定时间段内有效的三分之一最高波的平均高度(通过波峰),通常为 3 小时。

实验表明,在一场 3 小时的风暴中,$H_{max} \approx H_s$。

(1) 这是深水吗?

$d/L = 200/300 = 2/3 > 1/2$,所以,可以按深水考虑。

(2) 波浪周期是多少?

在深水中,波长与周期的色散关系为 $L = \dfrac{g}{2\pi} T^2$,则

$$T^2 = \frac{2\pi}{g}L = \frac{2\pi}{9.81}300 \approx 192 \Rightarrow T \approx 13.9 \text{ s}$$

（3）是否可以使用莫里森方程？

- $\dfrac{D}{L} = \dfrac{10}{300} = 0.033 \ll 0.2$，可以。

- $\dfrac{a}{D} = \dfrac{a}{10} < 0.2$，假设圆柱体被加强，所以振幅小于 2 m。

- $\dfrac{H}{L} = \dfrac{16}{300} = 0.053 \ll 0.14$，所以波浪不会破裂。

因此，可以放心地使用莫里森方程。

（4）阻力项还是质量项占主导地位？

$\dfrac{D}{H} = \dfrac{10}{16} = 0.625 \in [0.5, 1.0]$，所以惯性项占主导。

质量项的最大剪力是多少？

$$F_{M,\max} = \int_{-200}^{0} \frac{\pi D^2}{4} \rho\, C_M \underbrace{\xi_0 \omega^2 e^{kz}}_{\substack{\text{当波穿过静止表面时} \\ \text{最大加速度}}} \mathrm{d}z$$

$$= \frac{\pi D^2}{4} \rho\, C_M \omega^2 \xi_0 \int_{-200}^{0} e^{kz}\, \mathrm{d}z$$

$$= \frac{\pi D^2}{4} \rho\, C_M \omega^2 \xi_0 \left[\frac{1}{k} e^{kz} \right]_{-200}^{0}$$

$$= \frac{3.14 \cdot 10^2}{4} \cdot \underbrace{1\,025}_{\rho} \cdot \underbrace{2}_{C_M} \cdot \underbrace{9.81 \cdot \frac{2\pi}{L}}_{\substack{\omega^2 = gk \\ \text{深水}}} \cdot \underbrace{8}_{\xi_0} \cdot \left[\frac{1}{2\pi/L} - \frac{1}{2\pi/L} e^{-200k} \right]$$

$$\approx \frac{3.14 \cdot 10^2}{4} \cdot 1\,025 \cdot 2 \cdot 9.81 \cdot \frac{2\pi}{300} \cdot 8 \cdot \left[\frac{1}{2\pi/L} \right]$$

$$= 12.6 \cdot 10^6\ \mathrm{N} = 12.6\ \mathrm{MN}$$

为了了解这个力有多大，计算对应的质量：

$$12.6 \times 10^6\ \mathrm{N} \approx 12.6 \times 10^5\ \mathrm{kg} = 1\,260\ \mathrm{t}.$$

4.4 大尺度结构的波浪力

一直在讨论作用在直径足够小的结构（圆柱体）上的力，$D/L < 0.2$，加速度可以近似为常数。如果圆柱体较大，必须考虑结构背后的反射和其他影响。McCamy 和 Fuchs 的一个共同理论研究了理想流体中作用在大尺度圆柱体上的力，在理想流体中存在速度势函数 φ。有

$$\varphi = \varphi_i + \varphi_d \tag{4.32}$$

式中，φ_i 为入射波的势能；φ_d 为反射波的势能。当知道了势能，就能得到压强：

$$P = P_0 - \rho g z - \rho \frac{\partial \varphi}{\partial t} \tag{4.33}$$

以及合力：

$$F = \int_0^{2\pi} P \cos \theta\, \mathrm{d}\theta \tag{4.34}$$

因此，要确定力，首先需要找到 ψ，并且必须满足以下条件：

- $\nabla^2 \varphi = 0$，流体中

- $\dfrac{\partial \varphi}{\partial r}\bigg|_{r=R} = 0$，也就是说，没有流量通过半径为 R 的圆柱体

- $\dfrac{\partial \varphi}{\partial z}\bigg|_{z=-d} = 0$，也就是说，海底没有流动

- $\dfrac{\partial^2 \varphi}{\partial t^2} + g \dfrac{\partial \varphi}{\partial z} = 0$，在 $z = 0$ 时，线性化的表面条件

由于 φ_d 是新产生的，必须找到这个术语的表达式，以及圆柱体上相应的力。另外，需要确定圆柱体表面的情况。与以前一样，速度势

$$\varphi_i = \frac{\xi_0 g}{\omega} \frac{\cosh\left[k(z+d)\right]}{\cosh(kd)} \cos(\omega t - kx) \qquad (4.35)$$

以及色散关系

$$\omega^2 = gk \tanh(kd) \qquad (4.36)$$

因为底部和表面的条件相同，所以 φ_d 将具有与 φ_i 相同的 z 依赖性。因此

$$\varphi_d = \cosh\left[k(z+d)\right]\psi(r,\theta,t) \qquad (4.37)$$

这里，ψ 以圆柱坐标给出。此外，由于 $\nabla^2 \varphi_i = 0$，必须有 $\nabla^2 \varphi_d = 0$。通过变量分离，得到：

$$\psi(r,\theta,t) = R(r)\Theta(\theta)T(t) \qquad (4.38)$$

势能

$$\varphi_d = \cosh\left[k(z+d)\right]R(r)\Theta(\theta)T(t) \qquad (4.39)$$

φ_d 的轴向是 r、θ 和 z。使用圆柱坐标，拉普拉斯方程变为

$$\nabla^2 \varphi_d = 0 \qquad (4.40)$$

$$\Rightarrow \frac{1}{r}\frac{\partial}{\partial r}\left(r\frac{\partial \varphi_d}{\partial r}\right) + \frac{1}{r^2}\frac{\partial^2 \varphi_d}{\partial \theta^2} + \frac{\partial \varphi_d}{\partial z^2} = 0 \qquad (4.41)$$

$$\Rightarrow \left(\frac{\partial^2 \varphi_d}{\partial r^2} + \frac{1}{r}\frac{\partial \varphi_d}{\partial r}\right) + \frac{1}{r^2}\frac{\partial^2 \varphi_d}{\partial \theta^2} + \frac{\partial \varphi_d}{\partial z^2} = 0 \qquad (4.42)$$

$$\left[\cosh k(z+d)\left(\frac{\mathrm{d}^2 R}{\mathrm{d}r^2} + \frac{1}{r}\frac{\mathrm{d}R}{\mathrm{d}r}\right)\Theta T + \cosh\left[k(z+d)\right]R\frac{1}{r^2}\frac{\mathrm{d}^2\Theta}{\mathrm{d}\theta^2}T + \right.$$

$$\left. k^2\cosh\left[k(z+d)\right]R\Theta T = 0\right] \cdot \frac{r^2}{R\theta T\cosh\left[k(z+d)\right]} \qquad (4.43)$$

$$\Rightarrow \frac{\mathrm{d}^2 R}{\mathrm{d}r^2} + \frac{1}{r}\frac{\mathrm{d}R}{\mathrm{d}r}\frac{r^2}{R} + \frac{\mathrm{d}^2\Theta}{\mathrm{d}\theta^2}\frac{1}{\Theta} + k^2 r^2 = 0 \qquad (4.44)$$

$$\Rightarrow r^2\frac{\mathrm{d}^2 R}{\mathrm{d}r^2} + r\frac{\mathrm{d}R}{\mathrm{d}r} + R\frac{\mathrm{d}^2\Theta}{\mathrm{d}\theta^2}\frac{1}{\Theta} + Rk^2 r^2 = 0 \qquad (4.45)$$

$$\Rightarrow r^2\frac{\mathrm{d}^2 R}{\mathrm{d}r^2} + r\frac{\mathrm{d}R}{\mathrm{d}r} + R(-m^2) + Rk^2 r^2 = 0 \qquad (4.46)$$

$$\Rightarrow r^2\frac{\mathrm{d}^2 R}{\mathrm{d}r^2} + r\frac{\mathrm{d}R}{\mathrm{d}r} + (k^2 r^2 - m^2)R = 0 \qquad (4.47)$$

式 (4.47) 显示了衍射势如何随远离圆柱体的半径而变化。利用

$$\Theta(\theta) = B\cos m\theta \Rightarrow \frac{\dfrac{\partial^2\Theta}{\partial\theta^2}}{\Theta} = \frac{-m^2 B\cos m\theta}{B\cos m\theta} = -m \qquad (4.48)$$

式中, m 表示一个整数。半径函数 R 有一个关于贝塞尔函数的解。

在找到 $R(r)$、$\Theta(\theta)$ 和 $T(t)$ 的解之后,势能 φ_d 是已知的,因此有总势能 φ 的解,由此可以容易地找到压力和力的表达式,如式(4.33)、式(4.34)所示。

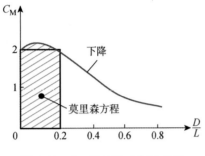

图 4.17　C_M 与 D/L 之间的关系

在 z 上,式(4.34)将给出作用在圆柱体上的总力。可以看出,单位长度的力可以写成

$$f = C_D \rho \frac{\pi D^2}{4} \dot{u} \bigg|_{x=0} \qquad (4.49)$$

这与惯性力的公式相同,但这里 C_M 的表达式是一个复杂的数学项,取决于 D/L 的比率(见图 4.17)。以前,对于较小的圆柱体,C_M 取为 2。此外,加速度是在圆柱体的中心获得的,就好像根本没有圆柱体一样。

4.5　示例

在这个问题上,需要讨论风车基础的设计波浪作用,也就是如何找到风车基础上的波浪力。重要的是要陈述你的假设并为你的选择辩护。应该考虑两种不同类型的风车基础,即大型单脚基础和三桩式结构基础。

观察在水深分别为 20 m 和 43 m 的情况下,具有 3 m 的有义波高和 7.5 s 的周期的波(注意:海上风车通常安装在巨大波浪不会形成的遮蔽水域)。

$H_s = $ 波高 $= 3$ m

$T = $ 波周期 $= 7.5$ s

$d_1 = $ 第一种工况下的水深 $= 20$ m

$d_2 = $ 第二种工况下的水深 $= 43$ m

(1) 通过考虑与这两种情况相关的规则波,确定这两种情况的不同波参数(包括波长)。

假设速度势为

$$\varphi(x,z,t) = \frac{\xi_0 g}{\omega} \frac{\cosh k(z+d)}{\cosh kd} \cos(\omega t - kx)$$

保守设计,使用最大波高来计算

$$H_{\max} = 1.86 H_s = 1.86 \times 3 = 5.58 \text{ m}$$

为了确定波浪参数(包括波长),必须检查这种情况是深水还是浅水。为了检验这一点,使用色散关系式(4.36):

$$\omega^2 = gk \tanh(kd) \rightarrow \omega = \frac{2\pi}{T}$$

$$\left(\frac{2\pi}{T}\right)^2 = gk \tanh(kd)$$

$$\omega = \frac{2\pi}{T} = \frac{2\pi}{7.5} = 0.838$$

水深 $d_1 = 20$ m。

由上面的公式,可以进行迭代得到 k 值:

$$k = 0.078$$

$$\left(\frac{2\pi}{T}\right)^2 = gk\tanh(kd)$$

$$\left(\frac{2\pi}{T}\right)^2 = g\frac{2\pi}{L}\tanh(kd)$$

$$L = \frac{g}{2\pi}T^2\tanh(kd)$$

$$L = \frac{9.81}{2\pi}7.5^2\tanh(0.078 \cdot 20)$$

$$L = 80.40 \text{ m}$$

$$\frac{d}{L} = \frac{20}{80.40} = 0.249$$

有以下属性：

深水 $\dfrac{d}{L} > \dfrac{1}{2}$

中等水深 $\dfrac{1}{20} < \dfrac{d}{L} < \dfrac{1}{2}$

浅水 $\dfrac{d}{L} < \dfrac{1}{20}$

因此，对于第一种情况（$d_1 = 20$ m），归类为中等水深。

水深 $d_2 = 43$ m。

根据色散关系，可以进行迭代来得到 k 值：

$$k = 0.072$$

$$\left(\frac{2\pi}{T}\right)^2 = gk\tanh(kd)$$

$$\left(\frac{2\pi}{T}\right)^2 = g\frac{2\pi}{L}\tanh(kd)$$

$$L = \frac{g}{2\pi}T^2\tanh(kd)$$

$$L = \frac{9.81}{2\pi}7.5^2\tanh(0.072 \cdot 43)$$

$$L = 87.46 \text{ m}$$

$$\frac{d}{L} = \frac{43}{87.46} = 0.492$$

有以下属性：

深水 $\dfrac{d}{L} > \dfrac{1}{2}$

中等水深 $\dfrac{1}{20} < \dfrac{d}{L} < \dfrac{1}{2}$

浅水 $\dfrac{d}{L} < \dfrac{1}{20}$

因此，对于第二种情况（$d_2 = 43$ m），归类为中等水深。

表 4.1 给出了两种波浪条件下的波浪参数汇总。

表 4.1　波浪参数汇总

波浪参数	水深＝20 m	水深＝43 m
H_{max}/m	5.58	
T/s	7.5	
ω	0.838	
波幅最大/m	1.5	
k	0.078	0.072
L/m	80.40	87.46
d/L	0.249	0.492
	中等水深	中等水深

（2）利用线性波动理论确定这两种波浪情况时波峰下的水平波速分布，并绘制波峰下水平波速随水深变化的精确图表。

下面给出了速度势的一般公式：

$$\varphi(x,z,t) = \frac{\xi_0 g}{\omega} \frac{\cosh k(z+d)}{\cosh kd} \cos(\omega t - kx)$$

水平速度：

$$u = \frac{\partial \varphi}{\partial x}$$

$$u = \frac{\xi_0 kg}{\omega} \frac{\cosh k(z+d)}{\cosh kd} \sin(\omega t - kx)$$

由上面的方程可以得出水平速度在波峰下的最大值，$\sin(\omega t - kx) = 1$。

从问题（1）的解来看，水深＝20 m，有

$$L = 80.40 \text{ m}$$

$$\omega = 0.838$$

$$k = 0.078$$

$$\xi_0 = \frac{H}{2} = \frac{5.58}{2} = 2.79 \text{ m}$$

$$\cosh(kd) = 2.492$$

表 4.2 给出了不同水深处的水平波速；图 4.18 给出了速度分布。

表 4.2　$d＝20$ m 时水平速度与深度的关系

$\cosh k(z+d)$	z/m	$u/(m \cdot s^{-1})$	$\cosh k(z+d)$	z/m	$u/(m \cdot s^{-1})$
1.000	−20	1.024	1.393	−9	1.427
1.003	−19	1.027	1.473	−8	1.509
1.012	−18	1.037	1.562	−7	1.600
1.028	−17	1.053	1.661	−6	1.701

$\cosh k(z+d)$	z/m	u/(m·s^{-1})	$\cosh k(z+d)$	z/m	u/(m·s^{-1})
1.049	−16	1.075	1.770	−5	1.813
1.077	−15	1.104	1.890	−4	1.935
1.112	−14	1.139	2.021	−3	2.070
1.153	−13	1.182	2.164	−2	2.217
1.202	−12	1.231	2.321	−1	2.378
1.258	−11	1.288	2.492	0	2.553
1.321	−10	1.354	3.053	2.79	3.128

从问题(1)的解来看,水深=43 m,有

$$L = 87.46 \text{ m}$$
$$\omega = 0.838$$
$$k = 0.0719$$
$$\xi_0 = \frac{H}{2} = \frac{5.58}{2} = 2.79 \text{ m}$$
$$\cosh(kd) = 11.047$$

表 4.3 给出了不同水深处的水平波速;图 4.19 给出了速度分布。

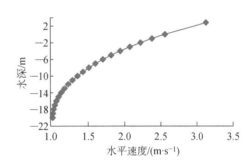

图 4.18　$d = 20$ m 时的水平速度与深度的关系

表 4.3　$d=43$ m 时水平速度与深度的关系

$\cosh k(z+d)$	z/m	u/(m·s^{-1})	$\cosh k(z+d)$	z/m	u/(m·s^{-1})
1.000	−43	0.213	3.559	−16	0.757
1.023	−40	0.218	4.385	−13	0.933
1.095	−37	0.233	5.416	−10	1.152
1.217	−34	0.259	6.701	−7	1.425
1.396	−31	0.297	8.298	−4	1.765
1.641	−28	0.349	10.284	−1	2.187
1.962	−25	0.417	11.048	0	2.349
2.375	−22	0.505	13.494	2.79	2.869
2.899	−19	0.617			

然后,将计算 43 m 水深两种不同类型基础结构上的波浪力。其中一个基础结构是外径为 4 m 的单桩基础,另一个是三条腿的三桩式基础,腿的外径为 0.75 m。

① 在计算这两种情况下的波浪力时,是否满足使用莫里森方程的要求?说明在这些情况下使用莫里森方程所需的任何具体假设。

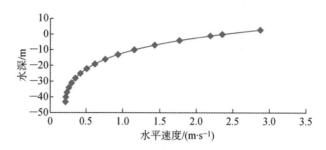

图 4.19　$d=43$ m 时的水平速度与深度的关系

仅考虑 43 m 水深:

正如本章所看到的,当满足以下条件时,莫里森方程是适用的。

非碎波,$H/L<0.14$。

加速度在结构的直径上是恒定的,$D/L<0.2$(直径与波长相比足够小)。这是因为,如果有一个大圆柱体,会存在水的反射。

圆柱的位移不应过大,即 $A/D<0.2$。

式中,D 表示圆柱的直径;H 表示波高;L 表示波长;A 表示水线上圆柱顶端的位移。

水深 43 m:

$L=87.46$ m

$H=5.58$ m

$\dfrac{H}{L}=\dfrac{5.58}{87.46}=0.064<0.14$。因此,满足要求。

$\dfrac{D_1}{L}=\dfrac{4}{87.46}=0.046<0.2$。因此,满足要求。

$\dfrac{D_2}{L}=\dfrac{0.75}{87.46}=0.008\,6<0.2$。因此,满足要求。

$\dfrac{A}{D_1}=\dfrac{A}{4}$ 应<0.2 以满足要求。

因此,A 应该<0.8 m。可以假设支腿被加强,使得圆柱顶部在水线处的位移<0.8 m。

$\dfrac{A}{D_2}=\dfrac{A}{0.75}$ 应<0.2 以满足要求。

因此,A 应该<0.15 m。可以假设支腿被加强,使得圆柱顶部在水线处的位移$<$ 0.15 m。

因此,可以得到结论,使用莫里森方程的要求是满足的。

② 在要计算阻力载荷的情况下,估算所考虑的情况下的雷诺数,并找到要使用的相关阻力系数。应假设海生物可能会生长。

$$Re=\frac{uD}{\nu}$$

式中,u 是水质点的速度(平均流体速度);D 是圆柱体的直径;ν 是水的黏度,$\nu\approx10^{-6}$ m²/s。

因此

$$Re=10^6uD$$

假设海生物生长的厚度：$t_m = 50$ mm $= 0.05$ m（这个例子的位置是 $56 \sim 59°$N）。

这个假设基于 DNV-RP-C205 2007 年 4 月的推荐做法。

因此

$$Re = 10^6 u(D + 2t_m)$$

对于第二种情况（水深 $= 43$ m），得到了 $u_{max} = 2.87$ m/s。

单桩基础：

$$Re_1 = 10^6 u(D_1 + 2t_m)$$
$$= 10^6 \cdot 2.87(4 + 2 \cdot 0.05)$$
$$= 1.18 \cdot 10^7$$

三桩式基础：

$$Re_2 = 10^6 u(D_2 + 2t_m)$$
$$= 10^6 \cdot 2.87(0.75 + 2 \cdot 0.05)$$
$$= 2.44 \cdot 10^6$$

参考 DNV 的推荐做法 2007 年 4 月 DNV-RP-C205：

对于高雷诺数（$Re > 10^6$）和科勒冈—卡朋特数（Keulegan-Carpenter number，N_{KC} 数），阻力系数与粗糙度 $\Delta - k/D$ 的关系可视为

$$C_{DS}(\Delta) = \begin{cases} 0.65; & \Delta < 10^{-4}（光滑）\\ (29 + 4\log_{10}(\Delta)); & 10^{-4} < \Delta < 10^{-2} \\ 1.05; & \Delta > 10^{-2}（粗糙）\end{cases}$$

不同表面的表面粗糙度如表 4.4 所示。

表 4.4　表面粗糙度

材料	k/m
钢，新的无涂层	5×10^{-5}
钢，涂漆	5×10^{-6}
钢，高度腐蚀	5×10^{-3}
混凝土	5×10^{-3}
海生物	$5 \times 10^{-3} \sim 5 \times 10^{-2}$

在这个例子中，使用 $k = 0.05$ m（生长有海生物的材料）：

$$\Delta = \frac{k}{D_1} = \frac{0.05}{(4 + 2 \cdot 0.05)} = 0.012\,2$$

$$\Delta = \frac{k}{D_2} = \frac{0.05}{(0.75 + 2 \cdot 0.05)} = 0.059$$

因此，$C_D = 1.05$。

还可以通过如图 4.20 所示的阻力系数来求出阻力系数的值。

在这个例子中，雷诺数 $Re = 1.18 \times 10^7$，因此得到 $C_D = 1.05$。

通常对于常规的导管架，使用下面给出的阻力和惯性系数：

$$C_D = \begin{cases} 1.05 & 粗糙圆柱 \\ 0.65 & 光滑圆柱 \end{cases}$$

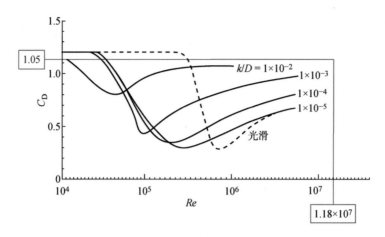

图 4.20　阻力系数

$$C_M = \begin{cases} 1.2 & \text{粗糙圆柱} \\ 1.6 & \text{光滑圆柱} \end{cases}$$

③ 在上面讨论的情况下,对三桩腿上的力的计算进行简化假设并找到三桩腿上的波浪力。

从前面的解决方案中,可以看到三桩腿满足 $D/L<0.2$ 和 $H/L<0.14$ 的要求。

这些假设的总结如下:

• $A/D<0.2$,或直径为 0.75 时,A 应小于 0.15,所以莫里森公式适用于波浪力的计算。假设圆柱体是加强的,所以顶部圆柱体在吃水线处的位移小于 0.15 m。

• 海生物生长可能发生,雷诺数较大,因此粗糙圆柱可以用 $C_D=1.05$ 和 $C_M=1.2$。

• 海生物厚度 $=5$ cm。

$D_2 =$ 三桩腿导管架支腿外径 $=0.75$ m。

$C_M=1.2$ 的假设基于 DNV 的推荐做法 2007 年 4 月 DNV-RP-C205。

$$C_M = \frac{m + m_a}{m} = 1 + C_a$$

$C_a =$ 附加质量系数

$$C_a = \begin{cases} 0.6 & \text{光滑圆柱} \\ 0.2 & \text{粗糙圆柱} \end{cases}$$

$$C_M = 1 + C_a = 1 + 0.2 = 1.2$$

$$N_{KC} = \frac{uT}{D} = \frac{2.87 \cdot 7.5}{(0.75 + 2 \cdot 0.05)} = 25.32$$

$$\frac{D}{H} = \frac{(0.75 + 2 \cdot 0.05)}{5.58} = 0.152$$

式(4.22)～式(4.24)给出的确定阻力和惯性力之间主导力的经验法则:

——阻力项在 $D/H<0.1 \Rightarrow H/D>10 \Rightarrow \pi H/D = N_{KC}>30$ 时占主导地位。

——惯性项在 $0.5<D/H<1.0 \Rightarrow 2\pi \Rightarrow \pi H/D = N_{KC}>\pi$ 时占主导地位。

——在这两者之间,必须同时考虑阻力项和惯性力项。

——如果 $D/H>1.0 \Rightarrow \pi H/D = N_{KC}<\pi$,部分波将被反射。我们说,当反射很重要时,

存在有势流。

在这个例子中，N_{KC} 值介于两者之间。因此，阻力项和质量项都必须考虑在内。

波浪作用在圆柱单位长度上的总力为

$$f(z,t) = f_M + f_D = \frac{\pi D^2}{4} \rho C_M \dot{u} + \frac{1}{2} \rho C_D D u \mid u \mid$$

这是莫里森方程，它是阻力和惯性力的组合。这个力只是惯性力和阻力的总和。作用在整个圆柱体上的总力：

$$F(t) = \int_{-d}^{\text{surface}} f(z,t) \mathrm{d}z = \int_{-d}^{\xi} f_M(x,t) \mathrm{d}z + \int_{-d}^{\xi} f_D(x,t) \mathrm{d}z$$

在峰顶 $\dot{u} = 0$，因此 $f_M(z,t) = 0$。所以合力：

$$F(t) = \int_{-d}^{\xi_0} f_D(x,t) \mathrm{d}z$$

当波浪通过平均水位时，$u = 0$，因此 $f_D(z,t) = 0$。所以合力：

$$F(t) = \int_{-d}^{0} f_M(x,t) \mathrm{d}z$$

水平速度：

$$u = \frac{\partial \varphi}{\partial x}$$

$$u = \frac{\xi_0 kg}{\omega} \frac{\cosh \left[k(z+d) \right]}{\cosh (kd)} \sin(\omega t - kx)$$

所以水平水质点的加速度：

$$\dot{u} = \frac{u}{t} = \xi_0 kg \frac{\cosh \left[k(z+d) \right]}{\cosh (kd)} \cos(\omega t - kx)$$

当 $\sin(\omega t - kx) = 1$，$\cos(\omega t - kx) = 0$ 时，波峰处的加速度项为零。此外，当 $\cos(\omega t - kx) = 1$ 且 $\xi = \xi_0 \sin(\omega t - kx) = 0$ 时，也就是说，当水质点穿过静止的水位时，加速度最大。

因此，最大加速度为第二种情况（水深 $= 43$ m）。即

$$\dot{u}_{\max} = 1.97 \text{ m/s}^2$$

在峰顶 $\dot{u} = 0$，因此 $f_M(z,t) = 0$。在水面附近的每条腿的阻力为

$$f(z,t) = f_D = \frac{1}{2} \rho C_D D u \mid u \mid \rightarrow D = D_{\text{cylinder}} + 2t_m$$

$$f_{D\max} = \frac{1}{2} \cdot 1\,025 \cdot 1.05 \cdot (0.75 + 2 \cdot 0.05) \cdot 2.87^2$$

$$= 3\,767.61 \text{ N/m（单条腿）}$$

在波峰处，作用在每条腿上的整个圆柱体上的总力为

$$F(t) = \int_{-d}^{\xi_0} f_D(x,t) \mathrm{d}z = \int_{-d}^{\xi_0} \frac{1}{2} \rho C_D D u \mid u \mid \mathrm{d}z$$

$$= \int_{-43}^{2.79} \frac{1}{2} \cdot 1\,025 \cdot 1.05 \cdot (0.75 + 2 \cdot 0.05) \cdot$$

$$\left[\frac{\xi_0 kg}{\omega} \frac{\cosh \left[k(z+d) \right]}{\cosh (kd)} \sin(\omega t - kx) \right]^2 \mathrm{d}z$$

$$= \int_{-43}^{2.79} \frac{1}{2} \cdot 1\,025 \cdot 1.05 \cdot (0.75 + 2 \cdot 0.05) \cdot$$

$$\left[\frac{2.79 \cdot 0.072 \cdot 9.81}{0.838} \frac{\cosh\left[k(z+d)\right]}{\cosh(0.072 \cdot 43)} \cdot 1\right]^2 \mathrm{d}z$$

$$= \int_{-43}^{2.79} 20.684 \cdot \left[\cosh k(z+d)\right]^2 \mathrm{d}z$$

$$= \left[20.684 \cdot \frac{1}{2}\left(z + \frac{\cosh k(z+d)\sinh k(z+d)}{k}\right)\right]_{-43}^{2.79}$$

$$= 10.342 \cdot \left[2.79 + \frac{\cosh 0.072(2.79+43)\sinh 0.072(2.79+43)}{0.072}\right]$$

$$= 26\ 284.9\ \mathrm{N}\,(单条腿)$$

其中,$\int\left[\cosh k(z+d)\right]^2 \mathrm{d}z$ 的积分如下:

已知 $\cosh d = \dfrac{\mathrm{e}^d + \mathrm{e}^{-d}}{2}$ 和 $\sinh d = \dfrac{\mathrm{e}^d - \mathrm{e}^{-d}}{2}$

在这个例子中:

$$\sinh k(z+d) = \frac{\mathrm{e}^{k(z+d)} - \mathrm{e}^{-k(z+d)}}{2}$$

$$\cosh k(z+d) = \frac{\mathrm{e}^{k(z+d)} + \mathrm{e}^{-k(z+d)}}{2}$$

$$\cosh^2 k(z+d) = \left(\frac{\mathrm{e}^{k(z+d)} + \mathrm{e}^{-k(z+d)}}{2}\right)^2$$

$$= \frac{\mathrm{e}^{2k(z+d)} + 2 + \mathrm{e}^{-2k(z+d)}}{4}$$

因此

$$\int \cosh^2 k(z+d) = \int \frac{\mathrm{e}^{2k(z+d)} + 2 + \mathrm{e}^{-2k(z+d)}}{4}$$

$$= \frac{1}{4}\left(\frac{\mathrm{e}^{2k(z+d)}}{2k} + 2z - \frac{\mathrm{e}^{-2k(z+d)}}{2k}\right)$$

$$= \frac{1}{4}\left(\frac{\mathrm{e}^{2k(z+d)}}{2k} - \frac{\mathrm{e}^{-2k(z+d)}}{2k}\right) + \frac{1}{2}z$$

$$= \frac{1}{2k}\frac{1}{4}\left(\mathrm{e}^{2k(z+d)} - \mathrm{e}^{-2k(z+d)}\right) + \frac{1}{2}z \cdots\cdots(\mathrm{A})$$

以及

$$\cosh k(z+d)\sinh k(z+d) = \left(\frac{\mathrm{e}^{k(z+d)} + \mathrm{e}^{-k(z+d)}}{2}\right)\left(\frac{\mathrm{e}^{k(z+d)} - \mathrm{e}^{-k(z+d)}}{2}\right)$$

$$= \frac{1}{4}\left(\mathrm{e}^{2k(z+d)} - \mathrm{e}^{-2k(z+d)}\right) \cdots\cdots(\mathrm{B})$$

用方程(B)代替方程(A):

$$\int \cosh^2 k(z+d) = \frac{1}{2k}\cosh k(z+d)\sinh k(z+d) + \frac{1}{2}z$$

$$= \frac{1}{2}\left(z + \frac{\cosh k(z+d)\sinh k(z+d)}{k}\right)$$

当波浪通过平均水位时,$u=0$,则 $f_\mathrm{D}(z,t)=0$。因此,水面附近的惯性力:

$$f(z,t) = f_\mathrm{M} = \frac{\pi D^2}{4}\rho C_\mathrm{M}\dot{u}$$

$$f_{Mmax} = \frac{\pi(0.75 + 2 \cdot 0.05)^2}{4} \cdot 1\,025 \cdot 1.2 \cdot 1.97$$

$$= 1\,374.3 \text{ N/m(单条腿)}$$

当波浪穿过平均水位时,作用在整个圆柱体上的合力:

$$F(t) = \int_{-d}^{0} f_M(x, t)\mathrm{d}z = \int_{-43}^{0} \frac{\pi D^2}{4} \rho C_M \dot{u}\mathrm{d}z$$

$$= \int_{-43}^{0} \frac{\pi(0.75 + 2 \cdot 0.05)^2}{4} \cdot 1\,025 \cdot 1.2 \cdot \xi_0 kg \frac{\cosh k(z+d)}{\cosh kd}\cos(\omega t - kx)\mathrm{d}z$$

$$= \int_{-43}^{0} \frac{\pi(0.75 + 2 \cdot 0.05)^2}{4} \cdot 1\,025 \cdot 1.2 \cdot 2.79 \cdot 0.072 \cdot 9.81 \cdot$$

$$\frac{\cosh k(z+d)}{\cosh(0.072 \cdot 43)} \cdot 1 \, \mathrm{d}z$$

$$= \int_{-43}^{0} 124.39 \cdot \cosh k(z+d)\mathrm{d}z$$

$$= \left[\frac{124.39}{k}\sinh k(z+d) \right]_{-43}^{0}$$

$$-\frac{124.39}{0.072}\sinh 0.072(0 + 43) - \left(\frac{124.39}{0.072}\sinh 0.072(-43 + 43) \right)$$

$$= 19\,076.48 \text{ N(单条腿)}$$

以上力的计算仅适用于单腿;对于三桩腿,根据波浪方向,作用在整个平台上的总力可以通过将每个支腿上的力乘以 3 来获得。然而,出于保守的原因,我们可以采用最大作用力乘以 3。

④ 说明选择单腿基础上波浪力计算公式的必要假设,并找出上述情况下单腿基础上的波浪力。

$D_1 =$ 单腿基础的外径 $= 4$ m

从先前的解中,单腿基础满足 $D/L < 0.2$ 和 $H/L < 0.14$ 的要求。

假设概要如下:

· $A/D < 0.2$,或直径 4 m,A 应小于 0.8,因此莫里森公式适用于本次计算中波浪力的计算。加强圆柱,从而假定顶部圆柱在吃水线处的位移小于 0.8 m。

· 海生物生长可能发生,雷诺数较大,因此粗糙圆柱可以用 $C_D = 1.05$ 和 $C_M = 1.2$。

· 海生物厚度 $= 5$ cm(如前所述)。

$$N_{KC} = \frac{uT}{D} = \frac{2.87 \cdot 7.5}{(4 + 2 \cdot 0.05)} = 5.25$$

$$\frac{D}{H} = \frac{(4 + 2 \cdot 0.05)}{5.58} = 0.735$$

在这个例子中,$0.5 < D/H < 1.0$ 和 $2\pi > N_{KC} > \pi$,因此,惯性项将占主导地位。

第二种情况(水深 $= 43$ m):

$$\dot{u}_{max} = 1.97 \text{ m/s}^2$$

水面附近的惯性力:

$$f(z, t) = f_M = \frac{\pi D^2}{4} \rho C_M \dot{u}$$

$$f_{Mmax} = \frac{\pi(4 + 2 \cdot 0.05)^2}{4} \cdot 1\,025 \cdot 1.2 \cdot 1.97$$

$$= 31\,974.86 \text{ N/m}$$

作用在整个圆柱上的合力：

$$F(t) = \int_{-d}^{0} f_M(x,t)\mathrm{d}z = \int_{-43}^{0} \frac{\pi D^2}{4}\rho C_M \dot{u}\mathrm{d}z$$

$$= \int_{-43}^{0} \frac{\pi(4 + 2 \cdot 0.05)^2}{4} \cdot 1\,025 \cdot 1.2 \cdot \xi_0 kg \frac{\cosh k(z+d)}{\cosh kd}\cos(\omega t - kx)\mathrm{d}z$$

$$= \int_{-43}^{0} \frac{\pi(4 + 2 \cdot 0.05)^2}{4} \cdot 1\,025 \cdot 1.2 \cdot 2.79 \cdot 0.072 \cdot 9.81 \cdot$$

$$\frac{\cosh k(z+d)}{\cosh(0.072 \cdot 43)} \cdot 1 \, \mathrm{d}z$$

$$= \int_{-43}^{0} 2\,894.17 \cdot \cosh k(z+d)\mathrm{d}z$$

$$= \left[\frac{2\,894.17}{k}\sinh k(z+d)\right]_{-43}^{0}$$

$$= \frac{2\,894.17}{0.072}\sinh 0.072(0+43) - \left[\frac{2\,894.17}{0.072}\sinh 0.072(-43+43)\right]$$

$$= 443\,841.68 \text{ N}$$

⑤ 如果加上 0.5 m/s 的均匀海流，那么将如何影响这两种情况下的波浪力呢？

海流对阻力的影响：

$$f_D(z,t) = \frac{1}{2}\rho C_D D(u + u_s)\,|\,u + u_s\,|$$

因此，合力：

$$f(z,t) = f_M + f_D = \frac{\pi D^2}{4}\rho C_M \dot{u} + \frac{1}{2}\rho C_D D(u + u_s\,|\,u + u_s\,|)$$

式中，u_s 表示流速，本例中流速＝0.5 m/s。

如果假设两种情况有相同的 C_D，那么可以比较两种情况下波峰处的阻力：

$$\frac{f_{D,波浪\&流}}{f_{D,波浪}} = \frac{\dfrac{1}{2}\rho C_{D,波浪\&流}D(u + u_s)\,|\,u + u_s\,|}{\dfrac{1}{2}\rho C_{D,波浪}Du\,|\,u\,|}$$

$$= \frac{(u + u_s)\,|\,u + u_s\,|}{u\,|\,u\,|}$$

$$= \frac{(2.87 + 0.5)\,|\,2.87 + 0.5\,|}{2.87\,|\,2.87\,|}$$

$$= 1.38$$

$$f_{D,波浪\&流} = 1.38 \cdot f_{D,波浪}$$

可以看到，由于海流的缘故，波峰位置的阻力增加了 38%。

假设海流速度是匀速 0.5 m/s，对所有深度，可以做一个比较 $f_{D,波浪\&流}/f_{D,波浪}$，如表 4.5 所示。

表 4.5　有/无海流的阻力比较

z/m	$u/(\text{m}\cdot\text{s}^{-1})$	$f_{\text{D,波浪}}/(\text{N}\cdot\text{m}^{-1})$	$f_{\text{D,波浪\&流}}/(\text{N}\cdot\text{m}^{-1})$	$f_{\text{D,波浪\&流}}/f_{\text{D,波浪}}$
−43	0.213	0.045	0.508	11.29
−40	0.218	0.048	0.515	10.73
−37	0.233	0.054	0.537	9.94
−34	0.259	0.07	0.58	8.29
−31	0.297	0.09	0.64	7.11
−28	0.349	0.12	0.72	6.00
−25	0.417	0.17	0.84	4.94
−22	0.505	0.26	1.01	3.88
−19	0.617	0.38	1.25	3.29
−16	0.757	0.57	1.58	2.77
−13	0.933	0.87	2.05	2.36
−10	1.152	1.33	2.73	2.05
−7	1.425	2.03	3.71	1.83
−4	1.765	3.11	5.13	1.65
−1	2.187	4.78	7.22	1.51
0	2.349	5.52	8.12	1.47
2.79	2.869	8.23	11.35	1.38

表 4.6 列出了上述计算的结果。

表 4.6　结果汇总

描述	水深＝43 m	
	单腿基础	三桩式基础
C_{D}	1.05	
C_{M}	1.2	
Re	1.18×10^7	2.44×10^6
N_{KC}	5.25	25.32
D/H	0.735	0.152
H/L	0.064	
D/L	0.046	0.008 6
A/D	应该＜0.8 m	应该＜0.15 m
最大水平速度/$(\text{m}\cdot\text{s}^{-1})$	2.87	

（续表）

描述	水深＝43 m	
	单腿基础	三桩式基础
最大加速度/(m・s^{-1})	1.97	
水面附近阻力 f_{Dmax}/(N・m^{-1})	18 173.2	3 767.61*
水面附近惯性力 f_{Mmax}/(N・m^{-1})	31 974.86	1 374.3*
作用在整个圆柱上的总的阻力 F_D/N	126 785.99	26 284.9*
作用在整个圆柱上的总的惯性力 F_M/N	443 841.68	19 076.48*

＊三桩式基础的每条腿。

　　可以看到，作用在单腿基础上的波浪力比作用在三桩式基础上的波浪力大。因此，对于风力涡轮机基础（在这种情况下），使用三桩式基础比使用单腿基础更有效。

　　圆柱体的直径越大，波浪力就越大。

　　单腿基础的直径与三桩式基础的直径之比为

$$\frac{D_{monopod} + 2t_m}{D_{tripod} + 2t_m} = \frac{4 + 2 \cdot 0.05}{0.75 + 2 \cdot 0.05} = 4.824$$

这与作用在波峰顶附近的单腿基础和三桩式基础上的阻力比成正比，即

$$\frac{f_{D\,monopod}}{f_{D\,tripod}} = \frac{18\,173.2}{3\,767.61} = 4.824$$

直径的平方之比：

$$\frac{(D_{monopod} + 2t_m)^2}{(D_{tripod} + 2t_m)^2} = \frac{(4 + 2 \cdot 0.05)^2}{(0.75 + 2 \cdot 0.05)^2} = 23.266$$

这与作用在单腿基础和三桩式基础上的总惯性力之比成正比，即

$$\frac{F_{M\,monopod}}{F_{M\,tripod}} = \frac{443\,841.68}{19\,076.48} = 23.266$$

符号表

A	运动圆柱的位移
A_p	结构投影面积
C_D	阻力系数
C_L	升力系数
C_M	质量/惯性系数
d	水深
D	物体/圆柱的直径
F_d	阻力
F_D	作用在整个圆柱上的总阻力
f_L	升力
f_M	惯性力

F_M	作用在整个圆柱上的总惯性力
g	标准重力
H	波高
H_{max}	最大波高
H_s	有义波高
k	波数
L	波长
m_A	附加质量
M_H	作用在圆柱上的弯矩
N_{KC}	科勒冈—卡朋特数
P	压力
p_0	大气压
Re	雷诺数
t	时间
T	波周期
T_p	波峰周期
u	水平速度
u_0	波速振幅
$\dot{u}$	水平加速度
w	垂直速度
$\dot{w}$	垂直加速度
ξ	波幅
ν	黏度
ρ	密度
φ	速度势
φ_d	反射波的速度势
φ_i	入射波的速度势
Ψ	圆柱坐标系
ω	角速度
$\forall$	横截面

参考文献

[1]　PSA，The Petroleum Safety Authority［online］，2014，http：//www. psa. no［Accessed 8 Dec. 2014］.

[2]　NORSOK，Actions and Action Effects，NORSOK Standard，N-003，2007.

[3]　NPD，The Norwegian Petroleum Directorate［online］，2014，http：//www. npd. no/en/［Accessed 8 Dec. 2014］.

[4]　DNV，Enviromental Conditions and Environmental Loads，Recommended Practice，

DNV-RP-C205，Oct. 2010.

扩展阅读

- Chakrabarti，S. K.，Hydrodynamics of Offshore Structures，Computational Mechanics Publication，1994.
- Faltinsen，O. M.，Sea Loads on Ships and Offshore Structures，Cambridge University Press，Cambridge，England，1990.
- Kinsman，B.，Wind Waves，Their Generation and Propagation on the Ocean Surface，Prentice Hall，1965.
- Sarpkaya，T. & Isaacson，M.，Mechanics of Wave Forces on Offshore Structures，van Nostrand，1981.
- Tucker，M. J. & Pitt，E. G.，Waves in Ocean Engineering，Elsevier，2001.

第5章 结构设计原则

本章重点介绍指导海洋结构设计的基本设计原则。本章介绍了尺寸设计的实例,并对各种极限状态和结构安全给出了见解。

此外,还论述了工作应力设计(WSD)法和载荷与抗力系数设计(LRFD)法在结构设计中的重要性和应用,并且对两种设计方法进行了比较。

5.1 结构尺寸标定

结构尺寸,指确定结构上的载荷和载荷组合、材料特性、载荷和材料特性以及它们对设计的影响过程,目的是确保安全设计。

本章给出一个例子,说明如何利用尺寸设计原则确定结构构件上的安全载荷。

关于尺寸设计原则的说明

一般来说,尺寸设计的要求如下:

$$R > S \tag{5.1}$$

式中,R 表示承载能力;S 表示载荷效应。

如图 5.1 所示,考虑长度为 L 的自由悬挂梁和集中载荷 P。假设材料为弹性材料。

在这种情况下,最大的作用效应是以如图 5.1 所示的弯矩形式出现的。

因此,作用效应可以表示为

$$S = M = \frac{PL}{4} \tag{5.2}$$

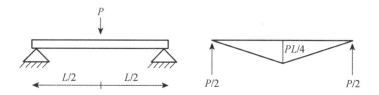

图 5.1 点荷载为 P 的简支梁

已知弯矩 M,相应的应力为

$$\sigma = \frac{My}{I} \tag{5.3}$$

因此,由图 5.2 可以得到:

$$\sigma_\circ = \frac{Mh}{2I} = \frac{M}{W} \tag{5.4}$$

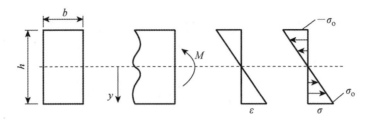

图 5.2　线弹性力矩的应力应变分布

式中，I 表示惯性矩，由下式给出：

$$I = \int_A y^2 \mathrm{d}A = \frac{bh^3}{12} \tag{5.5}$$

W 表示阻力力矩，由下式给出：

$$W = \frac{bh^2}{6} \tag{5.6}$$

截面在屈服前的最大力矩定义为其承载力，即

$$\sigma_0 = \sigma_F \tag{5.7}$$

式中，σ_F 表示屈服应力。σ_F 有一个对应的力矩 M_F，两者之间的关系：

$$\sigma_F = \frac{M_F}{W} \tag{5.8}$$

因此，承载能力为

$$R = M_F = \sigma_F W \tag{5.9}$$

给出尺寸设计要求，$R > S$：

$$\sigma_F W > \frac{PL}{4} \tag{5.10}$$

$$W > \frac{PL}{4\sigma_F} \tag{5.11}$$

假设有一种线弹性理想塑性材料，由图 5.3 中的应力应变曲线给出。

截面最大应力为 σ_F，只要截面最大应力小于 σ_F，截面就具有线弹性行为，如图 5.2 所示。如果力矩超过了 M_F，将会有如图 5.4 所示的情况。

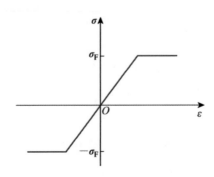

图 5.3　线弹性理想塑性材料的应力应变

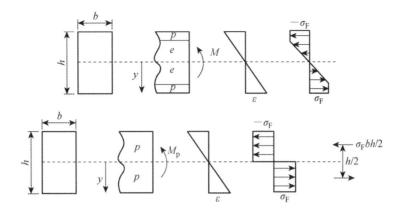

图 5.4　弹塑性力矩和全塑性力矩下的应力应变分布

纳维尔假设仍然有效,应变将呈线性变化。距离中性轴 y 处的应力将与应变成比例地增加,直到达到 σ_F。在此之上增加力矩将产生屈服区,该屈服区从外边缘向内朝着中性轴扩展。

使整个横截面屈服的力矩称为塑性力矩 M_P,由下式给出:

$$M_P = \sigma_F \left(\frac{bh}{2} \right) \left(\frac{h}{2} \right) = \frac{\sigma_F bh^2}{4} = \sigma_F W_P \tag{5.12}$$

随着屈服的充分发展,得到了一个塑性铰,横梁将断裂。因此,抗断裂性为

$$R = M_P = \sigma_F W_P \tag{5.13}$$

挠度是需要考虑的另一个作用效应。对于图 5.5 中的例子,挠度由下式给出:

$$\delta = \int_0^L \frac{M\overline{M}}{EI} \mathrm{d}s = \frac{PL^3}{48EI} \tag{5.14}$$

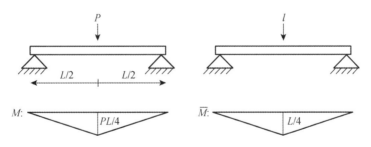

图 5.5　简支梁点荷载引起的挠度效应

由于操作的需要,希望限制挠度。因此,将承载能力设置为

$$R_{\text{allowed}} = \frac{L}{200} \tag{5.15}$$

给出尺寸设计要求,$R > S$:

$$\frac{L}{200} > \frac{PL^3}{48EI} \tag{5.16}$$

$$EI > \frac{200}{48} PL^2 \tag{5.17}$$

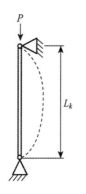

图 5.6 在同心轴向载荷下表现出屈曲特征变形的圆柱

轴向负载梁还必须校核屈曲。

在图 5.6 中,承载能力等于欧拉力:

$$P_E = \frac{\pi^2 EI}{L_k^2} \qquad (5.18)$$

因此,对尺寸设计的要求变为

$$P_E > P \quad \text{或} \quad EI > \frac{PL_k^2}{\pi^2} \qquad (5.19)$$

5.2 极限状态

函数

$$g = R - S \qquad (5.20)$$

被称为极限状态函数。根据这个函数的值,有以下状态:

$$g = 0 \quad \text{极限状态} \qquad (5.21)$$

$$g > 0 \quad \text{许用状态} \qquad (5.22)$$

$$g < 0 \quad \text{不允许状态} \qquad (5.23)$$

在第 5.1 节的例子中,已经有了三个极限状态:屈服;失稳;挠曲/屈曲。

挪威石油安全管理局(PSA)规定了以下应控制结构的极限状态:

正常使用极限状态(SLS)由功能标准定义,即不可接受的位移、挠度和振动。

极限状态(ULS)由失效风险、大的非弹性位移或可与破坏相比的应变定义。

疲劳极限状态(FLS)是由重复载荷(疲劳)作用下的失效风险给出的规定寿命。

破坏极限状态(PLS)是指在发生异常或反常事件(如爆炸、火灾、碰撞、地震或其他导致元件失效的事故)后发生严重坍塌的风险。

这些极限状态的物理条件如表 5.1 所示。在一些标准中,PLS 称为意外极限状态(ALS)。

PLS 中的控制分两个阶段进行。

(1) 必须证明,只有在受到异常作用时,建筑才会受到局部破坏。

(2) 建筑在受损状态下仍应能承受规定的荷载。

表 5.1 SLS、ULS、FLS 和 PLS 的物理条件

极限状态	简支梁	导管架
SLS		δ 位移加速度

（续表）

极限状态	简支梁	导管架
ULS	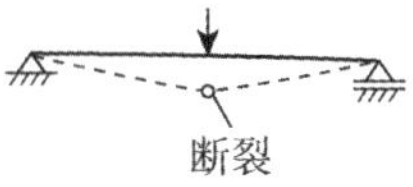	
FLS	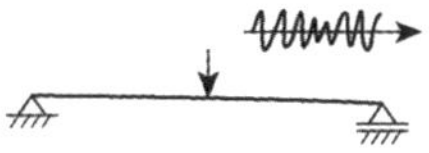	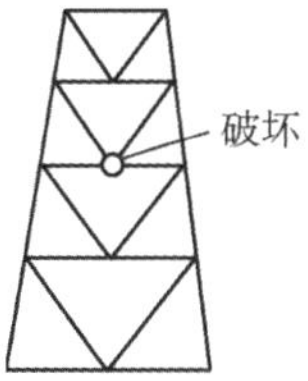

极限状态	导管架
PLS	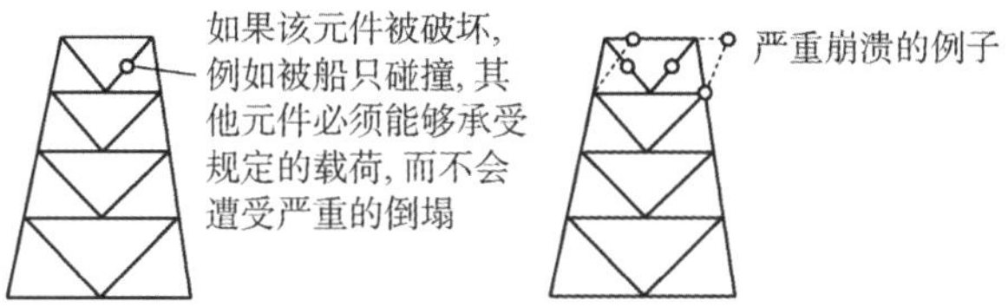

5.3　安全

如果 R 和 S 作为常数给出，第 5.2 节中给出的信息是满足设计要求的。但是，它们不是常数。如果用特定质量的钢进行试验，将看到屈服应力 σ_F 在平均值上下波动。生产过程也同样会使钢材的截面尺寸产生随机的差异。图 5.7 表示了钢型材 HE-A、HE-B 和 IFE 的 σ_F、惯性矩 I 和截面抵抗矩 W 的统计分布。利用这些数据可以计算屈服力矩 M_F 和塑性力矩 M_P 的扩散或分布。

此外，载荷不是确定值。例如，甲板载荷、风载荷和波浪载荷等都存在一定的随机性，应该通过统计方法进行描述。

假设由于 σ_F 和 W_P 的分布特性，承载能力 R 在平均值 $\bar{r}$ 附近具有概率密度 f_R。同样，负载效应 S 在平均值 $\bar{S}$ 周围具有密度 f_S，如图 5.8 所示。

仍沿用之前的破坏准则：

$$R - S \leqslant 0 \tag{5.24}$$

可以看到，即使阻力的平均值大于负载效应的平均值 $\bar{r} - \bar{s} > 0$，也有很大的失效概率，

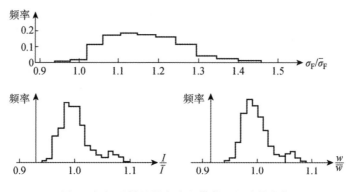

图 5.7　钢型材屈服应力和横截面尺寸的变化

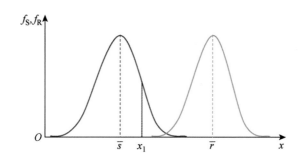

图 5.8　负载效应和承载能力的密度函数

根据图 5.8 可以计算出这个概率。

负载效应大于选定值 x_1 的概率由下式给出：

$$P(S > s \mid s = x_1) = \int_{x_1}^{\infty} f_S(x)\mathrm{d}x = 1 - F_S(x_1) \tag{5.25}$$

式中，F_S 是 S 的累积分布。

承载能力在 x_1 和 $x_1 + \mathrm{d}s$ 之间的概率为

$$P(x_1 < R < x_1 + \mathrm{d}x) = f_R(x_1)\mathrm{d}x \tag{5.26}$$

$R = x_1$ 时的失效概率因此变为

$$\mathrm{d}P_f = [1 - F_S(x_1)]f_R(x_1)\mathrm{d}x \tag{5.27}$$

通过对 x_1 的所有可能值进行积分，得到了失效的总概率：

$$P_f = P(S > R) = \int_0^{\infty} [1 - F_S(x)]f_R(x)\mathrm{d}x = 1 - \int_0^{\infty} [F_S(x)]f_R(x)\mathrm{d}x \tag{5.28}$$

如果更好的话，这可以通过部分积分来改写为

$$P_f = \int_0^{\infty} [F_R(x)]f_S(x)\mathrm{d}x \tag{5.29}$$

可靠性定义为

$$P_S = 1 - P_f = \int_0^{\infty} [F_S(x)]f_R(x)\mathrm{d}x \tag{5.30}$$

通过这样做，原则上可以在给出分布函数时确定 P_f 或 P_S。通常它们是未知的，结构通

常是静定未定义的。这意味着即使一个单元屈服(系统效应),结构也不会完全被破坏。此外,不同荷载之间的作用会出现多种交叉影响。因此,式(5.28)中积分的计算是一个复杂的过程。为了实用,大部分时间都使用简化的方法;PSA 的规定中使用了一种这样的方法,即称分项系数法。

5.4　分项系数法

这种方法源于载荷和承载能力的特征值,两者都由概率水平(年超越概率)定义。

对于载荷 Q,特征值 q_k 由下式给出:

$$P(Q > q_k) = P_{qk} \tag{5.31}$$

式中,概率 P_{qk} 是图 5.9 中的阴影面积。

如果现在假设 Q 的分布是已知的,那么特征载荷可以表示为

$$q_k = \bar{q} + kS_q \tag{5.32}$$

式中,$\bar{q}$ 是 Q 的平均值;S_q 是标准偏差,并且 k 是由 P_{qk} 确定的系数。

然后通过将特征载荷乘以载荷系数 γ_q 来确定尺寸(设计)载荷,该载荷系数 γ_q 用于处理载荷的不确定性(超过 q_k 的可能性)。对于不同的极限状态,这个系数是不同的,因为结果是不同的。

$$q_d = q_k \gamma_q \tag{5.33}$$

概率水平通常以重现周期的形式给出。如果年超越概率为 P_{qk},则重现周期为

$$T_k = \frac{1}{P_{qk}} \tag{5.34}$$

5 年的重现周期等于 $P_{qk} = 0.2$。

类似地,对于承载能力,确定了材料屈服的特征值 r_k,则

$$P(R < r_k) = P_{rk} \tag{5.35}$$

式中,概率 P_{rk} 是图 5.10 中的阴影面积。

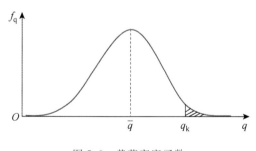

图 5.9　载荷密度函数

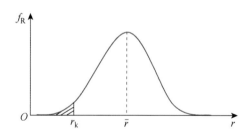

图 5.10　材料稳定性的密度函数

因此,材料屈服的特征值可以写成

$$r_k = \bar{r} - k\sigma_r \tag{5.36}$$

式中,$\bar{r}$ 是平均值;σ_r 是标准偏差;k 是由 P_{rk} 决定的系数。

材料屈服的尺寸值变成:

$$r_d = \frac{r_k}{\gamma_m} \tag{5.37}$$

式中,γ_m 表示材料系数。

分项系数法的使用被称为半概率设计法,因为如上所示,它基于随机值和目标安全水平。

5.5　工作应力设计(WSD)和载荷与阻力系数设计(LRFD)

1) WSD

WSD 是指规定作用效应小于极限承载力的一定比值的设计方法,其中作用效应不得超过一定比例的承载能力,由下式给出:

$$\text{Action effects} < f \cdot \text{capacity} \tag{5.38}$$

式中,f 是安全系数。

根据美国石油学会(API),安全系数可以取 $f=2/3$。

在这种设计方法中,所有的不确定性都被纳入一个因素 f 中。

作用效应包括:

(1) 永久载荷:这些载荷可以测量。

(2) 可变载荷:该类载荷存在明显变化(如平台上的油舱)。

(3) 环境载荷(如波浪、风、地震、冰山、雪等)。

材料强度的不确定性是不同的,如钢材料屈服强度 σ_y 定义非常明确,也就是说,σ_y 在每批中定义很好,但是混凝土材料强度与钢相比有很大的变化。混凝土楼板的材料强度变化在 20% 的范围内。

2) LRFD

在这种设计方法中,采用分项安全系数来表示不同载荷类型的不确定性。

作用和承载能力因数设计由下式给出:

$$\sum_i \gamma_{qi} S_i < \frac{R}{\gamma_m} \tag{5.39}$$

式中,S_i 为载荷值;R 为材料承载力;γ_{qi} 为作用系数或载荷系数;γ_m 为材料系数。

结构设计中许用应力法与分项系数法的区别

这两种设计方法的主要区别在于如何确定安全系数。

许用应力法(WSD)对于载荷和抗力采用同一个系数作为安全系数,载荷和阻力之间没有任何差别,安全系数的值通常为 2/3。与之相对的,分项系数法(LRFD)使用两个特殊的安全系数,即载荷系数和材料系数,它们被单独处理。

(1) 载荷系数 γ_q。

载荷系数的值取决于特定载荷、发生概率(不确定性)以及对结构的影响(后果)。

例如,自重比可变荷载的载荷系数低,因为自重比可变荷载更容易确定。

(2) 材料系数 γ_m。

材料系数的值取决于材料抵抗能力的不确定性。强度、制造公差和监测将导致材料承载能力的变化。如钢材的材料系数比混凝土低。

5.6　载荷特征值

根据 PSA 规定,载荷可分为以下几类:

(1) 永久载荷。

- 结构自重
- 静水压力

(2) 可变功能性载荷。

服务载荷,如人员、直升机、起重机、设备等。

(3) 自然载荷。

- 波浪,流,风
- 冰,雪
- 地震
- 海生物

(4) 变形载荷。

- 温度
- 混凝土蠕变
- 预张力
- 制造载荷

(5) 偶然载荷。

- 爆炸
- 火灾
- 碰撞

这些载荷的值取决于它们作用的时间:在临时阶段;在正常操作期间;在异常影响期间;在受损情况下。

通常情况下,将年发生概率低于万分之一的荷载影响忽略不计。

使用平均值作为永久载荷的特征载荷也是可接受的,对于可变载荷,相当于 $P_{qk}=0.02$(超越概率的 2%)的值也是正常的。这与正态分布的 $k=2.04$ 的值有关。根据 PSA 规定,特征载荷基本定义如表 5.2 所示。

表 5.2　正常操作期间的特征载荷

	SLS	FLS	ULS	破坏极限状态	
				异常影响	损坏状态
恒定载荷	预期值 $\overline{q}$				
可变功能性载荷	未超过规定值				
自然载荷	根据用户需求	预期历史载荷	$P_{qk}=10^{-2}$	$P_{qk}=10^{-4}$	$P_{qk}=10^{-2}$
可变功能性载荷	期望极值				
偶然载荷			$P_{qk}=10^{-4}$		

载荷系数反映载荷发生的概率(不确定性)。

年超越概率＝1/作用的 x 年重现期(安全级别)。

5.7 载荷系数

载荷和载荷组合中的不确定性由载荷系数/载荷分项系数表示。下面这些都是要考虑的:

- 载荷偏离特征值的可能性→γ_1
- 不同载荷同时作用于特征值的可能性→γ_2
- 载荷效应计算可能不准确→γ_3

所有这些系数通常组合成一个系数:

$$\gamma_q = \gamma_1 \gamma_2 \gamma_3 \tag{5.40}$$

这些系数将根据载荷类型、载荷组合和极限状态而变化。

PSA 定义:

SLS:$\gamma_q = 1$,适用于所有载荷。

FLS:使用 $\gamma_q = 1$,但根据可用性和重要性,使用 Palmgren Miner 假设计算的损伤应乘以 1～10 范围内的疲劳因子(见表 5.3)。

ULS:控制两种载荷组合,载荷系数如表 5.4 所示。

表 5.3 尺寸疲劳系数

结构构件分类	检查和修理的可用性		
	没有可用性,或者在飞溅区	可用	
		飞溅区以下	飞溅区以上
对结构具有决定性意义	10	3	2
对结构没有决定性意义	3	2	1

表 5.4 ULS 的载荷系数

载荷组合	载荷类型			
	恒定载荷	可变载荷	环境载荷	变形载荷
组合 1(a)	1.3	1.3	0.7	1.0
组合 2(a)	1.0	1.0	1.3	1.0

在某些情况下,可以减小系数,例如,如果建筑在恶劣天气期间无人值守。在这种情况下,风、波和流载荷的系数可以在载荷组合 2 中取为1.15。

PLS:$\gamma_q = 1$,适用于所有载荷。

5.8 承载力特征值

通常把 $P_{ak} = 0.05$ 作为材料强度的特征值。这与正态分布使用 $k = 1.64$ 有关。

PSA 给出以下特征值：

岩土工程计算：平均值。

FLS：S-N 曲线的 2.5% 分形。

对于 SLS，承载力由用户需求定义。

5.9 材料系数

在决定材料系数时，要考虑以下因素：

- 强度偏离特征值的可能性→γ_1
- 施工过程中局部改变强度的可能性→γ_2
- 抵抗力测定不准确的可能性→γ_3
- 尺寸公差的影响→γ_4

这些系数通常被组合成一个单独的系数：

$$\gamma_m = \gamma_1 \gamma_2 \gamma_3 \gamma_4 \tag{5.41}$$

PSA 给出以下材料系数：

SLS：这是根据用户需求定义的。

FLS：疲劳极限状态：$\gamma_m = 1$

ULS：

钢、铝结构 $\gamma_m = 1.15$

混凝土结构 $\gamma_m = 1.25$（在制造过程中控制良好的情况下；否则，使用 1.4）

电缆、锚链 $\gamma_m = 1.5$

岩土分析：γ_m 为 1.2～1.3，依分析方法而定

破坏极限状态：$\gamma_m = 1$

这一材料系数反映了不确定性，即，材料承载力有多好，取决于结构极限状态的设计。

5.10 小结

本章介绍了如何在结构设计中应用尺寸设计原则，讨论了各种极限状态，并确定了 WSD 和 LRFD 的区别。

尺寸设计的过程如图 5.11 所示。

5.11 示例

5.11.1 例 5.1

1）特征值

（1）假设材料的强度是正态分布的。如果要求特征值低于某个值的概率为 0.2%，那么必须考虑

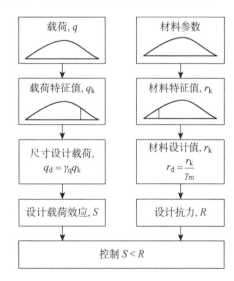

图 5.11 尺寸设计过程

多少标准差？参阅 http://stattrek.com/Tables/Normal.aspx.

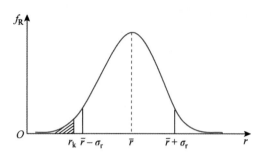

图 5.12　材料稳定性的密度函数

如果你对答案有疑问，请注意，3 小时波高的极端情况并没有真正遵循正态分布。

既然假设正态分布，那么：

平均值＝0

标准差＝1

使用概率计算器：

$P(Z<k)=0.2\%$

给定 $k=-2.878$（见图 5.12）。

那么：

$$P_{rk}=\bar{r}-k\sigma_r$$

$\bar{r}$＝平均抵抗力值

k＝系数

σ_r＝标准差

$$P_{rk}=\bar{r}-2.878\sigma_r=0.002$$

（2）测量任何 3 小时波浪情况下的最高波浪。一年有多少个 3 小时的情况？

一年内 3 小时的情况：

$$情况数量=\frac{24\ 小时\ /\ 天}{3\ 小时}\cdot365\ \frac{天}{年}=2\ 920$$

（3）在每 3 小时测得的最高波呈正态分布的情况下，预计将超过一年内发现的最高值，必须考虑多少标准差

必须考虑预计将超过一年内发现的最高值（即至少一次）的 k 值。

$$P_{rk}=\frac{1\ 次}{2\ 920\ 周期\ /\ 年}=0.000\ 342$$

将这个值放入概率计算器，得到 $k=3.396$。

$$P_{rk}=\bar{r}-3.396\sigma_r=0.000\ 342$$

（4）在每 100 年只需要一次超越的情况下，如果考虑正态分布，那么需要考虑多少标准差？

如果你对答案有疑问，请注意，3 小时波高的极端情况并没有真正遵循正态分布。

$$P_{rk}=\frac{1\ 次}{\dfrac{100\ 年\cdot365\ 天\cdot24\ 小时}{3\ 小时}}=0.000\ 003\ 425$$

使用概率计算器，将得到 $k=-4.013$。

$$P_{rk}=\bar{r}-4.013\sigma_r=3.425\times10^{-6}$$

2）作用和抗力系数

（1）挪威石油安全管理局为什么在第一个规定中选择 1.3 的作用系数？

挪威石油安全管理局在与在北海工作的公司和其他协会讨论后，决定将它们愿意承担的风险考虑在内，1.3 倍就足够了。为了量化风险，进行了成本效益分析。运用这一策略，实际上会预料到一些大事故的发生。只需要考虑每年发生在海上的大量活动，即使是在 ULS 的情况下（$L_F=1.3$），每 10^{-2}/年就有可能发生事故。这种方法的原因是，从长远来看，

增加载荷系数将是非常昂贵的，并且会导致许多过度设计的结构。

（2）为什么对于不同的极限状态（SLS，ULS，破坏极限状态）的作用系数有不同的要求？

原因与不同的用法和概率有关。

SLS 用于大多数正常情况下，设备可能会起作用，但即使它失效，也不会产生重大的后果。

ULS 用于大多数结构设计，其中需要保留原有的形式和功能。失效的后果将破坏结构的功能（10^{-2}/年）。

ALS 用于将/可能每 10 000 年（10^{-4}/年）发生一次的载荷。如果载荷超过了 ULS 状态，那么 ALS 情况的设计使得结构即使已经永久变形和损坏，仍然能够保持。然后将允许结构塑性变形，但不会完全崩溃。这是为了防止潜在的灾难。

3）作用系数和抗力系数（也称为载荷和抗力因素）不包括设计的所有方面

（1）讨论为什么这些因素不能涵盖设计错误。

人的因素是这些因素无法考虑的。如计算错误；对载荷效应的错误理解；对载荷传递方式的错误理解；可能影响工程师最佳判断的心理问题；糟糕的设计。

（2）讨论确保设计错误不会在项目中发生的方法。

公司有内部和外部方法来确保设计错误不会在项目中发生。在部门内部，需要首先让同事检查计算、模拟、图纸和分析工具，作为第一个过滤器。这个阶段可以称为 DIC（纪律内部控制）。

然后，设计报告将提交给总工程师和项目技术经理，由他们审阅报告。这个阶段，也就是第二个过滤阶段，可以称为工程检查阶段。完成后，将根据提供的意见更新报告。

根据项目的关键程度，带有 DIC 注释的更新设计报告通常会发送给第三方进行验证。第三方验证将由一个经批准的船级社执行，如伦敦劳氏；DNV GL；全球海事。

最后，该组织将对设计报告进行评论，并在满意时颁发批准证书。该阶段将作为第三个过滤阶段。此外，在调动时，将有一名 MWS（海事验船师）在场，检查一切是否顺利（如检查海上紧固、索具证书等）。当 MWS 满意时，他们将签署航海证书；这是批准海上定期航行保险所必需的。

此外，设计报告将包括焊接证书、材料证书、无损检测（NDT）证书、焊工证书、载荷测试证书（如果需要）和 ITS 报告（检验测试进度报告）。

4）风车基础设计

（1）通过选择特征作用值和环境荷载作用系数，论证风车基础设计安全等级的选择对于风车设计，可以使用与正常海上结构相同的要求。这里设计的一个关键方法：风险＝概率×后果。

这样的想法是，由于风车倒塌造成的后果与海上结构或船舶相比相对较小，可以增加发生故障的可能性。如根据 ULS 案例的情况，将按照每 20 年而不是每 100 年的顺序归结为极端值。

（2）论证风车基础设计中特征值和抗力系数的选择。与油气生产平台支撑结构设计是否有差异？

应该使用与目前海上结构相同的抗力要求。当对所用的材料有更好的控制时，将能够设计出更轻和更细长的结构。这将再次节省大量动员和安装成本。可以使用较小的船只，风车可以用较小的吊机安装。

5.11.2 例 5.2

1）海上导管架结构

（1）准备一份相当精确的图纸,其中附有带有顶部的导管架说明文字,并显示作用在导管架结构上的所有力。还讨论了导管架结构的一般应用及其优点和局限性。

图 5.13 给出了一个相当精确的导管架结构示意图,所有的力都作用在导管架上。

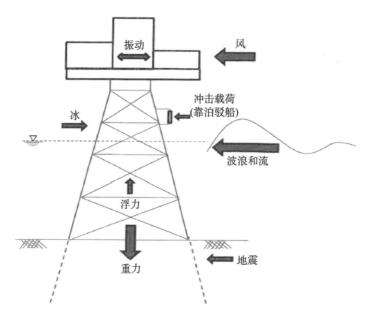

图 5.13　所有力都作用在导管架结构上的相当精确的示意图

讨论导管架结构的一般应用以及它们的优点和局限性。

优点：
- 常规技术
- 立管刚性支撑,适用于浅水
- 广泛的海上作业
- 与其他设施相比,资本支出高,运营成本低
- 平台的大容量,包括尺寸和重量
- 制造可分为两个主要结构——导管架和甲板
- 能够下很多类型的井,可以长期使用

局限性（见图 5.14）：
- 通常只用于浅水（有限的水深）
- 没有储油
- 不可重复使用
- 易腐蚀

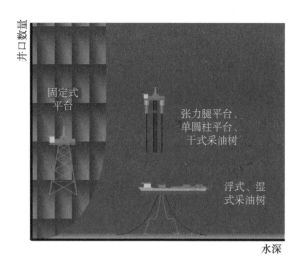

图 5.14 不同平台概念的应用领域

(2) 为安装在北海中南部的海上导管架结构准备典型的设计基础。

典型的设计基础,给出了在分析中使用的参数的信息,例如:

① 介绍。这部分包括对项目的介绍、项目范围和平台的几何尺寸。

② 参考。这部分介绍规则、标准和项目设计规格书。

③ 平台设计数据。这部分介绍:平台设计寿命;材料属性;上部装载;环境数据,包括水深、飞溅区的具体情况、气隙测定、波浪运动系数和流的阻塞系数、流体动力系数、波浪和海流数据、风;冰雪;海生物、土壤条件;分析设计方法,包括:在位分析、地震分析、疲劳分析、运输分析、装载分析、提升和颠覆分析、坐底稳性分析、丢弃对象分析、船波冲撞分析、其他分析、桩基分析。

④ 安全风险评估。

2) 海上导管架结构设计原则

(1) 讨论操作中必须检查导管架结构的极限状态。强调 ULS 和 ALS 条件对于所考虑情况的区别。

4 种极限状态:

① ULS。为满足 ULS 的要求,结构在承受设计荷载时不得倒塌。如果所有分解的载荷/作用效果都低于分解的强度/抗力,则认为结构满足 ULS 标准,而载荷/作用使用放大系数,结构构件的强度/抗力使用缩小系数。

② SLS。海上钢结构的 SLS 与以下方面有关:

• 可能妨碍设备预定运行的偏差

• 可能对饰面或非结构元件有害的挠曲

• 可能导致人员不适的振动

• 变形和挠曲可能破坏结构的美观

可靠性要求通常由操作者为特定项目确定。

③ FLS。结构设计成在结构的寿命期间承受预先假定的重复(疲劳)动作。设计疲劳系数适用于安全性,目的是将寿命周期成本降至最低,同时考虑到在役检查、维护和修理的

需要。

④ 意外损坏极限状态（ALS）。这种极限状态需要注意：

- 事故载荷的影响（船舶碰撞，掉落物体，防爆墙）

- 环境超负荷

- 一万年的浪潮

强调 ULS 和 ALS 条件对于所考虑情况的区别：

① ULS。为满足 ULS 的要求，结构在承受设计荷载时不得倒塌。如果所有分解的载荷/作用效果都低于分解的强度/抗力，则认为结构满足 ULS 标准，而载荷/作用使用放大系数，结构构件的强度/抗力使用缩小系数。

$$q_d < r_d$$

$q_d = q_k \cdot \gamma_q =$ 设计载荷，作用或作用效应为

$$r_d = \frac{r_k}{\gamma_m}$$

式中，r_d 为设计强度或抗力；q_k 为载荷、作用或作用效应特征值；r_k 为强度或抗力特征值；γ_q 为载荷、作用或作用效应的分项安全系数；γ_m 为材料的部分项安全系数。

根据 ISO 定义：

作用：施加在结构上的外部载荷（直接作用）或施加的变形或加速度（间接作用）。

作用效果：作用对结构构件（内力、力矩、应力或应变）的影响。

制造公差、沉降和温度变化可能导致施加的变形。地震通常会产生加速度。

② ALS。ALS 校核确保意外作用不会导致结构完整性或性能的完全丧失。

ALS 校核的材料系数 m 取 1.0。

设计标准：无塌陷。

ALS 校核分两步：（a）意外行动的抗力。应对结构进行校核，以便在规定的意外动作中保持规定的承载功能。（b）受损情况下的抗力。在（a）项下可能已经证明的局部损坏之后，或者在更具体定义的局部损坏之后，结构应继续抵抗定义的环境条件，而不会遭受大范围的破坏、自由漂移、倾覆、下沉或外部环境的大范围损坏。

该方法意味着 ALS 接受轻微损害。这也适用于无法修复的损坏，如与基础相关的损坏。

（2）讨论 WSD 法与 LRFD 法在设计上的区别。展示一个例子，其中这些方法给出了非常不同的结果，并解释了设计的结果。

① LRFD（载荷与阻力系数设计）方法。

$$\gamma_q S < \frac{R}{\gamma_m}$$

式中，γ_q 为载荷系数；S 为载荷值；R 为材料承载力；γ_m 为材料系数。

对于几种类型的载荷：

$$\sum_{i=1}^{n} \gamma_{qi} S_i < \frac{R}{\gamma_m}$$

由于不同程度的不确定性，载荷系数会有所不同。

② WSD 方法。

在 WSD 方法中，所有类型的不确定性都有相同的系数。

许用应力＝$\sigma_{许用}＝f\sigma_y$

通常，$f＝2/3$。

LRFD 和 WSD 实例

LRFD 和 WSD 载荷不能直接比较，因为设计规范使用它们的方式不同。LRFD 载荷通常与构件或构件强度进行比较，而 WSD 载荷则与小于构件或构件全部强度的构件或构件许用值进行比较。为了确定哪种设计理念要求更高或更低（即导致更大的构件），有必要使用材料特定强度和许用应力要求来消除载荷组合。

此外，有时会知道一个构件相对于极限状态的能力，并想知道可以在其上施加什么实际载荷。为了完成这项任务，需要绕过载荷组合方程，计算 D（恒载，即永久载荷）和 L（活载荷，即可变载荷）等。为此，需要了解服务载荷组成的相对大小。

本示例使用服务级别等效载荷 $P_{s,equiv}$（或 $P_{s,eq}$）来比较 LRFD 和 WSD 载荷。等效服务载荷认为是从特定载荷组合方程中提取的所有服务级别载荷分量的总和。

将载荷组合转换为可比等效载荷

典型的基于强度的极限状态采用如下形式：

$$LRFD \quad \gamma_q S = \frac{R}{\gamma_m}$$

$$WSD \quad P_a \leqslant fR$$

式中，S 和 P_a 是使用载荷组合方程计算的设计载荷值，每个方程右侧的项表示构件的承载能力。

WSD 与 LRFD 载荷的比较

考虑具有标称轴向承载力 r 并承受恒定载荷和活载组合的受拉钢构件。将使用 $\gamma_m＝1.15$ 和 $f＝2/3$。

LRFD 和 WSD 系数载荷不是直接可比的，因为组合方程在每种情况下使用不同的载荷系数。可以通过计算每个组合的等效服务载荷，在服务级别对它们进行比较。

$P_{s,equiv}$ 是服务级别载荷组合的总和。如 $P_{s,equiv}$ 等于 D 和 L 的代数和：$P_{s,equiv}＝D+L$。

——WSD

在这种情况下，WSD 载荷组合方程：

$$P_a = 1.0D + 1.0L = 1.0(D + L) = 1.0P_{s,equiv}$$

可以利用设计不等式来确定 WSD 允许的等效总载荷：

$$P_{s,equiv} \leqslant fR$$

$$P_{s,equiv} \leqslant \frac{2}{3R}$$

$$P_{s,equiv}/R \leqslant \frac{2}{3}$$

——LRFD

在这个例子中研究 LRFD 载荷组合方程：$\gamma_q S = 1.2D + 1.6L$。这个系数只是一个例子，不同的规则（即挪威规则、美国规则和欧洲规则）将使用不同的载荷系数。

有以下定下：

$$D = (X\%)P_{s,equiv}$$

$$L = (1 - X\%)P_{s,\text{equiv}}$$

式中，X 为恒定载荷 $P_{s,\text{equiv}}$ 的百分比。将这些定义代入载荷组合方程，得到：

$$\gamma_q S = 1.2(X)P_{s,\text{equiv}} + 1.6(1 - X)P_{s,\text{equiv}}$$

$$P_{s,\text{equiv}} = \frac{\gamma_q S}{[1.6 - 0.4X]}$$

$[1.6 - 0.4X]$ 项是一个复合载荷系数，它取决于构成服务载荷的恒定载荷比例。类似的复合载荷系数也可用于其他载荷组合方程。

将上述表达式代入设计不等式的 LRFD 版本，得到：

$$\gamma_q S < \frac{R}{\gamma_m}$$

$$[1.6 - 0.4X]P_{s,\text{equiv}} \leqslant \frac{r}{\gamma_m}$$

$$P_{s,\text{equiv}} \leqslant \frac{r}{\gamma_m[1.6 - 0.4X]}，其中，\gamma_m = 1.15$$

$$P_{s,\text{equiv}} \leqslant \frac{0.9R}{1.6R - 0.4X}$$

$$\frac{P_{s,\text{equiv}}}{R} \leqslant \frac{0.9}{1.6R - 0.4X}$$

可以通过绘制 $P_{s,\text{equiv}}/R$ 的结果方程来比较结果。图 5.15 显示了基于恒定载荷百分比的比较载荷极限。

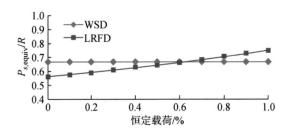

图 5.15　LRFD 与 WSD 的对比

在这种情况下，由图 5.15 可以看出，每当总的服务载荷为 60% 或更低的恒定载荷时，WSD 方法给出了更大的承载能力（即它允许结构上有更多的实际载荷）。否则，LRFD 方法是有利的。

与 LRFD 方法相关联的可变安全系数被认为更符合概率，因为具有高度可预测载荷（即，在这种情况下，总载荷的大部分是恒定载荷）的结构不需要与经受不太可预测载荷（如在这种情况下是可变载荷）的结构相同的安全系数。因此，在给定的情况下，主要承受可变荷载（$D<$ 总荷载的 65%）的结构需要比 WSD 方法提供的更大的安全系数。

注意：其他载荷组合方程的使用将产生不同的结果。如 LRFD 有多种载荷组合，不仅是恒定载荷和可变载荷的组合；也应该考虑环境载荷。

（3）安装了适当顶部结构的导管架的载荷和材料系数是什么？

① 载荷系数。校核 SLSs 时，所有作用的作用系数应为 1.0。在校核疲劳破坏极限状态时，所有作用的作用系数应为 1.0。应根据表 5.4 校核 ULSs 是否有两种作用（组合 1 和组合

2)以及作用系数。

这些作用将以最不利的方式组合,条件是组合在物理上是可行的,并且根据作用的规范是允许的。对于永久性作用,在作用组合 1 中的作用系数为 1.0 时,应使用这一系数,因为这将产生最不利的响应。

对于土壤重量,使用 1.0 的作用系数。

对于循环作用下的土的承载力计算,设计响应应在以下两种情况下规定:

(a)循环作用系数等于 1.0,最大环境作用系数等于 1.3。

(b)总作用历史记录中循环作用的作用系数大于 1.0。作用系数的值应根据对作用历史中周期性作用的不确定性的评估来确定。

如果作用是高反作用力和独立静水压的结果,则作用系数应乘以压差。对于船舶形状的装置,如果静水力矩占总力矩的 20%~50%,在计算纵向弯矩时,环境作用的作用系数(见表 5.1)可降至 1.15。在 PLS 中,所有荷载的荷载系数应为 1.0。

② 材料系数。在钢结构方面,材料系数应为 1.15,铝结构材料系数应为 1.2。对于钢筋混凝土结构,材料系数应为 1.25。对于预应力混凝土的钢筋和钢,材料系数应为 1.15。

3)导管架设计

(1)导管架腿之间用支管连接。讨论导管架的合适支管几何形状以及到上部结构的过渡。

导管架结构有各种各样的支撑几何形状;这里给出了支撑的几何图形和它们的特征:

① K 型:较少的交叉构件,减少焊接和装配。缺乏对称性和冗余性。

② V 型:缺乏对称性和冗余性。缺乏从一个层面到另一个层面的载荷流的连续性。不建议。

③ N 型:缺乏对称性和冗余性。缺乏拉伸支撑可能导致屈曲塌陷。不建议。

④ V+X 型:常用。良好的对称性和冗余性。缩短屈曲长度。

⑤ 全 X 型:高水平刚度和冗余。复杂的接头和大量的焊接。常用于深水。

在选择导管架支撑几何形状时,必须考虑的最重要因素是平台的总重量。对于小重量,可以使用斜撑,例如 V 形撑,对于大重量,我们可以使用 X 形撑,因为 X 形撑更坚固,能够承受侧向载荷。

从导管架到上部结构的过渡应使用甲板下的撑杆将载荷从顶部传递到导管架结构。支架的布置方式应如图 5.16 所示。

甲板上的设备下面的点应该用撑杆加固。

支架上的支撑点应直接置于设备的支撑点之下。

(2)估算静水位与导管架顶部结构下侧之间的必要气隙,并为选择进行论证。

需要气隙以避免波浪对顶上部结构的冲击。

对于年概率分别为 10^{-2} 和 10^{-4} 的事件,应该满足 ULS 和 ALS 强度要求。

由于确定与撞击平台甲板的波浪相关的动作(如从下方看,在半潜式平台中,以及波浪高度与作用效应之间的非线性关系)的复杂性和不确定性,建议在 10^{-2} 波浪事件上留出

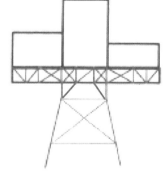

图 5.16　导管架与顶部结构过渡处的支撑

1.5 m 的气隙余量,以满足 ULS 标准。

ALS 标准可以通过正气隙或通过演示经受 10^{-4} 次事件的平台的存活来满足。然而,与平台柱相邻的甲板结构需要设计成抵抗由于沿柱上升而可能产生的压力作用。

在评估气隙时,应考虑以下相关影响:

①水位(包括风暴潮,天文潮汐,张力腿平台);

②最大/最小操作吃水;

③静态平均偏移和横倾角;

④一阶海面高度,包括波/结构相互作用效应,即波增强;

⑤波峰高度包括波浪不对称(峰谷比);

⑥波频率运动(在所有六个自由度中);

⑦垂荡、纵摇和横摇时的低频运动;

⑧相互作用系统的影响(如系泊和立管系统)(用于浮力结构)。

因此,根据 NORSOK-N001,如上所述,气隙裕度可以估计为1.5 m(波峰顶部和上部结构下侧之间)。

符号表

A	梁的截面面积
B	梁的宽度
E	弹性模量
f_R	承载能力的概率密度
f_S	载荷效应的概率密度
F_S	载荷效应(S)的累积分布
g	极限状态函数
H	梁的高度
I	惯性矩
k	由 P_{qk} 决定的系数
L	梁的长度
M	力矩
M_F	屈服力矩
M_p	塑性力矩
P	集中载荷
P_f	失效概率
P_{qk}	q_k/超越概率的概率
P_{rk}	r_k 的概率
P_s	可靠性概率($1-P_f$)
q_d	载荷设计值
q_k	载荷特征值
$\overline{q}$	q(载荷)的平均值

R	承载能力
r_d	承载能力设计值
r_k	承载能力特征值
$\bar{r}$	承载能力平均值
S	载荷作用效应
S_q	标准差
$\bar{s}$	载荷效应平均值
T_k	重现周期
W	抗力矩
γ_m	材料系数
γ_q	负载系数
δ	挠度
ε	应变
σ	应力
σ_F	屈服应力
σ_r	承载力的标准偏差
σ_y	屈服强度

参考文献

[1]　API，Recommended Practice for Planning，Designing，and Constructing Fixed Offshore Platforms-Working Stress Design，American Petroleum Institute，API-RP-2A-WSD Twenty-Second Edition，2014.

[2]　PSA，Rules and Regulations of Petroleum Safety Authority of Norway，2014，http://www.psa.no/lang=en_US

[3]　Odland，J.，Compendium of Offshore Field Development，Course Material，University of Stavanger，Dec. 8，2012.

[4]　NORSOK，Structural Design，NORSOK Standard N-001，Standard Norway，Oslo，Rev. 8，2012.

扩展阅读

• van Raaij，K. & Gudmestad，O. T.，Wave in Deck Loading on Fixed Steel Jacket Decks，Marine Structures，20(3)，pp. 164-184，2007.

• Connor，J. J. & Faraji，S.，Fundamentals of Structural Engineering，Springer，New-York，2012.

第6章 管道设计

6.1 总则

本章简要介绍了海上管道的设计。文中包含简化的分析表达式可以让读者初步了解设计方面的内容。详细设计应按照国际标准进行,如 DNV-OS-F101。

管道设计的主要方面:

(1) 尺寸的设计;管道的内径。

(2) 结构部件的设计,如钢管和扣环避雷器,防腐蚀保护层,混凝土保护层等。

①钢材质量以及钢管壁厚都会对管道强度产生影响。

②管道材料的等级定义了其质量。

③可通过添加一层焦油(沥青)与阳极(锌)组合来提供防腐保护。

④可以添加混凝土层以保护冲击并为管道提供正确的浸没重量。

(3) 管道制造,运输和安装的实用方面。

6.2 立管系统

在讨论管道之前,首先要了解立管系统。作为一种将海底设备连接到上部设施的管道,立管系统是将流体从海底输送到生产和钻井设施以及将流体从设施送到海底的管道。

①从半潜式(钻探船)到防喷器(BOP),或者反向运输。

②从采油平台到海底基盘,或者反向运输。

一般来说,有两种类型的立管,即刚性立管和柔性立管。也有混合立管,它是刚性立管和柔性立管的组合。目前有多种类型的立管,包括钢悬链立管(自由悬挂立管)、顶部拉伸立管、混合立管和柔性立管。

(1) 钢悬链立管(SCRs)是将深水钢立管悬挂在平台(通常为浮子)的单个悬链线上,并在海床上水平连接至管道或模板。

传统上,浮式生产系统使用柔性立管来适应功能和环境载荷。随着水深、压力和温度的增加,一些限制就使现有柔性立管设计不再适用。因此,由钢或钛合金制成的钢悬链立管常被作为深海或超深水生产中的替代方案。

然而,钢悬链立管的设计和安装的复杂性比柔性立管系统要大。当考虑钢质悬链线在极端和长期环境条件属于世界上最严重的恶劣环境时,挑战更加显著,导致立管具有高度动态性和疲劳敏感性。除了管道应力外,钢悬链立管概念的主要设计问题与疲劳有关。有两种主要的疲劳来源,即随机波浪疲劳和 VIV(涡激振动)疲劳。

（2）顶部张紧立管是完全垂直立管系统，直接终止于设施下方。虽然有系泊，但这些浮动设施能够随风和海浪横向移动。由于刚性立管也固定在海底，立管顶部与设施上的连接点之间发生垂直位移。

（3）柔性立管用于将采出液从海床输送到水面船舶或平台，或者将注入流体，控制流体或将地面设施的气体输送到海床。它们的灵活性和强度由精心设计的金属和热塑性材料交替层组装而成。柔性立管具有小的弯曲刚度，而且远小于尺寸相同的钢管。其动态能力使得柔性立管非常适合用于浮动船舶和半潜式平台。

（4）混合立管是另一种变体，由刚性部分和柔性部分组成。这些立管包括一个类似于钻井立管的管道塔，其顶部连接有一个短柔性立管，位于水面下方。这种组合可以承受深水立管的高流体静压力和垂直重量，同时还可以灵活地连接浮动结构。

图 6.1 表示了各种深水立管系统。

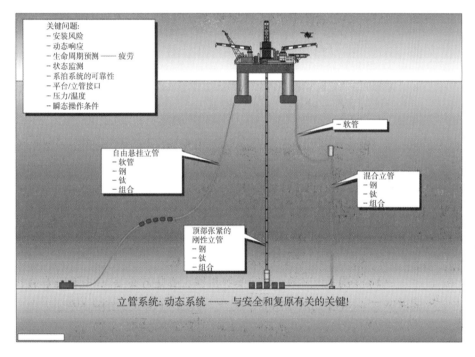

图 6.1 立管系统类型

图 6.2 显示了立管的可能配置，如自由悬挂立管，顶部张紧生产立管，惰性立管，陡峭立管，惰性的波浪立管和柔软立管。

• 悬链

自由悬链立管广泛用于深水。当立管与浮体一起上下移动时，这种配置不需要升降补偿装置；立管可以简单地升起或降低到海床上。

• 低弯度 S 和高弯度 S

在低弯度 S 和高弯度 S 立管配置中，沿着立管以特定长度添加海底浮标，并使用链条定位。

• 懒波和陡波

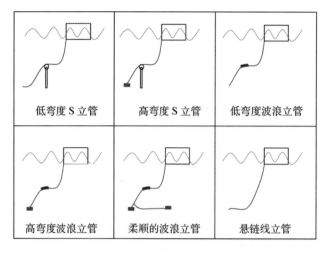

图 6.2　立管配置

在形状和功能上，懒波和陡波参数与低弯度 S 和高弯度 S 参数相同。然而，沿着立管的较长长度添加浮力和重量是有利的。有了这种分布式的重量和浮力，很容易制作所需的立管形状。

- 柔波

柔波形状几乎跟陡波一样，海底锚点控制 TDP（触地点）。

立管容易受到的力和影响：

- 波浪载荷
- 船舶的运动（垂荡运动）
- 非常容易受到潮流影响；波浪和潮流会引起振动
- 因涡流产生的振动
- 压力（内部和外部）
- 压力和弯曲

某些地区有强流，例如墨西哥湾和印度尼西亚的望加锡海峡的环流。

6.3　管道设计

6.3.1　管道尺寸的设计

在油田开发研究中，采油曲线必须根据经济和技术分析，特别是储层特征来决定。图 6.3 显示了油田随时间的典型采油曲线图。注意：在油田废弃之前的生命周期中有三个阶段：①生产建设；②稳定产量；③末期产量。

油量通常以美国单位表示，其中：

1 桶＝159 升；

1 立方米＝6.29 桶；

1 立方米（油）≈800 公斤（浓缩油）至 950 公斤（油）。

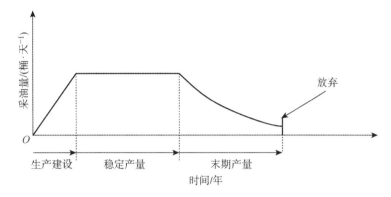

图 6.3　油田典型的生产剖面图

下面列出了管道设计方面的一些考虑因素：

①来自不同储层的油具有不同的密度和化学性质。

②管道的内径选择在现场进行生产加工。

③如果稳定产量非常高,则需要大量的工艺设备和更大的输油管道。

④对于一个丰富的天然气管道,需要一定的最小压力来避免管道里的液体大面积的冷凝。

因此,管道直径的大小取决于几个因素。应综合考量管道的透支成本以及生产水平,以达到从油田开发中获得盈利的目标。

来自油田的油可以通过油轮运输或通过管道系统长途运输。管道输送必须区分管道内的不同产品,因为油可以被认为是不可压缩的流体,而气体则是可压缩的。式(6.1)给出了输入压力 P_1 与输出压力 P_2 之间的依赖关系,通过伯努利方程得到了油的不可压缩流体方程：

$$P_1 - P_2 = \mu \frac{L}{D_i} \frac{V_{oil}^2}{2} \rho_{oil} \tag{6.1}$$

式中,P_1 为输入压力,由工程决定;P_2 为需要(或获得)输出压力;μ 为摩擦系数;L 为管道长度;ρ_{oil} 为油密度(油被认为是不可压缩的流体);D_i 为内径(ID);V_{oil} 为油流速度。P_1 是管道必须设计的内部压力,以便给出输出压力 P_2。根据适用法定检验规范(如 DNV),应确定入口压力应用裕度(安全系数)以确定管道强度性能。

可以运输的石油质量是每米管道长度的体积和石油通过管道输送的速度的乘积,如式(6.2)所示。出于设计目的,质量流量将由管道必须能够处理的最大平台生产量来控制。

$$M = \rho_{oil} \frac{\pi D_i^2}{4} V_{oil} \tag{6.2}$$

式中,M 是质量流量(kg/s)。

式(6.2)的尺寸检查,有

$$\rho = \frac{kg}{m^3}, \quad D = m, \quad V_{oil} = \frac{m}{s}$$

得到：

$$M = \frac{kg}{m^3} \cdot m^2 \cdot \frac{m}{s} = \frac{kg}{s} \Rightarrow 质量流$$

在输入压力 P_1，管道内径 D_i，通过管道的质量流量 M 和输出压力 P_2 之间有一个关系式（6.1）。必须在这些参数之间找到平衡点，并决定所需的输入压力 P_1 和输送流体的管道内径 D_i。

由于气体是可压缩的，因此气体管道中的流量使用不同的方程。海上天然气管道也经常使用高输入压力（约 $180\sim200$ bars）来提供气体和气体形式的冷凝物的相转移。

6.3.2 管道设计

1）管道横截面

图 6.4 表示了管道的典型横截面尺寸和主要特征。

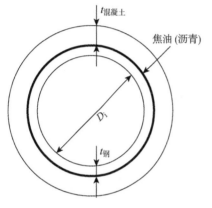

图 6.4 管道的管道尺寸和主要特征

管道的特征尺寸和相关特征：
- 内径 D_i
- 内半径 r_i
- 钢管外半径 r_o
- 管道内侧可能涂有环氧树脂，这将减少摩擦和可能的腐蚀破坏
- 钢壁厚度 t_s
- 因为管道生产设备最初设置为按照美国单位生产，其中英寸和厘米之间的换算系数为：1 in＝0.025 4 m＝2.54 cm
- 钢管外径 $D_o＝D_i+2t_s$
- 焦油/沥青的厚度 t_k，$t_k\sim1$ cm（带玻璃纤维包装的焦油）
- 钢筋混凝土将提供冲击保护和要求的底部重量，因为必须确保在空管时不会浮到水面

注意，铺设时管道是空的。

2）避免管道漂浮的配重设计

混凝土层的尺寸由最低要求决定：经安全系数修正的 W 应大于零，这意味着处于水下状态的管道的重量必须大于浮力。本章后面讨论了避免波动和水流作用下的运动稳定性的附加要求。式（6.3）表示管线不漂浮并因此变得不稳定的情况。

$$\rho_{steel}\left[\frac{\pi D_o^2}{4}-\frac{\pi(D_o-2t_s)^2}{4}\right]-\rho_{water}\frac{\pi D_o^2}{4}>0 \tag{6.3}$$

重新排列式（6.3），给出：

$$D_o^2-(D_o-2t_s)^2-\frac{\rho_{water}}{\rho_{steel}}D_o^2>0 \tag{6.4}$$

现在找到一个以 D_o/t_s 作为参数的标准：

$$\frac{D_o^2}{t_s^2}-\left(\frac{D_o^2}{t_s^2}-\frac{4D_ot_s}{t_s^2}+\frac{4t_s^2}{t_s^2}\right)-\frac{\rho_{water}}{\rho_{steel}}\frac{D_o^2}{t_s^2}>0 \tag{6.5}$$

$$-\frac{\rho_{water}}{\rho_{steel}}\left(\frac{D_o}{t_s}\right)^2+4\left(\frac{D_o}{t_s}\right)-4>0 \tag{6.6}$$

令 $x＝D_o/t_s$，则

$$\frac{\rho_{water}}{\rho_{steel}} x^2 - 4x + 4 \leqslant 0 \tag{6.7}$$

必须满足式(6.7),以避免空钢管的浮动。

通过使用水和钢密度的典型值($\rho_{海水} = 1\,025\ kg/m^3$ 和 $\rho_{钢} \approx 7\,800\ kg/m^3$),可以求解式(6.7):

$$x = \frac{D_o}{t_s} \leqslant 26 \tag{6.8}$$

如果 $D_o/t_s \geqslant 26$,需要一个混凝土层来避免管道在空的时候浮起来。

为什么需要这个标准?

①由于处理原因,管道被清空。

②当我们完成管道铺设时,向管道中加水进行测试。

③在加水之前,不能接受不受控制的上浮管。

④进行压力测试,压力高于操作压力,然后清空管子,烘干,开始生产。

⑤管道需要一定的重量,以便在波浪和水流作用下不会水平或垂直移动。

海底管道的一些典型数据如下:

①大型海上油气管道具有 $30 \sim 42\ in$ 的外径(OD)。

• 水深小于 150 米时,内部压力通常代表富气管道的设计水平

• 典型钢材厚度为 $3/4 \sim 1\ in$

• 对于较大的水深,外部压力通常比内部更重要

②现场管道通常具有 $12 \sim 20\ in$ 的直径(OD)。

③从油田的海底模块到集合点(歧管)的管线通常为 $12 \sim 16\ in$ 管道(脐带),用于电缆或液压系统的为 $4 \sim 8\ in$。

可以尝试在管道束中混合一些小型内场管道。在管道中捆绑内部管道和电线并由外输送管保护(见图 6.5)。

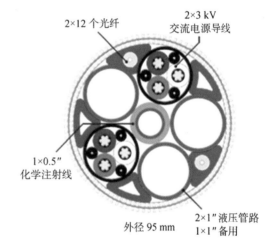

图 6.5 管线束示例

6.3.3 外压、弯曲、轴向力下的管道设计

管道压力场的影响因素:

①外部静水压力随安装深度变化

②管道内的工作压力

③测试过程中的压力,通常比设计压力高 10%

这些压力最终转移给管线钢,必须选择这些钢来应对在管壁内施加应力。

Stewart 等人的分析研究表示出一个管道组合内部压力和弯曲:

①如果一个管道段处于位移控制的情况下,那么一个箍应力准则对爆裂有很好的控制。

②如果管段处于载荷控制状态,则可能会出现等效应力标准用于确保在内部压力和轴

向组合下管道具有足够的爆裂强度载荷(弯曲的影响尚待研究)。

由于内部压力,管壁(钢)中的应力:

$$\sigma_{pi} = \frac{p_i D_i}{2t_s} \tag{6.9}$$

由于外部压力,管壁(钢)中的应力:

$$\sigma_{po} = \frac{p_o D_o}{2t_s} \tag{6.10}$$

式中,σ_{pi} 为由于内部压力导致的管壁周向(箍)应力;σ_{po} 为由于外部压力导致的管壁周向(箍)应力;p_i 为内部压力;p_o 为外部压力;t_s 为壁厚(钢厚度);D_i 为内径;D_o 为外径。

通常情况下,管道在安装阶段会发现其极限应力,在这种情况下,管道在没有有利内部压力的情况下,可以减轻外部压力带来的压力、铺设管道的轴向应力以及铺设过程中的弯曲应力。

在操作过程中,管道将会面对来自外部压力和内部压力的径向应力,弯曲应力,还有由于管道拉紧引起的轴向应力以及由温度膨胀效应引起的应力。

管道的抵抗力取决于钢的等级。定义管道的屈服强度 f_y 是用来描述管道承载力的一种定性方法。

一个允许的工作应力设计(ASD)检查可能被用作初步的内部超压(DNV)局部屈曲检查的简化准则。然而,在最终的设计阶段,应该按照这个标准来使用载荷和抗力系数设计(LRFD)标准。对 ASD 检查应满足以下压力条件:

$$\sigma_e \leqslant \eta f_y \tag{6.11}$$

$$\sigma_l \leqslant \eta f_y \tag{6.12}$$

其中

$$\sigma_e = \sqrt{\sigma_h^2 + \sigma_l^2 - \sigma_h \sigma_l + 3\tau_{lh}^2} \tag{6.13}$$

$$\sigma_h = \Delta p_d \left(\frac{D - t_2}{2t_2} \right) \tag{6.14}$$

式中,σ_e 为等效应力;σ_l 为纵向应力 $\sigma_l = \sigma_h/2 = $ 环向应力/2;η 为由标准确定的不同安全等级的使用系数;η 为低安全等级时取 1.0,正常安全等级时取 0.9,高安全等级时取 0.8(见表 6.1);f_y 为屈服强度;D 为公称外径;t_2 为 $t_s - t_{corr}$,t_{corr} 为腐蚀裕量的厚度;τ_{lh} 为切向剪切应力,在大多数情况下等于 0,因为不存在扭转;Δp_d 为设计差压过压。

表 6.1　根据 DNV(2000)分类的安全等级

安全等级	定义
低	结构破坏基本不会引起人员受伤,且造成的环境影响和经济影响较低。这是安装阶段的常用分类
正常	结构破坏会造成人员受伤,且会引起严重环境污染和重大经济损失或是政治事件。这是在平台区域外进行操作的通常分类
高	结构破坏会造成人员受伤,且会引起严重环境污染和重大经济损失或是政治事件。这是在位置等级 2 运行期间的通常分类,即,根据风险分析或在距离平台最少 500 m 的距离处靠近平台

除了纵向应力和组合应力的要求之外,环向应力受到限制。ASME 编码如下:

$$\sigma_h < 0.72 F_t f_y \tag{6.15}$$

式中,F_t 是钢管的温度降级因子。

由于要求管道具有抵抗外压的能力,管道必须保持其圆柱形状,因为椭圆形管道失去了很多负载能力。例如,如果在铺设管道时引起局部凹陷,则管道将在局部被椭圆化。此外,如果这种凹陷的管道达到一定的水深(伴随着相关的外部压力),则会塌陷。这被称为套筒的模拟压力。当管道有局部屈曲时,管道可能无法承受压力,并且如果压力高于屈曲初始压力,则屈曲会传播,管道将被屈曲(损坏),直到外部压力达到由下式给出的传播压力水平:

$$p_{传播} \approx \frac{p_{初始}}{2} \quad \text{(屈曲以多米诺骨牌效应传播)} \tag{6.16}$$

由于管道屈曲引起失效的潜在风险是必须避免的,因此,必须加强管道以避免传播屈曲。以下实施了加强管道的替代措施:

①每第 12 根管(第 n 根管)使用较厚的管⇒焊接式止屈器。

②所有管道均使用较厚的钢或更高等级的钢。

③每第 12 根管(第 n 根管)使用套筒⇒套筒止屈器。

套筒止屈器会阻止管道变得扁平,而停止整个管道折叠模式(U 形扣)需要焊接式止屈器。因此,通过单独的管道段的附加加固,平衡整个管道或长段的风险被抵消。

应该指出的是,ASD 标准在工业中经常用于 DNV-OS-F101,在许多情况下非常保守。因此可以通过更准确地计算载荷效应和变形来降低保守性。根据 DNV-OS-F101 的正常设计,它是基于将设计载荷效应 LSd 与设计阻力 RRd 进行比较。载荷效应是在结构中发生的载荷,作为对应用的特征载荷的响应,如力矩、剪切力和轴向力等。它被分解为功能性、环境性、干扰性和偶然载荷效应(L_F, L_E, L_I, L_A)。例如,对于不同的应用特征载荷,通过有限元模型计算载荷效应。基于不同的载荷效应,通过这些不同的载荷效应和相关的载荷效应因子($\gamma_F, \gamma_E, \gamma_A, \gamma_C$)的组合来确定设计载荷效应 L_d。设计阻力 R_d 是给定特征厚度、材料和椭圆度的容量,特征阻力 R_k 除以材料和安全等级阻力系数(γ_m, γ_{sc})。

$$f\left(\frac{L_d}{R_d}\right) \leqslant 1 \tag{6.17}$$

极限状态函数 f 包含设计能力,可以通过测试来确定数值模拟。在设计过程中通常是非常有益的,因为为减少了管道壁厚可能会产生相当大的成本影响。

6.3.4　管道的应力—应变关系

管道的典型应力—应变关系如图 6.6 所示。在增加应力的过程中,变形的特性由线性和塑性区域表征。过渡线性和塑性之间的行为通常被定义为屈服应力。管道中通常允许一些塑性行为。这里将 σ_Y 定义为 0.5% 应变(0.005)的应力。

应力—应变曲线通常遵循一个实验发现的公式:

$$\varepsilon = \frac{\sigma}{E}\left[1 + \left(\frac{3}{7}\frac{\sigma}{\sigma_0}\right)^k\right] \quad \text{(Ramberg-Osgood 公式)} \tag{6.18}$$

参数 σ_0 和 k 是通过实验确定的。管道的极限张力可以进行处理,在为 $0.18 \sim 0.20$ 时会断裂。

钢管的质量通常由美国石油协会(API)规范中给出的公式确定。应力以 SI 单位表示:

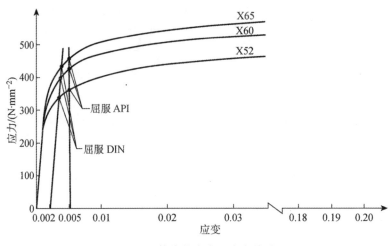

图 6.6　管线的应力—应变关系

N/m^2（牛/平方米）或美国单位 lbs/in^2（磅/平方英寸）。

X60 管线钢意味着屈服强度为 60 ksi（60 ksi＝60 千磅/平方英寸）。

以下示例介绍了从美国单位到 SI 单位的转换：

$$60 \text{ ksi} = 60 \frac{0.459 \cdot 10^3 \cdot 9.81}{25.4^2} = 60 \cdot 6.979 = 418.74 \text{ N/mm}^2$$

进行可靠的计算时，必须注意以下几点：

（1）从一个单位到另一个单位的转换因素。

（2）计算机程序使用的单位，例如米、毫米、英寸。

（3）来自计算机程序的结果单位，可能与输入数据有偏差。

（4）通过自检和独立检查检查公式的维度和计算结果的固有值。

通过以下方式获得计算质量：

- 自我检查
- 主管检查/同事检查
- 通过独立软件自检

6.3.5　极限状态设计格式

在极限状态格式中：

R_k 为阻力的特征值；

γ_m 为材料阻力系数（对于 SLS、ULS 和 ASL 极限状态类别，γ_m 等于 1.15，对于 FLS 类别 γ_m 等于 1.0）；

γ_{sc} 为低安全等级的安全等级阻力系数，其值等于 1.046，正常安全等级为 1.138，高安全等级为 1.308（安全等级定义见表 6.1）；

f_k：特征材料强度。

6.4　管道安装

管道安装有四种方法。

1) 卷筒方法

通过卷筒方法进行铺管,即将管道弯曲到过塑区域(见图 6.7)。因此,最大管道直径限制在 8～12 in(外径)。这是为了满足卷轴上的弯曲半径不超过管道的临界弯曲半径这个标准,否则会导致结构损坏。

图 6.7　管道铺设的卷筒方法

2) 牵引方法

管道是预制的,即在岸上的场地中焊接在一起,做成每部分 4～5 km 长的管段,之后用拖船拖到海上安装地点(见图 6.8 和图 6.9)。然后每个部分通过在海上焊接相互连接。除了靠近底部的拖曳,如通过使用链条,浮力管道被赋予一些额外的重量之外,还存在其他拖曳方法,如地面拖曳和受控深度拖曳。但是,由于在拖曳过程中将相当大的动态效应转移到管线钢中,尤其是在波浪拖曳时,应避免地面拖曳。

图 6.8　准备管道拖曳

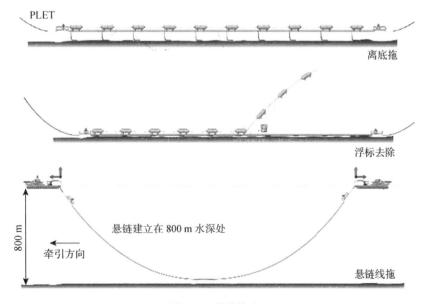

图 6.9　管道拖曳

3）传统的 S-lay 方法

传统的管道铺设船舶可被视为浮船坞，其中管道部分由在陆上管道处理设施与海上管道铺设船舶之间的往返交通中的供应船舶输送（见图 6.10）。然后将单个管段（通常 12 m 或 24 m 长）焊接在一起。之后，连接的管道通过在管道敷设船后部的托管架上滑动而浸入水中。托管架控制海底附近的上弯和下弯。在托管架的上部，张紧系统控制铺设过程中管道的张紧和弯曲半径铺设管道的过程中，管道铺设船只的锚杆沿铺设方向移动，并且所连接的系泊绳索由管道铺设船舶顶部的液压马达拉动。船锚通常由专用船舶处理。

图 6.10　铺管船

使用传统铺管船的潜在风险：

- 锚点滑动
- 管道配置；上弯或下弯弯曲半径过大
- 张紧器故障，导致管道不受控制地滑落
- 由于恶劣天气导致管道上的应力过大，从而导致撞击损坏

4）J-lay 方法

为了避免在铺设过程中多次弯曲管道，可以执行 J-lay 方法（见图 6.11）。此方法不包括上弯曲。J 型铺设通常用于进入深水区安装管道。不过要注意的是其管道铺设能力与使用传统的 S 型铺设相比，效率要低得多。

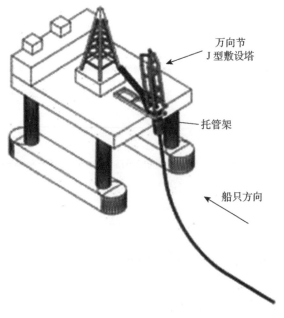

图 6.11　J-lay 方法铺设管道

这种方法的好处：

- 较低的天气敏感度
- 更少的移动
- 上部没有弯曲，不包括上部弯曲

6.5　管道在位稳定性

6.5.1　要求

对底部稳定性的要求是：

（1）铺设空置时，管线要稳定。管道不应在铺设后从海底抬起，也不能随水平或垂直方向上的波浪和水流移动。通常建议采用 1.1 的安全系数（DNV）。这些要求将在实际期间（夏季标准或全年标准）中满足 10 年的海洋状态条件。此标准表示每年有 10% 的可能性超出正常状态。夏季期间铺管的标准通常被定义为"10 年夏季风暴"标准。

（2）管道运营期间的稳定性。在 100 年的波浪准则（每年超过 1% 的概率）以及 10 年的水流准则下，操作中的稳定性应得到满足。另外，管道的设计可以满足 100 年的现行标准以及 10 年的波浪。稳定性设计的方法取决于使用哪种设计规范。安装深度变得重要，因为波浪质点速度的下降值随着水深的增加而增加。请注意，深水中波浪的质点速度非常小，而对于洋流来说，它可能相当大。

注意：管道在运行期间要充满气体或油。因此，在计算中要增加流体的附加重量。附加重量有利于管道的稳定性。图 6.12 显示了放置在海底的管道上的力。

在图 6.12 中，F_V：垂直力（升力）；F_H：水平力（阻力和惯性力）；F_f：摩擦力；W：重力（管子的淹没重量）。

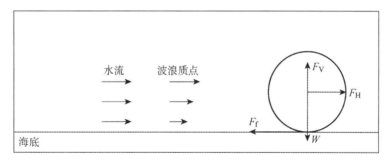

图 6.12　在位管线

在以下情况下，水平管道稳定性可以得到保证：

$$F_f > F_H = \gamma_{st}(F_D + F_I) \tag{6.19}$$

式中，γ_{st} 为安全系数，通常不低于 1.1。

$$F_D = \frac{1}{2}\rho D C_D \mid V \mid V \quad （拖曳力项）$$

式中：ρ 为水密度（海水一般为 1 025 kg/m³）；

D 为管道外径(包括涂层厚度)；

C_D 为阻力系数；

V 为水流的水质点速度＋波浪。

$$F_I = \frac{\pi}{4}\rho D^2 C_I V \quad (\text{惯性力项})$$

式中，C_I 为惯性系数。

$$F_f = f(W - F_v) \tag{6.20}$$

式中，f 是管道和海底之间的摩擦系数。

将式(6.21)代入式(6.20)得到：

$$f(W - F_v) > \gamma_{st}(F_D + F_I) \tag{6.21}$$

图 6.13 表示了通过靠近海底的一个圆柱体的流动状态，产生了阻力。

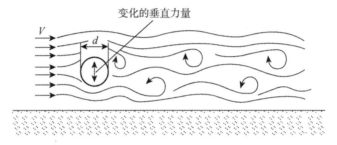

图 6.13　水流经靠近海底的圆柱体

由于波浪和水流引起的质点流经管道，海底管道会产生垂直升力和水平阻力以及惯性力。

升力以及阻力是流经管道顶部的流速的函数。因此，使用相关的伯努利公式。当水流经过管道的流量很高时，由于局部压力较低，管道顶部的低压会使管道向上提升。

此外，质点速度会导致管道下风侧的涡流破裂，从而导致压力下降。压降导致流动方向上的阻力。

在较深的水域(当水深/波长＞0.5 时)，波浪对水质点速度和加速度的影响很小。对于深水中较大的底部水流，可以单独考虑水流的影响。将升力和阻力的公式代入式(6.21)，则

$$f\left(W - \left(\frac{1}{2}\rho D C_L \mid V \mid V\right)\right) > \frac{\gamma_{st}}{2}\rho D C_D \mid V \mid V \tag{6.22}$$

式中，C_L 是升力系数。

再将所需的管道重量作为升力，阻力作用的函数摩擦力：

$$W > \left(\frac{\gamma_{st}}{2f}C_D + \frac{1}{2}C_L\right)\rho D \mid V \mid V \tag{6.23}$$

在以下情况下，垂直管道稳定性得到保证：

$$W > \gamma_{st} F_L \tag{6.24}$$

即

$$W > \frac{\gamma_{st}}{2}\rho D C_L \mid V \mid V \tag{6.25}$$

6.5.2 示例:稳定性计算

以下参数假定对稳定性计算有效:

$\rho = 1\ 025\ \text{kg/m}^3$;

$D = 1\ \text{m}$;

$C_D = 0.9$;

$V = V_{\text{水流}} + V_{\text{波}} = 1\ \text{m/s}$(假定有高水流,而 $V_{\text{波}}$ 在深水中较小);

$f = 0.7$,假定摩擦力很大。

注意:洋流速度应在特定的位置测量,而波浪引起的质点速度应根据浪高/周期的信息进行计算。

提升力:

$$F_L = \frac{1}{2}\rho D C_L \mid V \mid V \qquad (6.26)$$

式中,$C_L = 0.3$。

需要求出所需的管道重量(淹没时的)以满足稳定性要求。将参数代入式(6.23)得到:

$$W > \left(\frac{1.1}{2 \cdot 0.7}0.9 + \frac{1}{2}0.3\right) \cdot 1\ 025 \cdot 1 \cdot 1$$

$$W > (0.707 + 0.15) \cdot 1\ 025 = 878\ \text{N/m}$$

这意味着,$W > 878\ \text{N/m}$ 为管道水平稳定假定的参数。

将参数代入升力方程式(6.26)得到:

$$F_L = \frac{1}{2}\rho D C_L \mid V \mid V = \frac{1}{2} \cdot 1\ 025 \cdot 1 \cdot 0.3 \cdot 1 = 154\ \text{N/m}$$

垂直稳定性的要求:$W > \gamma_{\text{st}} F_L$。

由于 $W > 878\ \text{N/m} > \gamma_{\text{st}} F_L = 169\ \text{N/m}$,管道也是垂直稳定的。

6.6 管道的自由跨度

6.6.1 自由跨度

如果管道位于海底之上,则会有一个自由跨度。在水流占主导地位的情况下:

• 水平力和升力不可忽略
• 根据涡流脱落频率(因为没有摩擦),管道将开始振荡
• 涡旋脱落频率必须与管道振荡的特征频率不同
• 涡旋脱落频率 f_{vortex} 取决于流速 V,但通常

$$f_{\text{vortex}} = \frac{S_v}{D} \approx \frac{0.2}{D} \qquad (6.27)$$

式中,S_v 是斯特劳哈尔数。

管道的固有频率取决于管道的强度和管道在海床上的边界条件(自由跨度的"肩部"),如图 6.14 所示。

业界曾将自由跨度的长度限制在 40 m 以避免大的振动;然而,DNV 的海底管道标准考

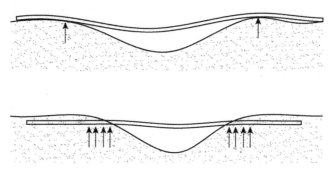

图 6.14　管道的自由跨度

虑了所有的研究成果，从而所能接受的自由跨度要大于该长度限制。

长跨度问题的解决办法：

（1）通过机械装置支撑管道。

（2）要安装涡流脱落装置。

（3）通过岩石倾倒支撑管道。

（4）夯肩。

注意：移动的沙丘可以创建自由跨度。

在北极，由于冰山和冰脊的冲刷，海底并不平坦，因此自由跨度长度的确定是一个重要问题。

6.6.2　近岸管道设计

对于安装在浅水中的管道，例如，与岸上对接的管道，水流往往较强并且波浪质点速度较大。因此，通常会对管道进行挖沟以避免作业期间的管道移动，并且限制管道应力。

挖沟深度为 $D/2$ 时的升力 $F_l \to 0$，其中 D 是管径。

由于海底的永久冻土，北极的海域入口特别困难。挖掘冻结的地面可能会变得困难，而且当管道最终被挖沟时，管道的热容量会解冻周围地面，由此海床材料失去其稳定性并且可能被冲洗掉。此外，管道可能需要深挖以避免由于冰山或冰脊的冲刷造成管道破裂。

6.7　平台管道附件

在管道连接到海上平台的地方，重要的是当管道被石油或天然气加热时，允许管道在海床上充分膨胀。当加热时，长管道将与钢的热膨胀系数成比例地膨胀，并且膨胀将被引向管道端部，其中一个连接到海上平台。

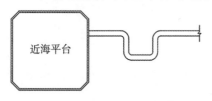

图 6.15　靠近海上平台的管道环路，以适应管道中的热膨胀

为了适应扩展，安装了弯管，即膨胀环接近平台，如图 6.15 所示。在管道设计中使用扩展回路会减少管道中的有效轴向力（EAF），降低屈曲发生的可能性以及连接平台处的端部。

6.8　有效轴向力（EAF）

在管道设计中,最重要的是要意识到管道中发生的力。有效的轴向力总体上决定了管道的结构响应,影响横向屈曲,垂向屈曲,锚固力,端部膨胀和自然自由跨度的频率。出于这个原因,对于轴向力的正确估算以及其力学响应是保证设计安全可靠的最重要前提。

有效轴向力通常被认为是一种虚拟力,与由钢横截面上的应力积分给出的所谓"真实"轴向力相反。然而,这是一个概念,用于避免将压力效应集成到双曲面上,如变形后的管道弯曲。参考[6-5]提供了关于有效轴向力的概念的细节,并且在这里给出了一个总结。

有效轴向力的概念简化了内部和外部压力如何影响管道行为的计算。外部压力对海上管道的影响通过考虑阿基米德的法则是最容易理解的。

水压对潜水体的影响是向上的力,其大小等于由本体排开的水的重量。

阿基米德法则是基于压力作用于封闭表面的假设。物理上,阿基米德定律可以通过考虑更大液体内的任意体积来证明,而不会由于温度/密度差异造成任何内部流动。由于这个任意体积的表面上的压力的作用是一个等于该液体重量的向上的力,任意的体积将处于平衡状态,并且不会向上,向下移动,也不会向任何一侧移动。当然,通过在体积表面上数学积分外部压力可以得出同样的结论。

现在,考虑一部分暴露于外部压力的管道,如图 6.16 所示。包括的唯一截面力是轴向力 N,即所谓的真实壁力将钢应力集中在钢筋横截面区域上。其他截面力如弯曲力矩和剪力被忽略,因为它们将不会进入计算中有效轴向力和压力的影响。

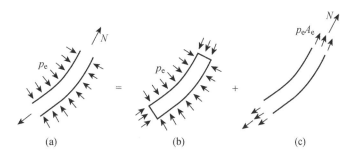

图 6.16　有效轴向力

如图 6.16 所示,具有轴向力的部分 N 和外部压力 P_e[见图 6.16(a)]可以是由外部压力作用于封闭表面的部分替代,并给出结果力等于排水的重量,管段[见图 6.16(b)]的浮力,轴向力等于 $N+P_e A_e$。

如图 6.16 所示,考虑外部压力的影响不会改变物理特性或向管道部分添加任何力。但是,它明显简化了计算。可选择性地将压力积分到一个双曲管表面上。另外还需要注意的是,由于管道表面上的水深变化而引起的变化压力,以便获得被置换的水的浮力效应。

对于外部压力,可以对内部压力进行类似的考虑。

6.9　管道屈曲

铺设在海床上并在高压和高温下运行的管道将趋于膨胀。如果膨胀受到海床摩擦阻力的限制，则会受到轴向压缩并在管道中积累起来。如果压缩有效的轴向力足够大，那么管道将承受侧向屈曲。如果一条短的管道受到背压，或铺设在倾斜的海床，或者经历多次沿其长度和热瞬变的热梯度启动和关闭循环，则可能发生被称为"管道行走"的全局轴向位移现象。横向屈曲和管道行走是在管道设计阶段需要预测和调整的效果。

横向屈曲是一种自然现象，将会影响在高压和高温下运行的表面铺设管道。管道铺设在海床上并在这种条件下运行表现出膨胀的趋势，但如果膨胀受到海底摩擦阻力的限制，那么在管道中会形成轴向压缩。如果压缩的有效轴向力足够大，那么管道将在屈曲部位处经受横向屈曲，其占据约 200 m 的管道长度，并且可以相隔 1~4 km，具体取决于管道特性。

在 20 世纪 70 年代，许多处于高压高温环境下的碳氢燃料储地被发现。但是由于管道技术的限制，例如侧向屈曲的隐患、可用材料的限制以及其他开采措施能够在低风险下获得更高的经济回报，这些油气并没有得到有效开发。20 世纪 80 年代后期至 90 年代初期的几年间，运营商开始更多地参与解决限制问题，并开始开发先前被认为是高风险的这些领域。第一个重要的高压/高温项目是壳牌 ETAP，产品输出压力为 103 MPa，温度为 165 ℃。

Sriskandarajah 和 Bedrossian 发表了对侧屈曲机制的评论并采取了减缓措施，并得出结论：表面铺设海上管道的侧向屈曲代表了一个综合过程，涉及稳定性，管道材料特性，耗散土壤阻力和几何形状的大变化之间较强的相互作用。不均匀的海床和管道的运动导致了在名义上的直线管道缺陷的初始随机分布，这可能足以引起多个扣带的形成。如果这种情况得以实现，那么横向屈曲不太可能对适中操作压力和温度造成不良影响。根据这一结论，管道设计公司会定期考虑是否应该控制特定项目管道上的横向屈曲现象，或者是否忽略这种趋势。

作为一般规则，长度超过 6 km 的海底输油管道易于横向屈曲，特别是如果运输产品的温度在入口处高，并通过热绝缘保持在管道的整个长度上都高，以防止蜡或水合物形成。因此，海底管道设计人员制定了缓解措施可能促使在预先确定的位置形成横向屈曲，或使其无效通过最大限度地减少在该处发生的应力和应变而导致横向屈曲的繁重影响屈曲位置。有几种方法可以尝试设计管线所在的屈曲位置。初始化屈曲的一种方法是在配对期间可以创建的蛇形配置管道铺设过程，如图 6.17 所示。使用这种方法，抵消物预先安装在海床上，管道在它们之间"蜿蜒"。管道配置具有预定义的波长和振幅以及围绕每个反作用力的曲率足够高，从而发生横向屈曲。实际的配置取决于管道属性，驳船张力等等。目标是在选定时启动横向中断以使馈入限制在预定长度。

S 形铺设已经被设计师和安装承包商使用了很多年了，通常是可靠的。横向屈曲不仅在反作用力下开始，而且在直线长度上开始，因为船舶的路线和海床起伏的自然偏差相互作用以触发额外的弯曲。S 型铺设在深水环境中的应用会受到诸多限制，比如抵消物的预铺设，铺设空间的预留以及在深海环境下准确操作抵消物与管道的相对位置都很难在深水实现。

在挪威水域，通常规定对整个管道或现场位置进行岩石倾倒和/或挖沟，以防止横向屈曲或限制管道进入横向屈曲位置。图 6.18 显示了倾倒岩石的操作。

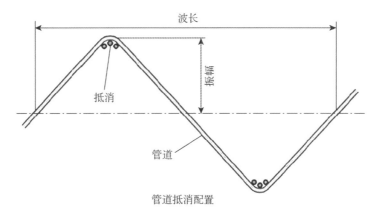

图 6.17 S形铺设

图 6.18 管道抛石

对于深水管线,可以选择扩张轴,将管道铺设在预先确定的曲线上,或者通过挖沟和/或抛石来限制管道,以防止横向屈曲,这要么是不切实际的,要么是极其昂贵的。因此,深水管线被设计为表面上的辅助,并承受横向屈曲,这样就不会危及管道的完整性。这是通过应用所谓的控制横向屈曲原理实现的,即通过部署人为触发机制来控制管道,在一定的时间间隔内按一定的长度屈曲,使其保持在临界水平以下。

6.10 巡线

管道沿管道轴向或横向行走是通常称为"棘轮效应"。这不是一个极限状态,但需要进行评估,以确定通过多个启动和关闭周期对管道末端结构和管道全局位移的潜在影响。

管道中的有效轴向力从自由端向中间增加到轴向摩擦极限。行走是一种可能在短暂的高温管道中发生的现象。术语"短"涉及在中间未达到完全约束的管道,而是围绕位于管线中间的虚拟锚点展开。在短管道中,管道在操作压力和温度下从虚拟锚杆向端部扩展,如图 6.19 所示。

如果管道相对较短,启动/关闭循环期间的显著热梯度可能导致管道行走。管道行走是导致整个管道朝向一端逐渐轴向位移的现象,并且在设计寿命期间的累积位移可足以导致

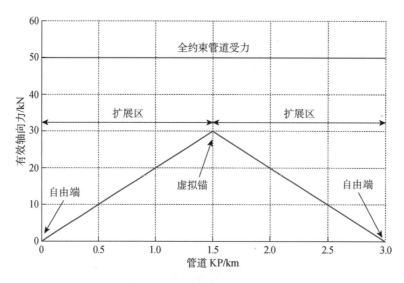

图 6.19 管道行走

接合跳线/线轴或立管连接中的故障。

管道行走行为受以下条件驱动:

- 启动和关闭期间沿管道的热梯度,热量的斜率瞬态对管道行走行为有重大影响
- 沿管道路线的海底斜坡
- 管道末端的张力

除非整个管道长度上的热瞬变梯度足够高,否则管道的完全受约束的部分将阻止行走。

短管道易于在全局范围内行走,但在长管道上行走不能打折,管道行走有可能与横向屈曲相结合,导致相邻屈曲位置之间管道局部行走的高度复杂行为,其中一个站点充当"给予者"而另一个站点充当"接收者"。

通过将管道或其末端结构连接到锚上,最容易减轻管道行走。在深水地区,土壤几乎可以肯定是软质粘土,锚具通常是吸力桩,如图 6.20 所示,并且与管道的连接可以使用摩擦夹,如图 6.21 所示。在土壤类型不适合吸力桩的地方,可以设计其他类型的桩或称重锚,尽管不建议使用结块重物,尤其是"背驮式"重物。

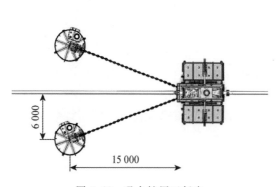

图 6.20 吸力桩用于行走

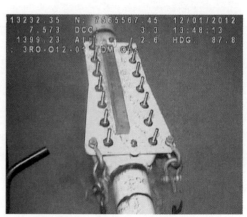

图 6.21 管道行走钳

缓解措施似乎很简单,但仍有一些因素需要考虑:深水短管需要决定是否限制管道末端靠近立管或是否更好的限制井口端。工程师还需要考虑使用步行锚作为起始桩是否切实可行。如果锚具有吸力桩的种类,那么系绳链与锚的连接可以在吸力锚的顶部,或者到桩的三分之二处。后一个位置将提供更大的阻力以防倾覆,但在启动时确保最初的紧绷链条更加困难。

6.11　示例

当管线位于深海和中等水深的海底时,水流更大通常代表设计条件而不是波浪的影响。管道到岸边往往容易受到几乎与岸边垂直的波浪的影响,比如 φ 与管道方向和沿岸水流 U 的小角度。

准备一个这种情况的草图,找到靠近海底的总水质点速度的公式,并讨论波浪效应和水流的组合如何影响管道上的力的计算。如果管道在底部不够稳定,则列出确保底部稳定性的方法。

势能速度公式:

$$\varphi(x,z,t) = \frac{\xi_0 g}{\omega} \frac{\cosh\left[k(z+d)\right]}{\cosh(kd)}\cos(\omega t - kx)$$

水平波速:

$$u = \frac{\partial \phi}{\partial x}$$

$$u = \frac{\xi_0 kg}{\omega} \frac{\cosh\left[k(z+d)\right]}{\cosh(kd)}\sin(\omega t - kx)$$

根据这个公式,可以得出结论,增加深度将减少水平水位波速。

对于示意图,可从例 2.2(4)中获取数据。结果如表 6.2 和图 6.22 所示。

表 6.2　任意深度的水平速度

z/m	$u/(\mathrm{m/s})$
-300	0.000 893
-250	0.003 613
-200	0.014 627
-150	0.059 215
-100	0.239 716
-90	0.317 066
-80	0.419 375
-70	0.554 697
-60	0.733 683
-50	0.970 423
-25	1.952 509
0	3.928 484

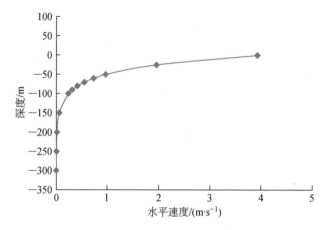

图 6.22　水平波运动速度与深度的关系

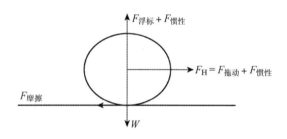

图 6.23　作用于海底管道的力

讨论波浪效应和水流的组合如何影响管道上的力的计算。

图 6.23 显示了作用于海底管道的力。

作用在管道上的水平力是由阻力和惯性力引起的。这些力量受波浪和洋流速度的影响。拖曳力和惯性力的计算式为

$$f(z,t) = f_M + f_D = \frac{\pi D^2}{4}\rho C_M \dot{u} + \frac{1}{2}\rho C_D D u \mid u \mid$$

式中,u 是波的速度和水流的速度。

水流会增加阻力,因此,水流将增加作用在管道上的水平力。

以下列出确保在位稳定性的方法,如果管线在底部不够稳定。

(1) 管道的稳定性。

① 避免浮起。

水中的重量应大于零,即 $W > 0$。

必须有一定的安全系数。

通常,水中实际重量=1.1×水中重量需要水平稳定性。

② 管道应位于底部。

$W_{在水里} = W_{在空中} - F_{浮力}$

$F_{水平} = F_{拖动} + F_{惯性}$

$F_{摩擦} = f F_{垂直}$

$F_{垂直} = W_{在空中} - F_{浮力} - F_{电梯}$

(2) 稳定性衡准。

$W_{在水里} > 0$

$F_{摩擦} > F_{横}$

$F_{垂直} > 0$

为了增加管道的重量,可以添加一个混凝土层。

观察一个壁厚为 15 mm 的大型 36 in 外径管道和一层的混凝土足以确保 30 lb/ft 的底部重量。首先显示 1 lb/ft＝1.488 163 94 kg/m。计算使用混凝土时所需的混凝土厚度密度 2 240 kg/m³。

$D_o = 36$ in＝0.914 4 m

$t = 15$ mm＝0.015 m

底部重量＝30 lbs/ft

首先显示 1 lb/ft＝1.488 163 94 kg/m。

$$1 \frac{\text{lb}}{\text{ft}} = \frac{0.453\ 592\ 4\ \text{kg}}{0.304\ 8\ \text{m}} = 1.488\ 164\ \text{kg/m}$$

因此,所需的底部重量＝30 lbs/ft＝30×1.488 164 kg/m＝44.645 kg/m

$$W_w = W_{空气} - F_{浮力}$$

$$44.645 = \frac{\pi}{4}((D_o)^2 - (D_o - 2t_s)^2)\gamma_{\text{steel}} +$$

$$\frac{\pi}{4}\{(D_o + 2t_c)^2 - D_o^2\}\gamma_{\text{concrete}} - \pi\left(\frac{D_o + 2t_c}{2}\right)^2\gamma_{\text{water}}$$

$$44.645 = \frac{\pi}{4}((0.914\ 4)^2 - (0.914\ 4 - 2 \cdot 0.015)^2) \cdot 7\ 850 +$$

$$\frac{\pi}{4}\{(0.914\ 4 + 2t_c)^2 - 0.914\ 4^2\} \cdot 2\ 240 - \pi\left(\frac{0.914\ 4 + 2t_c}{2}\right)^2 \cdot 1\ 025$$

$$44.645 = 332.71 + 1\ 759.29(0.914\ 4 + 2t_c)^2 - 1\ 471 - 805.033(0.914\ 4 + 2t_c)^2$$

$$(0.914\ 4 + 2t_c)^2 = \frac{44.645 - 332.71 + 1\ 471}{1\ 759.29 - 805.033}$$

$$(0.914\ 4 + 2t_c)^2 = 1.24$$

$$t_c = 0.099\ 6\ \text{m} \approx 100\ \text{mm}$$

对于 1 ft/s 的沿岸水流,在 50 m 水深内检查这条管线的稳定性。为拖曳力和升力系数选择适当的值。使用摩擦系数为 0.4,并使用 $\varphi = 30°$ 的值检查底部稳定性。

洋流速度＝1 ft/s＝0.304 8 m/s

水深＝d＝50 m

摩擦系数＝f＝0.4

φ＝管道方向与沿岸水流 U＝30°之间的角度

由于海底波速很小(深水),因此假设波速是零。

在这种情况下,假设 $C_D = 1.05$ 和 $C_L = 0.3$

$$F_f > F_H = \gamma_{\text{st}}(F_D + F_I)$$

式中:

$F_f = f(W - F_v)$;

γ_{ST}＝安全系数,通常不低于 1.1。

$$F_D = \frac{1}{2}\rho C_D D u \mid u \mid$$

$$F_L = \frac{1}{2}\rho C_L Du \mid u \mid$$

$$f(W - F_v) > \gamma_{st}(F_D + F_I)$$

通过操纵，呈现了作为升力，阻力和摩擦的函数的所需管道重量：

$$W > \frac{\gamma_{st}}{f}F_D + F_v$$

式中，f 是摩擦系数。

如图 6.24 所示，因为管道方向和沿岸水流之间存在一个角度，必须找到垂直于管道的力。

在这种情况下，方向 φ 与管道方向的阻力为

$$F_D = \frac{1}{2}\rho C_D Du \mid u \mid = \frac{1}{2} \cdot 1\,025 \cdot 1.05 \cdot (0.914\,4 + 2t_c) \cdot 0.304\,8 \cdot 0.304\,8$$

$$F_D = 55.67 \text{ N}$$

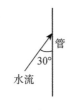

图 6.24　水流方向

垂直于管道方向拖动力：

$$F_D = 55.67 \sin 30° = 27.84 \text{ N}$$

$$W > \frac{\gamma_{st}}{f}F_D + F_v$$

$$W > \frac{1.1}{0.4} \cdot 27.84 + \frac{1}{2}\rho C_L Du \mid u \mid$$

$$W > 76.55 + \frac{1}{2} \cdot 1\,025 \cdot 0.3 \cdot (0.914\,4 + 2t_c) \cdot 0.304\,8 \cdot 0.304\,8$$

$$W > 92.46 \text{ N}$$

这意味着，对于 $W > 92.46$ N，管道水平稳定。

垂直稳定性的要求：

$$W > \gamma_{st} F_L$$

$$W > 1.1 \cdot \frac{1}{2}\rho C_L Du \mid u \mid$$

$$W > 1.1 \cdot \frac{1}{2} \cdot 1\,025 \cdot 0.3 \cdot (0.914\,4 + 2t_c) \cdot 0.304\,8 \cdot 0.304\,8$$

$$W > 17.50 \text{ N}$$

并且由于 $W > 92.46$ N > 17.50 N，管道也是垂直稳定的。

讨论如果它穿过更深的沟槽会发生什么，如可能是在古代被海底冲刷的冰山造成的。首先讨论将影响管道振荡的固有频率 f_n 的因素，然后讨论该管道的涡流引起的载荷的固有频率。在接近所谓的降低速度 $U_{red} = U/(f_n D)$ 的水流速度下（其中 D 是具有混凝土的管道的外径），涡流引起的振动锁定到所谓的锁定频率。可以做些什么来避免这种共振情况？

影响管道固有频率的因素：

• 管道的刚度取决于管道的直径，材料，质量和厚度

• 含量（石油或天然气）

• 管道支撑在海床上的支撑条件（自由跨度的"肩部"）：

—固定铰支座

—钳夹

一部分被夹住(如果沉入粘土)

之后讨论该管道的涡流感应加载的固有频率。

涡流脱落频率将取决于流速 V,但通常:

$$f_{\text{vortex}} = \frac{S_V}{D} \approx \frac{0.2}{D}$$

这是横向振荡,其中 S_V 是斯特劳哈尔数。

内联振荡以低于横向振荡的速度发生,但振幅仅为横向振幅振荡的 $10\% \sim 20\%$。

可以怎样做来避免这种谐振情况?

- 石头倾倒在壕沟中或铺在平坦的底部
- 减少自由跨度:①通过机械装置支撑管道;②安装旋涡脱落装置;③通过抛石支撑管道;④肩部挖沟。

在纽芬兰的大浅滩,海底基盘被挖到海底的凹陷中,以避免冰山与管道相互作用。如果冰山管理程序无法牵引冰山远离与船只的相互作用,则采油平台设计用于断开连接。讨论有关从海底生产基盘到采油平台的输油管线设计原则的策略。为了讨论起见准备示意图。参考有关设计原则的讨论,并强调资产安全等级的选择以及石油污染对环境影响的可能性。讨论此后与在这些物理环境条件下设计潜在天然气管道有关的问题。

从海底基盘到采油平台的流水线设计原则的策略:

(1) 使用蜘蛛浮标(见图 6.25)连接海底流量管线和采油平台。蜘蛛浮标(炮塔下部)是 FPSO(浮式生产储卸油装置)的系泊点,以及流入和流出 FPSO 和油藏的油和流体的通道。蜘蛛浮标有一个快速断开功能,允许采油平台可以在紧急情况下如冰山接近的情况下断开并离开该区域。

图 6.25　蜘蛛浮标

(2) 使用冰山管理。典型的海冰管理过程有三个区域:①已经确定了一个可能的问题,并采取了一些行动来跟踪事件的严重程度;②危险冰状况(特征)正在接近并形成碰撞或切断接触的风险,并且这些冰需要管理;③碰撞无法避免,应关闭操作和放置管道;碳氢化合物生产结构可能不得不被断开和从位置上移开。

(3) 使用带有推进器的采油平台来抵御冰漂移并使用破冰船。

(4) 使用两个拖船拖曳较大的冰山。

(5) 使用卫星信息,天气信息,视觉观察等来预测和分析流动方向。然后,我们可以使用破冰船或拖船拖走冰山离开设施。

关于设计潜力,并强调资产安全水平的选择,以及石油污染造成的环境影响的可能性,参见 DNV。

表 6.3 中定义了安全等级。

表 6.3 安全等级定义

安全等级	定义
低	失败意味着人类受伤风险较小，环境和环境较轻微经济后果。这是安装阶段的通常分类
正常	对于临时情况，故障意味着人身伤害，重大环境污染或非常高的经济或政治后果。这是平台区域外操作的通常分类
高	对于操作条件，其中失败意味着人类伤害的高风险，严重的环境污染或非常高的经济或政治后果。这是位置等级 2 中操作的通常分类，即，根据风险分析或距离平台最少 500 米的距离靠近平台

对于这种情况下的输气管道设计，高安全等级设计是必要的。

符号表

C_D	阻力系数
C_I	惯性力
C_L	升力系数
D_i	内径
D_o	外径
f	管道和海底之间的摩擦系数
F_D	拖曳力
F_f	摩擦力
F_H	水平力（阻力和惯性力）
F_I	惯性力
f_k	特征材料强度
F_L	升力
F_t	钢管温度降额系数
F_V	垂直力（升力）
$f_{涡流}$	涡流散发频率
f_y	屈服强度
L	管长
M	质量流量
P_1	输入压力
P_2	输出压力
$P_{初始}$	初始压力
$P_{屈曲扩展}$	屈曲扩展压力
R_d	电阻特性值
r_i	钢管内径
r_o	钢管外径

S_v	斯特劳哈尔号
t_2	钢腐蚀厚度
$t_{混凝土}$	混凝土厚度
$t_{腐蚀}$	腐蚀裕量的厚度
t_k	焦油/沥青的厚度
t_s	钢壁厚
$V_{油}$	油流速度
V	水流＋波的水质点速度
W	重力（淹没重量）
γ_m	材料阻力系数
γ_{sc}	安全等级阻力系数
γ_{st}	管道稳定性安全系数
ΔP_d	设计超压差
ε	应变
η	使用系数由 DNV 给出
μ	摩擦系数
ρ	密度
σ_e	等效应力
σ_h	环向应力
σ_l	纵向应力
σ_{pi}	由于内部压力导致的管壁周向（箍）应力
σ_{po}	由于外部压力导致的管壁周向（箍）应力
σ_Y	强调会产生 0.5％的应变
τ_{lh}	切向剪切应力

参考文献

［1］ Bai，Y. & Bai，Q.，Subsea Pipelines and Risers，Elsevier，Amsterdam，The Netherlands，2005.

［2］ Guo，B.，Song，S.，Chako，J. & Ghalambor，A.，Offshore Pipelines，Elsevier，Amsterdam，The Netherlands，2005.

［3］ DNV，Submarine Pipeline Systems，Offshore Standard：DNV-OS-F101，Det Norske Veritas，H? vik，Oslo，2000.

［4］ Odland，J.，Offshore Field Development Compendium，University of Stavanger，2013.

［5］ Stewart，G.，Klever，F. J. & Ritchie，D.，An analytical model to predict the burst capacity of pipelines，Proceedings of the International Conference on Offshore Mechanics and Arctic Engineering，Pipeline Technology，Volume 5，pp. 177-188，Houston，Texas，1994.

［6］ API，API 5L，Specification for Line Pipe，43rd Edition，American Petroleum Institute，Washington，DC，2004.

［7］ Fyrileiv，O. & Collberg，L.，Influence of Pressure in Pipeline Design，OMAE，Halkidiki，Greece，2005.

［8］ Sriskandarajah，T.，Bedrossian，A. N. & William，R.，Lateral Buckling of Offshore Pipelines：Controlor Ignore?，28th Annual Offshore Pipeline Technology Conference，Amsterdam，The Netherlands，2005.

［9］ Velde，M. V.，Theartofdredging［online］，2004，http://www. theartofdredging. com/rockdumping. htm［Accessed 17August 2010］.

［10］ SUNCOR，Terra Nova［online］，http://www. suncor. com/en/about/4001. aspx ［Accessed 12 June 2013］.

扩展阅读

• Duplensky，S. & Gudmestad，O. T.，Protection of Subsea Pipelines against Ice Ridge Gougingin Conditions of Substantial Surface Ice，Paper OMAE2013-10430，Presented at OMAE，Nantes，June 2013，ISBN：978-0-7918-5536-2.

• Hellestø，A. R.，Karunakaran，D. & Gudmestad，O. T.，Deep Water Pipeline and Riser Installation by the Combined Tow Method，Exploration and Production 2007 Oil and Gas Review，OTC Edition，pp. 77-79，May 2007，ISSN 1754-288X.

• Palmer，A. C. & King，R. A.，Subsea Pipeline Engineering，Second Edition，Pennwell，Tulsa，USA，2008，624 p.

第7章　船舶与浮式结构物的稳性

7.1　引言

　　船舶之所以能在水中保持静平衡,是由于船体所受的重力和浮力大小相等、方向相反且作用在同一垂线上。对于船舶和浮式结构物来说,稳性是指当倾覆力消失后,浮体抵抗倾覆并回复原浮态的一种能力。这些倾覆力可能产生于气候条件(如风和浪的作用)、拖曳力、乘客或者货物移动、破舱进水等。

　　通过诸如将最大重量放在船体的低处并限制上部货物数量等方法,能够达到保持船体稳定的设计目的。然而船舶装载工况是不断变化的。船舶轮机和设备布置和重量不会变化,但是像油水等在航行过程中会消耗,船舶稳性会逐渐发生倾斜。同样在货船设计中,装载重量和布置会影响船舶稳性,因此,装载和卸载过程应被持续监控。

　　通常,大型船舶通过调整船体压载水配置来保证船舶稳性。当货物被不对称装载或者燃油从燃油舱消耗时,压载水可以保证船体保持平衡,不发生横倾或者纵倾。空载船舶也可以通过压载水配置来保证稳性。然而,如果船舶压载舱设有太多联通的空舱,允许压载水从船舶一侧流向另一侧,船舶稳性可能会有一定风险。正因如此,设计师应该设计不同类型的压载水舱来抵抗船舶倾斜,保持船舶稳性。在船舶高度上布置类似舱室,可以有效地抵抗船舶倾斜。布置这些舱室的缺点体现在为了保证压载水舱发生作用,压载水舱需布置在货舱区域进而影响货舱布置。

　　图 7.1 为一艘倾覆船舶,展示了船舶和浮式结构物可能出现的最危险情况。然而通过遵循船舶稳性设计几个基本原则,这类事故就能避免。本章节对航海技术中的重要课题—船舶稳性进行简要介绍。

图 7.1　倾覆船舶实例

7.2　初稳性和瓦萨号战舰

　　初稳性是船舶在发生小的偏离后回复其原有位置的能力。如图 7.2 所示,状态 1 为稳定平衡状态,对应的稳性为初稳性,状态 2 处于不稳定平衡,状态 3 处于中性平衡状态。该图提供了浮式结构物初稳性的有关例证。如果浮式结构物处于不稳定平衡状态(如状态 2),该浮式结构物虽然不会必然倾覆,但是此时对应于势能曲线的峰值(点 2 处),当倾覆力消失后,船舶可能会继续倾斜至更大或更小倾角而不再回复至原来的平衡位置。

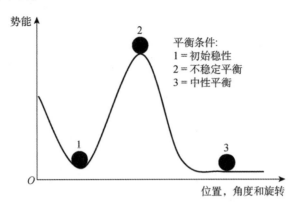

图 7.2　势能与位置的关系

如果遇到如图 7.3 所示的情况，状态 2 的位置偏移没有非常大。然而当部分甲板（相交部分）浸没在水中，船舶就有失稳的危险性。

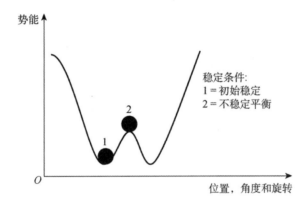

图 7.3　势能的较小极大点

在实际运用中，如果船舶具有以下状态，则无法满足初稳性要求：

- 高重心船舶
- 货物移动
- 压载水置换
- 舱室破损
- 吊机作业

注：吃水（d）：船舶吃水线至基线距离（特指装载情况下）；干舷（f）：船舶甲板至吃水线距离。

图 7.4　船舶横剖面

例 1

如图 7.4 所示，看起来处于稳定平衡状态的船舶横剖面，然而如果在甲板上装载大量货物，船舶有可能丧失初稳性。在这种情况下,应相应地减少货物装载。如何改良船舶稳性?

通过在船舶底部布置压载水,降低船舶重心,应当注意保证船舶所需干舷,但是这样会减少货物装载量。另外,与较窄船体相比,增加船体宽度有利于改善驳船稳性。此外,在船舶货舱装载货物可以增加船舶稳性。然而对于北海船舶来讲,这些方案不一定适用。

瑞典军舰瓦萨号就是不稳定船舶的典型例子,如图 7.5 所示,该舰于 1628 年在其首航中,在码头外部倾覆。在事故发生当天,瓦萨号压载水量不足,重心过高,并且船体开口较低,接近吃水线使其变得十分危险。如图 7.6 所示,该船布置不合理,设置了太多层甲板,并且吃水过浅。汽车渡船有和瓦萨号类似的问题,由于货物限制和甲板上雨水因素,导致所有的雨水倾斜至货物甲板一侧,使船体失稳。

图 7.5　瑞典斯德哥尔摩瓦萨博物馆展示的完全复原后的瓦萨号舰

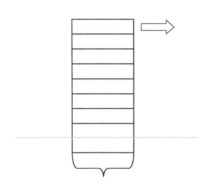

图 7.6　瓦萨号横剖面

例 2

参考如图 7.7 所示的船体结构,该型船水线面以上的"高空"设有重型甲板。第一印象看上去是初稳性不够。然而,通过在船体底部布置压载水,稳性同样可以得到保证。

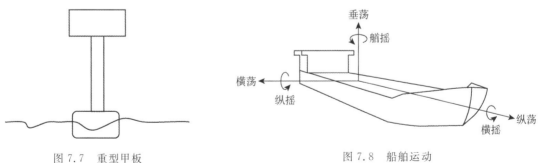

图 7.7　重型甲板　　　　　　　　　　　　　图 7.8　船舶运动

7.3　船舶纵稳性

船舶具有六个自由度,可以沿着六个轴运动(见图 7.8)。

其中三个水平移动自由度解释如下:

· 纵荡(向前/向后)

- 横荡（向左/向右）
- 垂荡（向上/向下）

另外三个为轴向旋转：

- 横摇（沿横荡轴转动）
- 纵摇（沿纵荡轴转动）
- 艏摇（沿垂荡轴转动）

船舶对应六个自由度的运动同样会影响船舶稳性，因为船舶在海上运动，需考虑静水和波浪的共同影响。

在船舶稳性原理中，支撑船舶漂浮的力称作浮力，浮心为 B。把浸没船体部分的几何形心定义为浮心 B，同样，船体重量 W 的结构重心定义为重心 G。对于"均质"驳船来讲，G 位于驳船几何形心。为了保证船体稳性，下列参数需满足：

（1）为了避免船舶纵倾，$\overline{KB}$ 和 $\overline{KG}$ 需位于同一垂线上。

（2）$B=W$。如果不相等，这两个力会产生一个力矩 F，使船体沿漂心 F 倾斜，旋转轴垂直于船体纵轴，如图 7.9 所示。

例 3

观察如图 7.10 所示的正浮驳船，该船型深 6 m，浸没深度为 d（单位 m），可以得出：

- 船舶干舷为 $(6-d)$ m
- 船底龙骨至浮心 B 距离：$\overline{KB}=d/2$ m
- 船底龙骨至重心 G 距离：$\overline{KG}=6/2=3$ m
- 重力 W 等于浮力 B

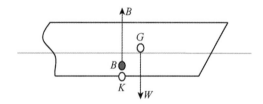

图 7.9　船舶纵剖视图

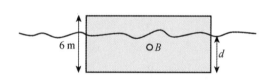

图 7.10　驳船纵剖视图

驳船应配置压载泵，并应进行分段划分（分舱），使压载水按区域布置。这样可以增大船体结构强度并起到支撑货物的作用。

例 4

驳船上装载两个均质模块，间距为 2 m，驳船和装载模块参数如表 7.1 所示。

必须保证驳船浮态始终处于正浮状态。两组模块的力矩沿浮心位置保持一致，浮心 B 与重心 G 应保持在同一垂线上。如图 7.11 所示，如果把模块 2 的力臂定义为 x，得到：

$$\underbrace{(0.3 \cdot 10^6\, g \cdot}_{\text{单元2重量}} \underbrace{x)}_{\text{模块2力臂}} = \underbrace{(0.2 \cdot 10^6\, g \cdot}_{\text{模块1重量}} \underbrace{(11-x))}_{\text{模块1力臂}}$$

$$\Rightarrow 0.3x = 0.2(11-x)$$
$$\Rightarrow x = 4.4$$

表 7.1　驳船和典型装载模块参数表

模块	l	b	h		重量(t)
1	10	5	5		200
2	8	8	8		300
驳船	100	30	6		5 000

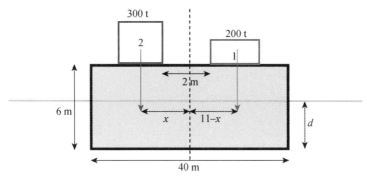

图 7.11　驳船两组装载模块纵剖视图

在此,可以假设两组模块间距为 2 m,从中可以得出,模块 1 重心 KG 距浮心中心线距离为 $11-4.4=6.6$ m。

应用阿基米德原理校核驳船(除去装载模块)的吃水(d)和干舷(f),定义驳船浮力等于重力。即

$$\rho g \nabla = m_b g \tag{7.1}$$

$$\rho g (lbd) = m_b g \tag{7.2}$$

$$\Rightarrow d = \frac{m_b}{\rho lb} = \frac{5 \cdot 10^6}{1\,025 \cdot 100 \cdot 3} = 1.63 \text{ m}, \quad \text{干舷} = 6-1.63 = 4.37 \text{ m}$$

应用阿基米德原理校核驳船(包含装载模块)的吃水(d)和干舷(f),定义驳船浮力等于重力。即

$$\rho g \nabla = (m_b + m_1 + m_2)g \tag{7.3}$$

$$\rho g (lbd) = (m_b + m_1 + m_2)g \tag{7.4}$$

$$\Rightarrow d = \frac{m_b + m_1 + m_2}{\rho lb} = \frac{5 \cdot 10^6 + 2 \cdot 10^5 + 3 \cdot 10^5}{1\,025 \cdot 100 \cdot 30} = 1.79 \text{ m},$$

$$\text{干舷} = 6-1.79 = 4.21 \text{ m}$$

式中:

ρ＝海水密度($1\,025$ kg/m³);

g＝重力加速度(9.81 m/s²);

∇＝排水体积(lbd)(m³);

m_b＝驳船重量(kg);

m_1＝模块 1 重量(kg);

m_b＝模块 2 重量(kg);

$l=$ 驳船长度(m)；

$b=$ 驳船宽度(m)；

$d=$ 驳船型深(m)。

7.4 船舶横稳性

7.4.1 原理

初稳性是船舶在外力作用消失后回复其原有位置的能力。

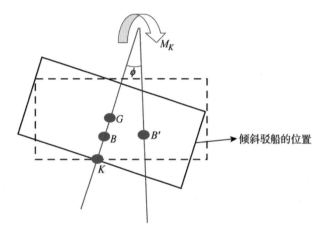

图 7.12 驳船倾斜状态

如图 7.12 所示,倾斜驳船：

B 为正浮状态时船体浮心

G 为船体重心

φ 为倾斜角度

B' 倾斜状态船体浮心

K 船底基线中心位置

M_K 倾覆力臂

把虚拟的摇摆中心定义为 $M_{\phi F}$，即驳船倾斜前与倾斜后浮心中垂线的点。该稳心 M 定义如下：

$$M = \lim_{\phi \to 0} M_{\phi F} \qquad (7.5)$$

稳心半径 $\overline{BM}$ 为浮心 B 至稳心 M 之间的距离,稳性高 $\overline{GM}$ 为重心 G 至稳心 M 之间的距离。如图 7.13 和图 7.14 所示,研究船舶稳性将重点关注 $\overline{GM}$ 值。

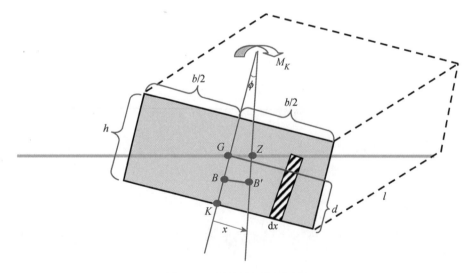

图 7.13 倾斜驳船横剖视图

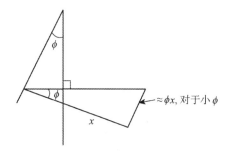

图 7.14　几何分析

当船舶发生小倾角倾斜时，$\phi \to 0$，$\sin\phi \approx \tan\phi \approx \varphi$，$\cos\phi \approx 1$，因此

$$\overline{BB'} = \overline{BM} \cdot \sin\phi \approx \overline{BM} \cdot \phi \tag{7.6}$$

首先观察 $\overline{BB'} \cdot \rho g \nabla$。

通过几何图形，可得：

$$\overline{BB'} \cdot \rho g \nabla = \int_{-\frac{b}{2}}^{\frac{b}{2}} \underbrace{x}_{\text{arm}} \underbrace{\rho g \underbrace{(d + x\phi)l}_{\text{船舶浸没体积}} \mathrm{d}x}_{\text{力}} \tag{7.7}$$

$$= d\rho g l \int_{-\frac{b}{2}}^{\frac{b}{2}} x\,\mathrm{d}x + \phi \rho g l \int_{-\frac{b}{2}}^{\frac{b}{2}} x^2\,\mathrm{d}x \tag{7.8}$$

$$= d\rho g l \left[\frac{1}{2}x^2\right]_{-\frac{b}{2}}^{\frac{b}{2}} + \phi \rho g l \left[\frac{1}{3}x^3\right]_{-\frac{b}{2}}^{\frac{b}{2}} \tag{7.9}$$

$$= 0 + \phi \rho g l \left(\frac{1}{3}\frac{b^3}{2^3} - \frac{1}{3}\frac{(-b)^3}{2^3}\right) \tag{7.10}$$

$$= \phi \rho g l \left(\frac{b^3}{12}\right) \tag{7.11}$$

则

$$\overline{BB'} \cdot \nabla = \phi l \frac{b^3}{12} \tag{7.12}$$

因此可以得出驳船稳性严重依赖船宽 b，对于小倾角稳性，可以得出横稳心力臂值如下：

$$\overline{BM} = \frac{\overline{BB'}}{\phi} = \frac{I}{\nabla} = \frac{lb^3}{12}\frac{1}{\nabla} = \frac{lb^3}{12}\frac{1}{lbd} = \frac{b^2}{12d} \tag{7.13}$$

式中：

$I =$ 惯性力矩，$\left(\dfrac{lb^3}{12}\right)$（$\mathrm{m}^4$）；

$\nabla =$ 船舶浸没体积（lbd）（m^3）；

$l =$ 船长（m）；

$b =$ 船宽（m）；

$d =$ 船舶吃水（m）。

通过几何转换，可以得出稳性高：

$$\overline{GM} = \overline{KB} + \overline{BM} - \overline{KG} \tag{7.14}$$

$\overline{GM}$ = 稳性高，当 $\overline{KG}$ 值减小时 $\overline{GM}$ 值增加

$\overline{BM}$ = 横稳心高，由驳船吃水和型宽决定

$\overline{KG}$ = 重心高，相对于均质驳船：$\overline{KB} = \dfrac{h}{2}$

$\overline{KB}$ = 浮心高，由船舶底部形状决定（见表 7.2）。

表 7.2　不同底部形状驳船的浮心高度表

驳船横剖面形状	浮心高度$\overline{KB}$
	$\overline{KB} = \dfrac{d}{2}$
	$\overline{KB} = \dfrac{2d}{3}$
	$\overline{KB} = \dfrac{2d}{3}$

考虑复原力矩 M_R（用来抵抗倾斜力矩），复原力矩计算如下：

$$M_R = \underbrace{\overline{GZ}}_{\text{复原力臂}} \cdot \underbrace{\rho g \nabla}_{\text{复原力}(F_{B'})} = \overline{GM} \cdot \sin \phi \rho g \nabla \approx \rho g \nabla \overline{GM} \phi \qquad (7.15)$$

式中，$\overline{GZ}$ 为复原力臂；点 Z 为重心 $G(C_OG)$ 与通过浮心 B' 的垂线（即浮力作用线）的垂向交点；ρ 为水密度；∇ 为船舶浸没体积（lbd）。当倾覆力矩 M_K 等于复原力矩 M_R 时船舶保持平衡，即

$$M_K = M_R \qquad (7.16)$$

列出工况：

（1）如果 $\overline{GM} > 0 \Rightarrow M_R > 0$，船舶初稳性满足要求。如果倾覆力矩消失，回复力矩大于零使船体回复到初始状态。

（2）如果 $\overline{GM} = 0 \Rightarrow M_R = 0$，船舶处于中性平衡状态。如果倾覆力矩消失，船体不会回复到初始状态，也不会继续倾斜。

（3）如果 $\overline{GM} < 0 \Rightarrow M_R < 0$，船舶处于不稳定平衡状态。当倾覆力矩消失后船体会继续倾斜至一个新的平衡状态（此时，$\phi_1 > 0$），但是船舶不满足初稳性要求。

为了避免不稳定平衡状态，需增加 $\overline{GM}$ 值，方法：增加船宽（b）；减小船体型深（h）；增加船体吃水（d）。改变船体几何形状是比较困难的。

增加压载水的方式是完全可行的,但是通常要注意船体干舷的要求。

另一种方法,增加舭龙骨或者减摇鳍,以减小外力的影响(如波浪和风的作用)。

如图 7.15 所示,舭龙骨为一种长条形金属结构,通常呈"V"形,沿船长方向焊接。

主动减摇鳍经常用于船上,以减少船舶行进中的横摇。减摇鳍布置于船舶水线以下船体,改变角度取决于船体横摇角。

图 7.15　舭龙骨

7.4.2　海上船舶的典型要求

船舶在海上航行会有许多规则要求,包括标准的规则规范(如 DNV 等),船东和保险公司的相关要求。

表 7.3 列出了一些典型参数要求。

表 7.3　驳船运输典型参数要求

	干舷(f)	$\overline{GM}$
近海运输(遮蔽区域)	0.2 m	0.15 m
远洋运输(开阔海域)	0.5 m	0.30 m

例 5a

图 7.16 和图 7.17 给出了某一驳船的主尺度,主要参数如下:

浸没体积:$\nabla = l \cdot b \cdot d$;

重量:$m_b = 1.5 \cdot 10^6$ kg(1 500 t);

浮心:$\overline{KB} = d/2$;

重心:$\overline{KG} = h/2 = 3$ m;

吃水:d。

根据阿基米德原理,浮力等于重力:

$$\rho g(lbd) = m_b g$$

$$\Rightarrow d_{海水} = \frac{m_b}{\rho_{海水} lb} = \frac{1.5 \cdot 10^6}{1\ 025 \cdot 40 \cdot 10} = 3.66 \text{ m},$$

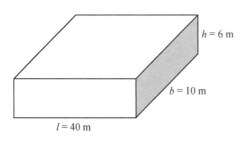

图 7.16　驳船主尺度(纵剖视图)

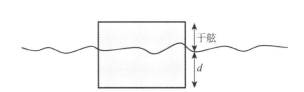

图 7.17　驳船主尺度(横剖视图)

干舷＝6－3.66＝2.34 m

$$\Rightarrow d_{淡水} = \frac{m_b}{\rho_{淡水} lb} = \frac{1.5 \cdot 10^6}{1\,000 \cdot 40 \cdot 10} = 3.75 \text{ m},$$

干舷＝6－3.66＝2.34 m。

根据海水，可以得出稳性高$\overline{GM}$：

$$\overline{GM} = \overline{KB} + \overline{BM} - \overline{KG}$$

$$= \frac{d}{2} + \frac{b^2}{12d} - \frac{h}{2}$$

$$= \frac{3.66}{2} + \frac{10^2}{12 \cdot 3.66} - \frac{6}{2} = 1.11 \text{ m} > 0.30 \text{ m}$$

干舷高度和$\overline{GM}$值满足要求。我们可以使用该驳船通过甲板装货运载货物。对于开敞式甲板驳船，货物需装载于船壳内，重心会更低。

例 5b

研究驳船的相关参数沿用例子 5a。在驳船顶部同样装载两个模块，如图 7.18 所示。驳船和模块的尺度如表 7.4 所示。

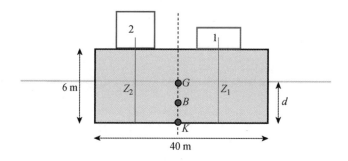

图 7.18　驳船装载两个模块（侧视图）

表 7.4　驳船和模块主尺度

	l/m	b/m	h/m	重量/kg
模块♯1	10	5	5	$m_1 = 0.2 \cdot 10^6$
模块♯2	8	8	8	$m_2 = 0.3 \cdot 10^6$
驳船	40	10	6	$m_b = 1.5 \cdot 10^6$

根据阿基米德原理：

$$\rho g lbd = g(m_b + m_1 + m_2)$$

$$\Rightarrow d = \frac{m_b + m_1 + m_2}{\rho lb} = 4.88 \text{ m}$$

可得干舷：

$$f = 6 - d = 1.12 \text{ m} > 0.5 \text{ m}$$

因此，干舷满足要求。进一步可得：

$$\overline{KB} = \frac{d}{2} = 2.44 \text{ m}$$

横稳心半径：

$$\overline{BM} = \frac{b^2}{12d} = \frac{10^2}{12 \cdot 4.88} = 1.71 \text{ m}$$

通过参考基线及原重心力矩可得新的重心高度 $\overline{KG'}$：

$$\overline{KG'}(m_b + m_1 + m_2) = m_b \overline{KG}_{barge} + m_1 z_1 + m_2 z_2 \qquad (7.17)$$

$$\Rightarrow \overline{KG'} = \frac{m_b \overline{KG}_{barge} + m_1 z_1 + m_2 z_2}{m_b + m_1 + m_2}$$

$$= \frac{(1.5 \cdot 3 + 0.2 \cdot 8.5 + 0.3 \cdot 10) \cdot 10^6}{(1.5 + 0.2 + 0.3) \cdot 10^6} = 4.6 \text{ m}$$

可得，重心高度由 $\overline{KG} = 3$ m 增加至 $\overline{KG'} = 4.6$ m，同样可以得到

$$\overline{GM} = \overline{KB} + \overline{BM} - \overline{KG} = 2.44 + 1.71 - 4.6 = -0.45 \text{ m} < 0$$

换句话说，船舶稳性是不够的，即便干舷满足要求。因此，该驳船不能同时装载两个模块。然而，可以对例 5b 进行 3 个修正。

方案 1：增加 300 t 压载：

如果驳船增加 300 t 压载水，可得：

$$d = \frac{m_b + m_1 + m_2}{\rho l b} = \frac{(1.8 + 0.2 + 0.3) \cdot 10^6}{1\,025 \cdot 40 \cdot 10} = 5.61 \text{ m}$$

可得干舷高度：

$$f = 6 - d = 6 - 5.61 = 0.39 > 0.2 \text{ m}$$

干舷满足近海航行要求，但是不满足远洋运输要求，即

$$\overline{KB} = \frac{d}{2} = \frac{5.61}{2} = 2.81 \text{ m}$$

和

$$\overline{BM} = \frac{b^2}{12d} = \frac{10^2}{12 \cdot 5.61} = 1.49 \text{ m}$$

重心可以通过下式得出：

$$\overline{KG''}(m_b + m_1 + m_2 + m_{压载}) = m_b \overline{KG}_{驳船} + m_1 z_1 + m_2 z_2 + m_{压载} \overline{KG}_{驳船} \qquad (7.18)$$

$$\Rightarrow \frac{(1.5 \cdot 3 + 0.2 \cdot 8.5 + 0.3 \cdot 10 + 0.3 \cdot 0.05)}{1.5 + 0.2 + 0.3 + 0.3} = 4.01 \text{ m}$$

$\overline{KG}_{压载} = 0.05$ m，即压载重心 COG 高于基线 5 cm，此外：

$$\overline{GM} = \overline{KB} + \overline{BM} - \overline{KG} = 2.81 + 1.49 - 4.01 = 0.29 \text{ m} > 0.15 \text{ m}$$

因此，干舷和稳性均满足近海航行要求，但是不能满足远洋运输要求。

方案 2：♯2 模块的重心距甲板高度由 4 m 修改到 2 m，不增加压载。

通过例 5b，可得：

$$d = 4.88 \text{ m}$$

$$f = 6 - 4.88 = 1.12 \text{ m}$$

$$\overline{KB} = \frac{d}{2} = 2.44 \text{ m}$$

$$\overline{BM} = 1.71 \text{ m}$$

通过式(7.17)得出重心：

$$\overline{KG'}(m_b + m_1 + m_2) = m_b\,\overline{KG}_{驳船} + m_1 z_1 + m_2 z_2$$

$$\Rightarrow \overline{KG'} = \frac{(1.5 \cdot 3 + 0.2 \cdot 8.5 + 0.3 \cdot 8) \cdot 10^6}{(1.5 + 0.2 + 0.3) \cdot 10^6} = 4.3 \text{ m}$$

因此

$$\overline{GM} = \overline{KB} + \overline{BM} - \overline{KG} = 2.44 + 1.71 - 4.3 = -0.15 \text{ m} < 0$$

在此，干舷在近海和远洋运输情况下均满足要求，但是稳性不够。

方案 3：增加 200 t 压载，同时降低♯2 模块的重心，由此可得：

$$d = \frac{m_b + m_{压载} + m_1 + m_2}{\rho l b} = \frac{(1.5 + 0.2 + 0.2 + 0.3) \cdot 10^6}{1\,025 \cdot 40 \cdot 10} = 5.36 \text{ m}$$

因此，可得干舷高度：

$$f = 6 - d = 6 - 5.36 = 0.64 \text{ m} > 0.5$$

即

$$\overline{KB} = \frac{d}{2} = 2.68 \text{ m}$$

$$\overline{BM} = \frac{b^2}{12d} = \frac{10^2}{12 \cdot 5.36} = 1.55 \text{ m}$$

通过式(7.18)得出重心：

$$\overline{KG''}(m_b + m_1 + m_2 + m_{压载}) = m_b\,\overline{KG}_{驳船} + m_1 z_1 + m_2 z_2 + m_{压载}\,\overline{KG}_{压载}$$

$$\Rightarrow KG'' = \frac{1.5 \cdot 3 + 0.2 \cdot 8.5 + 0.3 \cdot 8 + 0.2 \cdot 0.035}{1.5 + 0.2 + 0.3 + 0.2} = 3.91 \text{ m}$$

在此，增加的压载水重心为 3.5 cm，由此可得：

$$\overline{GM} = \overline{KB} + \overline{BM} - \overline{KG} = 2.68 + 1.55 - 3.91 = 0.32 \text{ m} > 0.3 \text{ m}$$

在此干舷和稳性均满足近海和远洋运输要求。

如果增加一个风倾力距（横向力矩），通过几个假设来保障船舶稳性满足要求：①驳船的侧壁垂直；②甲板不能浸水。

如果倾斜角度很大，部分甲板浸水，这将减小有效船宽，从而改变$\overline{BM}$值。

图 7.19 表示一艘方形驳船的正浮和倾斜状态。

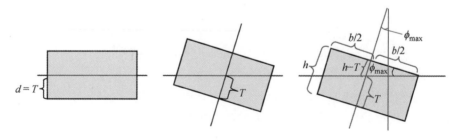

图 7.19　倾斜驳船甲板高于水线面

结合例 5a 的情况，这些假设给了横倾角 ϕ 的计算方法：

$$\tan \phi_{max} = \frac{h - T}{b/2} = \frac{6 - 3.66}{10/2} = 0.468$$

$$\Rightarrow \phi_{\max} = \arctan 0.468 = 25.1°$$

必须确保倾斜后水面位置低于船体上的开口位置从而避免水进入船舶。由图 7.19 可以看出,当驳船保持正浮时,船体浸没体积即为 $b \cdot d$;当驳船倾斜时,浸没体积为 $b \cdot T$。当 $d = T$,浸没体积在正浮和倾斜时总能保持一致。

7.5 大倾角稳性

到目前为止,已经研究了小倾角稳性。本节要研究当倾斜角度更大时的相关稳性问题。参考如图 7.20 所示情况。

回复力臂计算如下:

$$M_{\mathrm{R}} = \underbrace{\overline{GZ}}_{\text{力臂}} \cdot \underbrace{\varrho g \nabla}_{\text{浮力}} \tag{7.19}$$

由图 7.20 可得:

$$\overline{GZ} = \overline{GM}\sin\phi + \overline{MS} \tag{7.20}$$

式中:

$\overline{GZ}$:复原力臂;

$\overline{MS}$:附加力臂,取决于由稳心变化(M 至 $M_{\phi\mathrm{F}}$)导致的排水体积形状变化。

可得:

$$\overline{MS} = \frac{1}{2}\,\overline{BM}\tan^2\phi\sin\phi \tag{7.21}$$

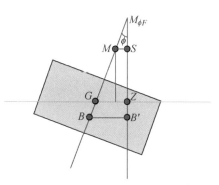

图 7.20 大倾角倾斜

附加力臂 $\overline{MS}$ 会因倾斜角度 ϕ 的增加而增加,因为

- $\tan\phi$ 和 $\sin\phi$ 随 ϕ 值增加而增加。
- $\overline{BM}$ 值是定值,$\overline{MS}$ 值随 ϕ 值增加而增加。记住 $\overline{BM}$ 值是由驳船整体参数决定。如果甲板边缘低于水线面,计算有效船宽会减小,$\overline{BM}$ 值也会快速减小。

当驳船倾斜时,水线面宽度增加(见图 7.21)。

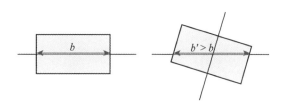

图 7.21 倾斜驳船(增大水线宽度)

重新回看例 5a。

$$\overline{GZ} = \overline{GM} \cdot \sin\phi + \frac{1}{2} \cdot \overline{BM} \cdot \tan^2\phi \cdot \sin\phi \tag{7.22}$$

$$= 1.11 \cdot \sin\phi + \frac{1}{2} \cdot 2.28 \cdot \tan^2\phi \cdot \sin\phi$$

通过这个例子,不同倾斜角度有对应的复原力臂值(见表 7.5)。$\overline{GZ}$ 值及倾斜角度 ϕ 的关系如图 7.22 所示。

表 7.5　倾斜角度和对应复原力臂数值表

$\phi/(°)$	0	5	10	15	20
$\overline{GZ}(\phi)$	0	0.10	0.20	0.31	0.43

表 7.5 示出了不同横倾角 ϕ 及其对应的 $\overline{GZ}$ 值。如果知道倾斜力矩,便可得 $\overline{GZ}$ 值,并通过图 7.22,得到对应的倾斜角度。在静态平衡中,可得:

$$\underbrace{M_K(\phi_s)}_{\text{倾覆力臂}} = \underbrace{M_R(\phi_s)}_{\text{复原力臂}} = \overline{GZ}(\phi_s)\rho g \nabla \tag{7.23}$$

$$\Rightarrow \overline{GZ}(\phi_s) = \frac{M_K(\phi_s)}{\rho g \nabla} \tag{7.24}$$

静态平衡时横倾角值为 ϕ_s。当考虑小倾角力臂时,$M_K = 0.4 \cdot 10^6$。在例 5a 静态平衡时,可得:

$$\overline{GZ} = \frac{M_K}{\rho g \nabla} = \frac{M_K}{\rho g (lbd)} = \frac{0.4 \cdot 10^6}{1\,025 \cdot 9.81 \cdot (40 \cdot 10 \cdot 3.66)} = 0.027 \text{ m}$$

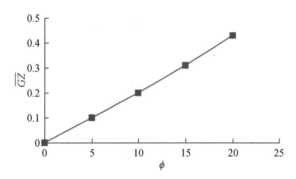

图 7.22　$\overline{GZ}$ 值与倾斜角度 ϕ 的关系

根据图 7.22,可得 $\phi_S \approx 1.4°$。现在来计算倾斜角度。实际上,当外部力产生倾斜力矩,驳船的倾斜角度会增加,船舶无法回复至原平衡位置,而是调整至一个新的具有一定倾斜角度的平衡位置。很多状况会使驳船产生倾斜,包括:

- 风的作用
- 不对称装载货物突然移动至甲板一侧
- 波浪作用导致船舶晃动
- 不对称压载

7.6　静稳性和动稳性之比

1) 静稳性

倾覆力矩:M_K

复原力矩:$M_R = \overline{GZ}(\phi)\rho g \nabla$

静稳性平衡对应的角度 ϕ_S:$M_K(\phi_S) = M_R(\phi_S)$

$$M_K(\phi_S) = \overline{GZ}(\phi_S)\rho g \nabla$$

$$\Rightarrow \overline{GZ}(\phi_S) = \frac{M_K(\phi_S)}{\rho g \nabla}$$

由于船体转动已经产生,在回复力矩战胜动力运动之前会得到一个倾斜角度 ϕ_d。实际的倾斜运动中倾覆力矩很快发生作用,并使船舶倾斜至一个新的角度,此时 $\phi_d > \phi_s$。瞬时力矩产生的旋转力,全部用来抵抗船舶自转。船舶倾斜过程所需的能量(倾覆能量)计算如下:

$$E_R = \int_{\phi=0}^{\phi} M_R(\phi)\mathrm{d}\phi \tag{7.25}$$

$$E_R = \int_{\phi=0}^{\phi} \rho g \nabla \overline{GZ}_\phi \mathrm{d}\phi \tag{7.26}$$

式中:

E_R:回复能;

M_K:回复力矩;

ϕ:倾斜角度;

$\overline{GZ}$:复原力臂。

图 7.23 展示了倾斜力矩和复原力矩之间的相互作用。

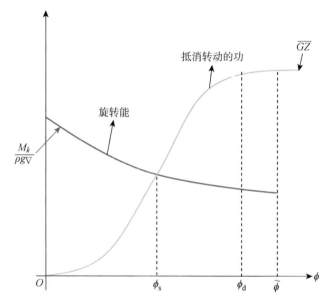

图 7.23　倾斜力矩和回复力矩相互作用

在此,ϕ_s 指船舶达到静态平衡时的倾斜角度,$\tilde{\phi}$ 指复原力臂 $\overline{GZ}$ 达到最大值时的倾斜角度。这个角度是指甲板边线浸水,并且一般要求 $\tilde{\phi} > 35°$。当 $\phi = 0$,驳船在初始平衡状态(静态平衡)。当 M_K 发生作用且 $M_K > \overline{GZ}(\phi)\rho g \nabla$ 时,船舶处于动态运动且具有一定的角加速度。当 $\phi_d > \tilde{\phi}$ 时,船舶会倾覆。

2) 动稳性

观察船舶初始状态未倾斜这种情况,即 $\phi = 0$。现增加一个倾覆力矩 M_K,在刚开始的情况下倾覆力矩大于复原力距,即 $M_K > \overline{GZ}\rho g \nabla$。这个倾覆力矩导致船舶倾斜并产生一定速度和加速度。在静态平衡时:

$$\phi = \phi_S \quad 和 \quad M_K = M_R = \overline{GZ}\rho g \nabla \tag{7.27}$$

然而,该旋转能会导致驳船旋转直至该旋转能转化为抵消旋转所需的能量。当达到确定角度 ϕ_d 时,所有能力消耗完毕,驳船将向初始状态回复。倾斜过程中的动态旋转角度往往大于静态旋转角度。如图 7.21 所示，可以看出两块高亮区域面积是相等的。

对于动稳性力臂：

$$e = \frac{E_R}{\rho g \nabla} = \int_0^\phi \overline{GZ}_\phi \, \mathrm{d}\phi \tag{7.28}$$

船级社对船舶制定了很多规范。基于 DNV，一个处于世界船舶领域领先地位的船级社，具体规定如下：

当角度 $\phi = 30°$ 时，$e \geqslant 0.05$ m

当角度 $\phi \geqslant 30°$ 时，$\overline{GZ} \geqslant 0.2$ m

7.7 示例

7.7.1 例 7.1

注意：必要时需要指定合理假设。

（1）图 7.24 为均质平底驳船，主尺度为 $40 \times 10 \times 6$ m，重量为 1 200 t，核算干舷高度及初稳性。

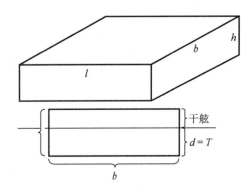

图 7.24 驳船几何模型

驳船长度 $l = 40$ m

驳船宽度 $b = 10$ m

驳船高度 $h = 6$ m

浸没体积 $\nabla = lbd$

驳船重量 $m_{bg} = 1\ 200$ t

浮心 $\overline{KB} = d/2$

重心 $\overline{KG} = h/2$

$\rho_{海水}$ $= 1.025$ t/m³

$\rho_{淡水}$ $= 1.000$ t/m³

假设：① 驳船的侧壁垂直；② 甲板不能浸水。

根据阿基米德原理浮力等于重力：

$$\rho g l b d = m_{bg} g$$

$$d_{海水} = \frac{m_{bg}}{\rho l b} = \frac{1\ 200}{1.025 \cdot 40.0 \cdot 10.00} = 2.93 \text{ m}$$

干舷：$f = h - d = 6 - 2.93 = 3.07$ m

$$d_{淡水} = \frac{m_{bg}}{\rho l b} = \frac{1\ 200}{1.00 \cdot 40.0 \cdot 10.00} = 3.00 \text{ m}$$

干舷：$f = h - d = 6 - 3 = 3.0$ m

在海水中，按照式（7.14）得出稳性高：

$$\overline{GM} = \overline{KB} + \overline{BM} - \overline{KG}$$

$$\overline{GM} = \frac{d}{2} + \frac{b^2}{12d} - \frac{h}{2}$$

$$\overline{GM} = \frac{2.93}{2} + \frac{100}{35.122} - \frac{6}{2}$$

$$\overline{GM} = 1.31 \text{ m}$$

根据表 7.3 驳船运输典型参数要求进行判断,干舷高度和 GM 值满足要求。

（2）驳船在甲板装载两个模块,其重量均匀分布如下:

① $8 \times 8 \times 8$ m, 300 t

② $12 \times 5 \times 5$ m, 250 t

两模块沿船长中纵剖线方向分布,其重心间距为 50 ft。为了避免驳船纵倾,请核算两模块的纵向相对布置位置。

假设模块 a 和模块 b 的布置位置如图 7.25 所示。模块的主尺度如表 7.6 所示。

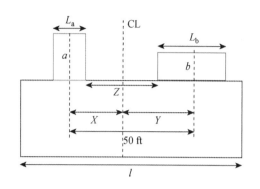

图 7.25　驳船和两个模块纵剖视图

表 7.6　模块主尺度

模块	l/m	b/m	h/m	M/t
a	8.00	8.00	8.00	300.00
b	12.00	5.00	5.00	250.00

重心间距 $= X + Y = 50$ ft $= 15.24$ m。

$$Y = 15.24 - X$$

$$X + Y = \frac{L_a}{2} + Z + \frac{L_b}{2}$$

$$15.24 = 4 + Z + 6$$

$$Z = 5.24 \text{ m}$$

在此,可以得出两模块间距为 5.24 m。

关于中心线的力矩:

$$W_{ma} \cdot X = W_{mb} \cdot Y$$

$$300 \, g \cdot X = 250 \, g \cdot (15.24 - X)$$

$$300X = 3 \, 810 - 250X$$

$$550X = 3 \, 810$$

$$X = 6.93 \text{ m}$$

可以推断出模块 a 重心距离漂心距离为 6.93 m,模块 b 重心距离漂心距离为 15.24 − 6.93 = 8.31 m。

（3）假设模块 b 为布置在首部非常重的模块,2/3 的重量布置在首半部的上前部。为了避免纵倾,请计算模块如何在纵向中心线方向分布。

假设首部方向布置如图 7.26 所示。

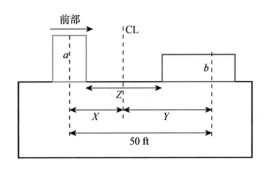

图 7.26　驳船装载两个模块,前部为重型设备(纵剖视图)

找到模块 b 的重心 CoG(见图 7.27)。

L_b=模块 b 长度

W_{mb}=模块 b 重量

G_{b1}=后 1/3 重量部分重心 CoG

G_{f1}=前 2/3 重量部分重心 CoG

G_b=模块 b 重心 CoG(整体)

X_1=模块边缘距整体模块重心 C_oG 距离

X_{b1}=模块边缘距 G_{b1} 距离=$1/4 L_b$=3 m

X_{f1}=模块边缘距 G_{f1} 距离=$3/4 L_b$=9 m

$$W_{mb} \cdot X_b = \left(\frac{1}{3} W_{mb} \cdot X_{b1} \right) + \left(\frac{2}{3} W_{mb} \cdot X_{f1} \right)$$

$$X_b = 0.333 \cdot 3 + 0.667 \cdot 9$$

$$X_b = 7 \text{ m}$$

在此,可以得出模块 b 的重心距离模块边缘的距离为 7 m。

假设模块 a 边缘距离模块 b 边缘的距离为 Z,和上面 b 的情况类似,Z=5.25 m(见图 7.26 和图 7.27)。

$$X + Y = \frac{L_a}{2} + Z + X_b$$

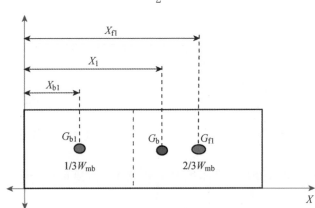

图 7.27　重心剖视图

$$X + Y = 4 + 5.24 + 7$$
$$Y = 16.24 - X$$

关于中心线的力矩：

$$W_{\mathrm{ma}} \cdot X = W_{\mathrm{mb}} \cdot Y$$
$$300\,g \cdot X = 250\,g \cdot (16.24 - X)$$
$$300X = 4\,060 - 250X$$
$$550X = 4\,060$$
$$X = 7.38 \text{ m}$$

可以推断出模块 a 的重心距离漂心的距离为 7.38 m，模块 b 重心距离漂心的距离 = 16.24 - 7.38 = 8.86 m。

（4）参考问题（2），计算干舷及初稳性。

根据阿基米德原理浮力等于重力：

$$\rho g l b d = (m_{\mathrm{bg}} + m_{\mathrm{a}} + m_{\mathrm{b}}) g$$

$$d_{海水} = \frac{m_{\mathrm{bg}} + m_{\mathrm{a}} + m_{\mathrm{b}}}{\rho l b} = \frac{1\,200 + 300 + 250}{1.025 \cdot 40.0 \cdot 10.00} = 4.27 \text{ m}$$

干舷：$f = h - d = 6 - 4.27 = 1.73$ m

$$d_{淡水} = \frac{m_{\mathrm{bg}} + m_{\mathrm{a}} + m_{\mathrm{b}}}{\rho l b} = \frac{1\,200 + 300 + 250}{1.00 \cdot 40.0 \cdot 10.00} = 4.38 \text{ m}$$

干舷：$f = h - d = 6 - 4.38 = 1.62$ m

假设为海水，可得稳性高：

$$\overline{GM} = \overline{KM} + \overline{BM} - \overline{KG'}$$

通过参考基线中心 K 及原重心力矩可得新的重心高度 $\overline{KG'}$（见图 7.28）：

$$\overline{KG'}(m_{\mathrm{bg}} + m_{\mathrm{a}} + m_{\mathrm{b}}) = m_{\mathrm{bg}}\,\overline{KG}_{驳船} + m_{\mathrm{a}} z_{\mathrm{a}} + m_{\mathrm{b}} z_{\mathrm{b}}$$

$$\overline{KG'} = \frac{m_{\mathrm{bg}}\,\overline{KG}_{驳船} + m_{\mathrm{a}} z_{\mathrm{a}} + m_{\mathrm{b}} z_{\mathrm{b}}}{(m_{\mathrm{bg}} + m_{\mathrm{a}} + m_{\mathrm{b}})}$$

$\overline{KG}_{驳船}$ 为基线中心 K 与重心之间距离：

$$\overline{KG}_{驳船} = \frac{h}{2} = \frac{6}{2} = 3 \text{ m}$$

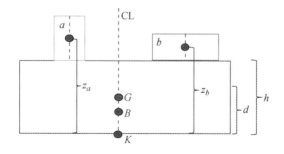

图 7.28　驳船及两个装载模块纵剖视图

z_{a} 为模块 a 的重心高度：

$$z_a = h + \frac{h_a}{2} = 6 + 4 = 10.0 \text{ m}$$

z_b 为模块 b 的重心高度：

$$z_b = h + \frac{h_b}{2} = 6 + 2.5 = 8.5 \text{ m}$$

$$\overline{KG'} = \frac{1\,200 \cdot 3 + 300 \cdot 10.0 + 250 \cdot 8.5}{1\,200 + 300 + 250}$$

$$\overline{KG'} = 4.99 \text{ m}$$

因此，重心高度由 $KG = 3.00$ m 增加至 $\overline{KG'} = 4.99$ m

$$\overline{GM} = \overline{KB} + \overline{BM} - \overline{KG'}$$

$$\overline{GM} = \frac{d}{2} + \frac{b^2}{12d} - \overline{KG'}$$

$$\overline{GM} = \frac{4.27}{2} + \frac{100}{51.22} - 4.99$$

$$\overline{GM} = -0.899\,3 \text{ m} < 0$$

换句话说，稳性是不够的，即便干舷满足要求。因此，该驳船不能同时装载这两个模块。然而，可以通过加装压载水或者增加船宽来增加稳性。

（5）核算驳船底部压铁的重量，确保驳船内河运输具有合适稳性，并讨论结果。

尝试进行附加压载计算：

$$m_{bl} = 500 \text{ t} \quad \text{铁密度 } 7.0 \text{ t/m}^3$$

$$d_{海水} = \frac{m_{bg} + m_a + m_b + m_{bl}}{\rho l b} = \frac{1\,200 + 300 + 250 + 500}{1.025 \cdot 40.0 \cdot 10.00} = 5.49 \text{ m}$$

干舷：$f = h - d = 6 - 5.49 = 0.51$ m> 0.5，满足要求。

$$\overline{KG'}(m_{bg} + m_a + m_b + m_{bl}) = m_{bg}\overline{KG}_{驳船} + m_a z_a + m_b z_b + m_{bl}\overline{KG}_{压载}$$

$$\overline{KG'} = \frac{m_{bg}\overline{KG}_{驳船} + m_a z_a + m_b z_b + m_{bl}\overline{KG}_{压载}}{m_{bg} + m_a + m_b + m_{bl}}$$

$\overline{KG}_{驳船}$ 为驳船重心高度：

$$\overline{KG}_{驳船} = \frac{h}{2} = \frac{6}{2} = 3 \text{ m}$$

z_a 为模块 a 重心高度：

$$z_a = h + \frac{h_a}{2} = 6 + 4 = 10.0 \text{ m}$$

z_b 为模块 b 重心高度：

$$z_b = h + \frac{h_b}{2} = 6 + 2.5 = 8.5 \text{ m}$$

$$m_{bl} = \rho_{压载} \cdot L \cdot b \cdot h_{压载}$$

$$h_{压载} = \frac{m_{bl}}{\rho_{压载} \cdot l \cdot b} = \frac{500}{7 \cdot 40.0 \cdot 10.0} = 0.18 \text{ m}$$

$z_{压载}$ 为附加压铁的重心高度：

$$z_{压载} = \frac{h_{压载}}{2} = \frac{0.18}{2} = 0.09 \text{ m}$$

$$\overline{KG'} = \frac{1\ 200 \cdot 3 + 300 \cdot 10.0 + 250 \cdot 8.5 + 500 \cdot 0.09}{1\ 200 + 300 + 250 + 500}$$

$$\overline{KG'} = 3.90 \text{ m}$$

因此，重心高度由 $KG = 3.00$ m 增加至 $\overline{KG'} = 3.90$ m。

$$\overline{GM} = \overline{KB} + \overline{BM} - \overline{KG'}$$

$$\overline{GM} = \frac{d}{2} + \frac{b^2}{12d} - \overline{KG'}$$

$$\overline{GM} = \frac{5.49}{2} + \frac{100}{65.85} - 3.90$$

$$\overline{GM} = 0.364\ 8\text{m} > 0.3 \text{ m}$$

当附加压铁重量为 500 t，密度 7.00 t/m³ 时，驳船的干舷及稳性均满足要求。

有三种方法可以改良船舶稳性：①增加附加压载；②增加船宽；③改变模块重心 CoG。

在这个方案中，增加 500 t 的附加压铁，可使干舷达到 0.51 m，GM 值达到 0.36 m。干舷高度稍微超过最小值要求（0.5 m）。如果这种方法对改良驳船稳性起不到积极作用，我们可以使用其他方法，例如增加船宽。

7.7.2　例 7.2

（1）一型船舶设计为在寒冷区域航行时便于维护。船舶模型为方底驳船，主尺度 125 m× 18 m×10 m，甲板顶部装货，总重量 13 500 t。

假定船舶顶部装载上部模块 1 500 t，重心距船舶顶部 4 m；及挠性管卷筒模块 1 300 t，重心距甲板顶部 6 m，在此情况下计算船舶稳性。核算能否达到 GM 值大于 0.4 m 的要求？

驳船长度	$l = 125$ m
驳船宽度	$b = 18$ m
驳船高度	$h = 10$ m
浸没体积	$\nabla = lbd$
驳船重量	$m = 10\ 700$ t
上部模块重量	$m_t = 1\ 500$ t
挠性管重量	$m_{ct} = 1\ 300$ t
上部模块重心距离甲板高度 CoG	$\frac{1}{2}h_t = 4$ m（船舶甲板以上）
挠性管重心距离甲板高度 CoG	$\frac{1}{2}h_{ct} = 6$ m（船舶甲板以上）
浮心	$\overline{KB} = d/2$
重心	$\overline{KG} = h/2$
浸没深度	d
$\rho_{海水}$	$= 1.025$ t/m³

假设：

驳船舷侧垂直，甲板不低于水线面，如图 7.29 所示。

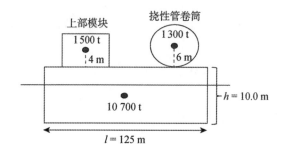

图 7.29　驳船装载两组模块，上部模块和挠性管卷筒的纵剖视图

根据阿基米德原理，驳船浮力等于重力：

$$\rho g l b d = (m + m_t + m_{ct}) g$$

$$d_{海水} = \frac{m + m_t + m_{ct}}{\rho l b} = \frac{10\ 700 + 1\ 500 + 1\ 300}{1.025 \cdot 125 \cdot 18.00} = 5.85 \text{ m}$$

干舷 $f = h - d = 10 - 5.85 = 4.15$ m

$$d_{淡水} = \frac{m + m_t + m_{ct}}{\rho l b} = \frac{10\ 700 + 1\ 500 + 1\ 300}{1.00 \cdot 125 \cdot 18.00} = 6.00 \text{ m}$$

干舷 $f = h - d = 10 - 5.85 = 4.15$ m

可得稳心高：

$$\overline{GM} = \overline{KB} + \overline{BM} - \overline{KG'}$$

通过参考底部中心 K 及原重心力距可得新的重心 $\overline{KG'}$，如图 7.30 所示。

$$\overline{KG'}(m + m_t + m_{ct}) = m\overline{KG}_{vsl} = m_t z_a + m_{ct} z_b$$

$$\overline{KG'} = \frac{m\overline{KG}_{vsl} = m_t z_a + m_{ct} z_b}{m + m_t + m_{ct}}$$

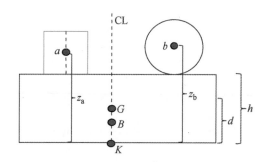

图 7.30　驳船及上部模块和挠性管卷筒的重心纵剖视图

式中，$\overline{KG}_{vsl}$ 为基线中心 K 与船舶重心之间距离：

$$\overline{KG}_{vsl} = \frac{h}{2} = \frac{10}{2} = 5 \text{ m}$$

z_a 为基线中心 K 与上部模块重心之间垂向距离：

$$z_a = h + \frac{h_t}{2} = 10 + 4 = 14.0 \text{ m}$$

z_b 为基线中心 K 与挠性管卷筒模块重心之间垂向距离：

$$z_b = h + \frac{h_{ct}}{2} = 10 + 6 = 16.0 \text{ m}$$

$$\overline{KG'} = \frac{10\ 700 \cdot 5 + 1\ 500 \cdot 14.0 + 1\ 300 \cdot 16.0}{(10\ 700 + 1\ 500 + 1\ 300)}$$

$$\overline{KG'} = 7.06 \text{ m}$$

$$\overline{GM} = \overline{KB} + \overline{BM} - \overline{KG'}$$

$$\overline{GM} = \frac{d}{2} + \frac{b^2}{12d} - \overline{KG'}$$

$$\overline{GM} = \frac{5.85}{2} + \frac{324}{70.24} - 7.06$$

$$\overline{GM} = 0.480\ 07 \text{ m}$$

根据表 7.3 有关驳船运输的典型参数要求进行判断，这个方案的干舷及 GM 至满足要求。

（2）假设一层积冰覆盖在船舶上。重量为 300 t，重心高于船舶甲板 5 m。这些积冰如何影响船舶稳性？请计算新的 GM 值。

积冰重量：$m_i = 300$ t

积冰 CoG＝5 m（自船舶甲板起）

根据阿基米德原理，浮力等于重力：

$$\rho g l b d = (m + m_t + m_{ct} + m_i)g$$

$$d_{海水} = \frac{m + m_t + m_{ct} + m_i}{\rho l b} = \frac{10\ 700 + 1\ 500 + 1\ 300 + 300}{1.025 \cdot 125 \cdot 18.00} = 5.98 \text{ m}$$

干舷：$f = h - d = 10 - 5.98 = 4.02$ m

稳心高：

$$\overline{GM} = \overline{KB} + \overline{BM} - \overline{KG'}$$

通过参考底部中心 K 及原重心力臂可得新的重心 $\overline{KG'}$（见图 7.31）：

$$\overline{KG'}(m + m_t + m_{ct} + m_i) = m\ \overline{KG}_{vsl} + m_t z_a + m_{ct} z_b + m_i z_i$$

$$\overline{KG'} = \frac{m\ \overline{KG}_{vsl} + m_t z_a + m_{ct} z_b + m_i z_i}{m + m_t + m_{ct} + m_i}$$

在此，$\overline{KG}_{vsl}$ 为基线中心 K 与船舶重心之间距离：

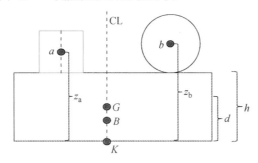

图 7.31　重心纵剖视图

$$\overline{KG}_{vsl} = \frac{h}{2} = \frac{10}{2} = 5 \text{ m}$$

z_a 为基线中心 K 与上部模块重心之间垂向距离:

$$z_a = h + \frac{h_t}{2} = 10 + 4 = 14.0 \text{ m}$$

z_b 为基线中心 K 与挠性管卷筒重心之间垂向距离:

$$z_b = h + \frac{h_{ct}}{2} = 10 + 6 = 16.0 \text{ m}$$

z_i 为基线中心 K 与积冰重心之间垂向距离:

$$z_i = h + \text{COG}_{积冰} = 10 + 5 = 15.0 \text{ m}$$

$$\overline{KG'} = \frac{10\ 700 \cdot 5 + 1\ 500 \cdot 14.0 + 1\ 300 \cdot 16.0 + 300 \cdot 15.0}{(10\ 700 + 1\ 500 + 1\ 300 + 300)}$$

$$\overline{KG'} = 7.23 \text{ m}$$

因此,船舶重心高度由 7.06 m 增加至 7.23 m:

$$\overline{GM} = \overline{KB} + \overline{BM} - \overline{KG'}$$

$$\overline{GM} = \frac{d}{2} + \frac{b^2}{12d} - \overline{KG'}$$

$$\overline{GM} = \frac{5.98}{2} + \frac{324}{71.80} - 7.23$$

$$\overline{GM} = 0.272\ 21 \text{ m} < 0.4$$

船舶稳性不够即便干舷满足要求。因此参考表 7.3 驳船运输典型参数要求,该船舶不能负载这些额外的积冰。然而,应该意识到假定的积冰重心 CoG 是非常保守的。

(3)通过在双层底压载水舱增加 1 m 压载水来改良积冰装载工况的稳性计算。

$$h_{压载} = 1 \text{ m}$$

$$m_{压载} = \rho l b h_{压载} = 1.025 \cdot 125 \cdot 18 \cdot 1$$

$$m_{压载} = 2\ 306.25 \text{ t}$$

根据阿基米德原理浮力等于重力:

$$\rho g L b d = (m + m_t + m_{ct} + m_i + m_{压载})g$$

$$d_{海水} = \frac{m + m_t + m_{ct} + m_i + m_{压载}}{\rho l b}$$

$$d_{海水} = \frac{10\ 700 + 1\ 500 + 1\ 300 + 300 + 2\ 306.25}{1.025 \cdot 125 \cdot 18.00} = 6.98 \text{ m}$$

干舷:

$$f = h - d = 10 - 6.98 = 3.02 \text{ m}$$

稳心高:

$$\overline{GM} = \overline{KB} + \overline{BM} - \overline{KG'}$$

通过参考底部中心 K 及原重心力臂可得新的重心 $\overline{KG'}$(见图 7.32)。

$$\overline{KG'}(m + m_t + m_{ct} + m_i + m_{压载}) = m\overline{KG}_{vsl} + m_t z_a + m_{ct} z_b + m_i z_i + m_{压载} z_{bl}$$

$$\overline{KG'} = \frac{m\overline{KG}_{vsl} + m_t z_a + m_{ct} z_b + m_i z_i + m_{压载} z_{bl}}{m + m_t + m_{ct} + m_i + m_{压载}}$$

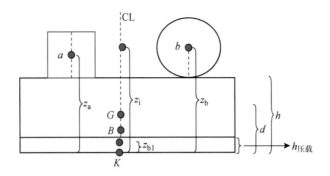

图 7.32 驳船及上部模块、挠性管卷筒、积冰、压载水的重心
纵剖视图［注意冰（300 t）分布于甲板、模块和挠性管］

在此，$\overline{KG}_{vs1}$ 为基线中心 K 与船舶重心之间距离：

$$\overline{KG}_{ts1} = \frac{h}{2} = \frac{10}{2} = 5 \text{ m}$$

z_a 为基线中心 K 与上部模块重心之间垂向距离：

$$z_a = h + \frac{h_t}{2} = 10 + 4 = 14.0 \text{ m}$$

z_b 为基线中心 K 与挠性管卷筒重心之间垂向距离：

$$z_b = h + \frac{h_{ct}}{2} = 10 + 6 = 16.0 \text{ m}$$

z_i 为基线中心 K 与积冰重心之间垂向距离：

$$z_i = h + \text{COG ice} = 10 + 5 = 15.0 \text{ m}$$

z_b 为基线中心 K 与压载水重心之间垂向距离：

$$z_{bl} = \frac{h_{压载}}{2} = \frac{1}{2} = 0.5 \text{ m}$$

$$\overline{KG'} = \frac{10\,700 \cdot 5 + 1\,500 \cdot 14.0 + 1\,300 \cdot 16.0 + 300 \cdot 15.0 + 2\,306.25 \cdot 0.5}{10\,700 + 1\,500 + 1\,300 + 300 + 2\,306.25}$$

$$\overline{KG'} = 6.27 \text{ m}$$

因此，船舶重心高度由 7.23 m 减小至 6.27 m。

$$\overline{GM} = \overline{KB} + \overline{BM} - \overline{KG'}$$

$$\overline{GM} = \frac{d}{2} + \frac{b^2}{12d} - \overline{KG'}$$

$$\overline{GM} = \frac{6.98}{2} + \frac{324}{83.80} - 6.27$$

$$\overline{GM} = 1.090\,05 \text{ m} > 0.4 \text{ m}$$

参考表 7.3 驳船运输典型参数要求，船舶稳性和干舷均满足要求。

（4）如果你可以改变船舶线型，你将选择什么样的参数来改进稳性？

• 增加压载水

• 增加船宽

• 改变模块重心 CoG

在这个方案中，如果可以改变船体线型，将通过增加船宽来改进稳性。

在下面公式中，可以看到增加船宽，基于公式中参数 b^2 将产生更高 $\overline{GM}$ 值，因此，稳性更好。

$$\overline{GM} = \overline{KB} + \overline{BM} - \overline{KG'}$$

$$\overline{GM} = \frac{d}{2} + \frac{b^2}{12d} - \overline{KG'}$$

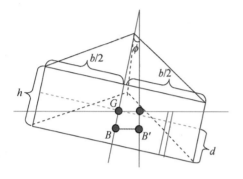

图 7.33 倾斜驳船（横剖视图）

7.7.3 例 7.3

三角形船舶（这个方案中类似自升式平台船体），每条边的长度均等于 b，船体吃水为 d，型深为 h，总重量为 M，均质分布，如图 7.33 和图 7.34 所示。

（1）找到该船舶初稳性计算公式。

$b =$ 三角形边长

$d =$ 吃水深度

$h =$ 船体型深

$M =$ 船体重量（均质分布）

观察图 7.34 的俯视图。

Ⅰ部分：

$$y_1 = \left(\frac{1}{2} b \sqrt{3} + x \sqrt{3} \right)$$

Ⅱ部分：

$$y_2 = \left(\frac{1}{2} b \sqrt{3} - x \sqrt{3} \right)$$

通过几何图形，可得：

$$\overline{BB'} \rho g \nabla = \int_{-b/2}^{0} x \rho g (d + x \emptyset) \left(\frac{1}{2} b \sqrt{3} + x \sqrt{3} \right) \mathrm{d}x +$$

$$\int_{0}^{b/2} x \rho g (d + x \emptyset) \left(\frac{1}{2} b \sqrt{3} - x \sqrt{3} \right) \mathrm{d}x$$

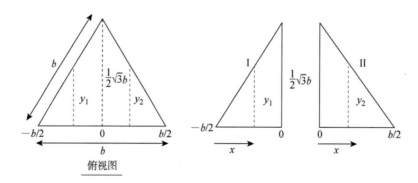

图 7.34 几何分析

$$\overline{BB'}\rho g\,\frac{1}{2}b\,\frac{1}{2}\sqrt{3}\,bd = \int_{-b/2}^{0} x\rho g\sqrt{3}\,(d+x\varnothing)\left(\frac{1}{2}b+x\right)\mathrm{d}x +$$

$$\int_{0}^{b/2} x\rho g\sqrt{3}\,(d+x\varnothing)\left(\frac{1}{2}b-x\right)\mathrm{d}x$$

$$\overline{BB'}\rho g\,\frac{1}{4}\sqrt{3}\,b^2 d = \rho g^{\sqrt{3}}\left[\int_{-b/2}^{0} x(d+x\varnothing)\left(\frac{1}{2}bx+x^2\right)\mathrm{d}x +\right.$$

$$\left.\int_{0}^{b/2} x\rho g\,(d+x\varnothing)\left(\frac{1}{2}bx-x^2\right)\mathrm{d}x\right]$$

$$\overline{BB'}\,\frac{1}{4}b^2 d = \int_{-b/2}^{0}\left(\frac{1}{2}bd x + d x^2 + \frac{1}{2}b\varnothing x^2 + \varnothing x^3\right)\mathrm{d}x +$$

$$\int_{0}^{b/2}\left(\frac{1}{2}bd x - d x^2 + \frac{1}{2}b\varnothing x^2 - \varnothing x^3\right)\mathrm{d}x$$

$$\overline{BB'}\,\frac{1}{4}b^2 d = \left[\frac{1}{4}bd x^2 + \frac{1}{3}d x^3 + \frac{1}{6}b\varnothing x^3 + \frac{1}{4}\varnothing x^4\right]_{-b/2}^{0}$$

$$\left[\frac{1}{4}bd x^2 - \frac{1}{3}d x^3 + \frac{1}{6}b\varnothing x^3 - \frac{1}{4}\varnothing x^4\right]_{0}^{b/2}$$

$$\overline{BB'}\,\frac{1}{4}b^2 d = \left[0-\left(\frac{1}{4}bd\,\frac{b^2}{4}+\frac{1}{3}d\,\frac{b^3}{8}+\frac{1}{6}\varnothing\,\frac{b^4}{8}+\frac{1}{4}\varnothing\,\frac{b^4}{16}\right)\right]+$$

$$\left[\left(\frac{1}{4}bd\,\frac{b^2}{4}+\frac{1}{3}d\,\frac{b^3}{8}+\frac{1}{6}\varnothing\,\frac{b^4}{8}+\frac{1}{4}\varnothing\,\frac{b^4}{16}\right)-0\right]$$

$$\overline{BB'}\,\frac{1}{4}b^2 d = \left[-\left(\frac{b^3}{16}d-\frac{b^3}{24}d-\frac{b^4}{48}\varnothing+\frac{b^4}{64}\varnothing\right)\right]+\left[\left(\frac{b^3}{16}d+\frac{b^3}{24}d+\frac{b^4}{48}\varnothing+\frac{b^4}{64}\varnothing\right)\right]$$

$$\overline{BB'}\,\frac{1}{4}b^2 d = \frac{2b^4}{48}\varnothing+\frac{2b^4}{64}\varnothing$$

$$\overline{BB'}\,\frac{1}{4}b^2 d = \frac{b^4}{96}\varnothing$$

$$\overline{BB'} = \frac{b^2}{24d}\varnothing$$

$$\overline{BB'} = \overline{BM}\sin\varnothing \approx \overline{BM}\varnothing$$

$$\overline{BM} = \frac{\overline{BB'}}{\varnothing} = \frac{b^2}{24d}$$

$$\overline{GM} = \overline{KB} + \overline{BM} - \overline{KG}$$

$$\overline{GM} = \frac{d}{2} + \frac{b^2}{24d} - \frac{h}{2}$$

其中, d 通过以下公式得到:

$$\rho g\nabla = Mg$$

$$\rho g\,\frac{1}{2}b\cdot\frac{1}{2}b\sqrt{3}\,d = Mg$$

$$d = \frac{M}{\rho\,\frac{1}{4}b^2\sqrt{3}}$$

$$d = \frac{4M}{\rho b^2 \sqrt{3}}$$

因此

$$\overline{GM} = \frac{4M}{2\rho b^2 \sqrt{3}} + \frac{b^2}{24d} - \frac{h}{2}$$

（2）假设自升式平台三条桩腿（分布在三条边交点处）具有相同高度，高度值为 H，单个桩腿重量为 m。请找到计算 GM 值的新公式。如果需要可以进行假设：$H=$ 自升式平台单个桩腿高度；$m=$ 自升式平台单个桩腿重量。

$$\overline{BM} = \frac{b^2}{24d}$$

根据阿基米德原理重力等于浮力：

$$\rho g (\nabla \text{驳船}) = (M + 3m)g$$

$$\rho g \left(\frac{1}{2} b \cdot \frac{1}{2} b \sqrt{3} d \right) = (M + 3m)g$$

$$\rho \frac{1}{4} b^2 \sqrt{3} d = (M + 3m)$$

$$d = \frac{(M + 3m)}{\rho \frac{1}{4} b^2 \sqrt{3}}$$

通过参考底部中心 K 及原重心力矩可得新的重心高度 KG'（基于自升式平台增加的三个桩腿）：

$$\overline{KG'}(M + 3m) = M\overline{KG}_{\text{驳船}} + mz_1 + mz_2 + mz_3$$

$$\overline{KG'} = \frac{M\overline{KG}_{\text{驳船}} + mz_1 + mz_2 + mz_3}{M + 3m}$$

式中：

$KG_{\text{驳船}}$ 为 K 至驳船重心之间垂向距离（自升式平台浮体）$= 1/2h$；

z_1 为 K 至桩腿 1 之间垂向距离 $= 1/2H$（假设 $z = 0$ 在水线面位置，向上为正）；

z_2 为 K 至桩腿 2 之间垂向距离 $= 1/2H$；

z_3 为 K 至桩腿 3 之间垂向距离 $= 1/2H$。

$$\overline{KG'} = \frac{M\overline{KG}_{\text{驳船}} + mz_1 + mz_2 + mz_3}{M + 3m}$$

$$\overline{KG'} = \frac{M \frac{1}{2}h + m \frac{1}{2}H + m \frac{1}{2}H + m \frac{1}{2}H}{M + 3m}$$

$$\overline{KG'} = \frac{M \frac{1}{2}h + m \frac{3}{2}H}{M + 3m}$$

$$\overline{KG'} = \frac{Mh + 3mH}{2(M + 3m)}$$

因此

$$\overline{GM} = \overline{KB} + \overline{BM} - \overline{KG'}$$

$$\overline{GM} = \frac{(M+3m)}{\rho \frac{1}{2} b^2 \sqrt{3}} + \frac{b^2}{24d} - \frac{Mh + 3mH}{2(M+3m)}$$

7.7.4　例 7.4

（1）假设平台供给驳船装载一组管子，管壁厚 $3/4''$，计算管子重量应考虑管子外部 10 cm 厚水泥保护（不考虑腐蚀保护重量）。这些管子按 12 m 每根组装，两两焊接在一起（双焊接接头）。假设运载管子的机械靠泊驳船主尺度为 60 m×20.5 m×7 m，驳船装载五层管子，预估每条驳船可以装载多少双焊接接头管子？驳船装载管子的总重量是多少？注意：驳船视为可以移动，但是驳船上堆放的管子应保持平稳（模拟实际情况）。你可以假设管子沿船长方向分布。

有一重量均匀驳船主尺度如下：

$$l = 60 \text{ m}$$
$$b = 20.5 \text{ m}$$
$$h = 7 \text{ m}$$
$$m_{驳船} = 750 \text{ metric tonnes}$$
$$\rho_w = 1\,025 \text{ kg/m}^3$$
$$\rho_s = 7\,850 \text{ kg/m}^3$$
$$\rho_c = 2\,500 \text{ kg/m}^3$$
$$\rho_b = 7\,000 \text{ kg/m}^3$$
$$OD = 0.812\,8 \text{ m}$$
$$w_t = 0.019\,05 \text{ m}$$

双焊接接头管子长度：$L_{dj} = 24$ m

混凝土覆盖层厚度：$c_t = 0.1$ m

船舶堆放管子层数：$P_1 = 5$

$$ID = OD - 2w_t = 0.812\,8 - 2 \cdot 0.019\,05 = 0.775 \ m$$

每米钢材重量：

$$W_s = \frac{\pi(OD^2 - ID^2)}{4} = 372.905 \text{ kg/m}$$

每条双焊接接头管子重量：

$$W_{s总} = W_s \cdot L_{dj} = 8.95 \cdot 10^3 \text{ kg}$$

每米混凝土重量：

$$W_c = \frac{\pi\big[(OD^2 + 2c_t)^2 - OD^2\big]\rho_c}{4} = 716.911 \text{ kg/m}$$

每条双焊接接头混凝土重量：

$$W_{c总} = W_c(L_{dj} - 1 \text{ m}) = 1.649 \cdot 10^4 \text{ kg}$$

注意：在两管子边缘由于焊接需求没有混凝土，假定双焊接接头管子每侧有 0.5 m 没有混凝土。

每条双焊接接头管子总重量：

$$W_{dj总} = W_{s总} + W_{c总} = 2.544 \cdot 10^4 \text{ kg}$$

假设驳船可以堆装 5 层管子。第一层管子两侧设有短支撑。每层连接处使用绑扎带和锁链进行绑扎。

新一层比下一层少布置一个管子（见图 7.35）。

第一层管子数量：

$$N_1 = \frac{b - 1\ \text{m}}{OD + 2c_t} = 19.254$$

驳船装载双焊接接头管子总数量：

$$N_{总} = (19 + 18 + 17 + 16 + 15) \cdot 2 = 170$$

驳船装载管子总重量：

$$W_{管子总} = N_{总} \cdot W_{dj总} = 4.325 \cdot 10^6\ \text{kg}$$

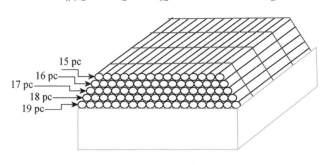

图 7.35　驳船装载管子

（2）驳船重量约 750 t，并且假设这些重量均匀分布（全船船壳板厚度均保持一致并且骨材均匀分布）。首先找到驳船甲板未装货时稳性高 GM_1，然后大概预估甲板上面运输的管子货物中心的高度，并校核新的 GM 值 GM_2。在管子中间放置木头用于支撑，使甲板上货物的重心升高 0.5 m。本方案校核新的 GM 值 GM_3，用于检验驳船运输时稳性的敏感程度。

未装载货物时船体浸没高度：

$$T_1 = \frac{m_{驳船}}{bl\rho_w} = 0.595\ \text{m}$$

干舷：$F_1 = h - T_1 = 6.405\ \text{m}$

KB- 基线中心 K 至浮心 B 之间距离：$KB_1 = T_1/2 = 0.297\ \text{m}$

BM- 稳心半径：$BM_1 = b^2/12T_1 = 58.87\ \text{m}$

KG- 重心高：$KG_1 = h/2 = 3.5\ \text{m}$

GM- 稳心高：$GM_1 = KB_1 + BM_1 - KG_1 = 55.7\ \text{m}$

结论：

驳船自重非常轻，其宽度足够大；这两个参数对初稳性的影响较大。

货物重心高度 CoG：

每层管子高度：$H_p = OD + 2c_t = 1.013\ \text{m}$

每层管子惯性矩：

$$M_1 = 19 \cdot W_{dj总} \cdot \frac{H_p}{2} = 2.448 \cdot 10^5\ \text{kg m}$$

$$M_2 = 18 \cdot W_{dj总} \cdot \left(2H_p - \frac{H_p}{2}\right) = 6.956 \cdot 10^5\ \text{kg m}$$

$$M_3 = 17 \cdot W_{\text{dj总}} \cdot \left(3H_p - \frac{H_p}{2}\right) = 1.095 \cdot 10^6 \text{ kg m}$$

$$M_4 = 16 \cdot W_{\text{dj总}} \cdot \left(4H_p - \frac{H_p}{2}\right) = 1.443 \cdot 10^6 \text{ kg m}$$

$$M_5 = 15 \cdot W_{\text{dj总}} \cdot \left(5H_p - \frac{H_p}{2}\right) = 1.739 \cdot 10^6 \text{ kg m}$$

装载管子平均垂向高度 CoG：

$$\text{CoG}_{\text{pipes}} = \frac{M_1 + M_2 + M_3 + M_4 + M_5}{\dfrac{W_{\text{管子总}}}{2}} = 2.413 \text{ m}$$

装载管子时 GM_2 计算：

负载驳船的吃水 T_2：

$$T_2 = \frac{m_{\text{驳船}} + W_{\text{管子总}}}{bl\rho_{\text{w}}} = 4.025 \text{ m}$$

干舷高度：$F_2 = h - T_2 = 2.975 \text{ m}$

KB- 基线中心 K 至浮心 B 之间距离，浮心高度：$KB_2 = T_2/2 = 2.013 \text{ m}$

BM- 稳心半径：$BM_2 = b^2/12T_2 = 8.701 \text{ m}$

KG -重心高度：

$$KG_2 = \frac{\left(m_{\text{驳船}} \cdot \dfrac{h}{2}\right) + \left[W_{\text{管子总}}(\text{CoG}_{\text{管子}} + h)\right]}{m_{\text{驳船}} + W_{\text{管子总}}} = 8.539 \text{ m}$$

GM- 稳心高：$GM_2 = KB_2 + BM_2 - KG_2 = 2.174 \text{ m}$

结论：

本驳船装载 4 300 t 管子时具有良好的初稳性。

木头在管子之间支撑时，即增加起升系统时 GM_3 计算。

KG-重心高度：

$$KG_3 = \frac{\left(m_{\text{驳船}} \cdot \dfrac{h}{2}\right) + \left[W_{\text{管子总}}(\text{CoG}_{\text{管子}} + 0.5 \text{ m} + h)\right]}{m_{\text{驳船}} + W_{\text{管子总}}} = 8.965 \text{ m}$$

GM- 稳心高：$GM_3 = KB_2 + BM_2 - KG_3 = 1.748 \text{ m}$

结论：

由于装载 CoG 升高使得 GM_3 相比于 GM_2 略微减小，并增加了回复力矩。驳船依然具备足够初稳性。

（3）如果使用重压载（如钢质球，密度 7 000 kg/m³）来增加驳船稳性，当保持干舷大于 2 m 时需要放置多少压载？这些压载对稳性有何影响？请找到新的 GM_4。

驳船浸没深度：$T_4 = h - 2 \text{ m}$

保持 2 m 干舷的压载重量：

$$m_{\text{压载}} = T_4 bl\rho_{\text{w}} - (m_{\text{驳船}} + w_{\text{管子总}}) = 1.229 \cdot 10^6 \text{ kg}$$

压载重心：$\text{CoG}_{\text{压载}} = m_{\text{压载}}/2lb\rho_{\text{b}} = 0.071 \text{ m}$

KB-浮心高度，基线中心 K 至浮心 B 之间距离：$KB_4 = T_4/2 = 2.5 \text{ m}$

BM-稳心半径：$BM_4 = b^2/12T_4 = 7.004 \text{ m}$

KG-重心高度：

$$KG_4 = \frac{\left(m_{\text{驳船}} \cdot \dfrac{h}{2}\right) + \left[W_{\text{管子总}}\left(\text{CoG}_{\text{管子}} + h\right)\right] + \left(m_{\text{压载}} \cdot \text{CoG}_{\text{压载}}\right)}{m_{\text{驳船}} + W_{\text{管子总}} + m_{\text{压载}}} = 6.888 \text{ m}$$

GM- 稳心高：$GM_4 = KB_4 + BM_4 - KG_4 = 2.616 \text{ m}$

结论：

根据上述预估计算，驳船装载 1 200 MT 压载时更稳定，（比较 GM_4 和 GM_2）最多引起甲板浸没部分增加，因此垂向 CoG 相对减小。

符号表

b	驳船宽度
B	浮心初始位置
B'	浮心倾斜位置
$d = T$	吃水高度
f	干舷高度
G	重心
g	标准加速度
h	驳船高度
I	惯性矩
K	基线中心
l	驳船长度
m	重量
M_K	倾覆力距
M_R	回复力矩
Z	重心 CoG 与通过浮心 B' 的垂线（即浮力作用线）的垂向交点
ρ	密度
∇	浸没体积
ϕ	倾斜角度

参考文献

[1] Journée, J. M. J. and Massie, W. W., Introduction to Offshore Hydromechanics, DTU, Delft, The Netherlands, 2002, http://www.shipmotions.nl/DUT/LectureNotes/OffshoreHydromechanics_Intro.pdf [online], 2014, [Accessed 30th December 2014].

[2] Mayol, D. E., The Swedish ShipVasa's Revival [online], 2014, https://www.abc.se/~pa/publ/vasa.htm[Accessed 30th December 2014].

[3] Vasa Museum, The Vasa Museum: From Wreck to State of the Art [online], 2014,

http://www.vasamuseet.se/en/[Accessed 30th December 2014].

[4] DNV, 2006, http://www.dnvgl.com/maritime/default.aspx, [online], 2014, [Accessed 30th December 2014].

扩展阅读

- Moore, C.S. Principles of Naval Architecture Series: Intact Stability. Ed. By Paulling, J.R., SNAME, Alexandria, Virginia, USA, 2010

- Hydrostatics short course, NEEC Videos. https://www.youtube.com/playlist? list = PLxHEvq_hK_PzM0HSlNIvSFrmiSgDC2sC1 [Accessed 30th December 2014].

- Ljungdal, J., Structure and Properties of Vasa Oak, Licentiate Thesis, KTH, Stockholm, 2006.

第8章 单自由度系统动力学

8.1 介绍

当结构处于动态载荷(如波浪载荷等)作用下时,将产生加速度力,或称质量力或惯性力,并且由于阻尼会产生能量损失(见图 8.1)。当确定载荷影响以及结构构件的尺寸时,这将导致必须考虑的动态效应。

海洋结构的动力学。结构是动态的,这意味着它们处于运动中。质量和刚度使运动状态得以持续。此外,在所有的系统中都会有某种阻尼来抑制运动。阻尼可能来自于结构内部或外部(水中)的摩擦。

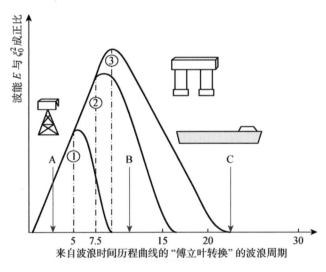

图 8.1 结构现象的动力学

图 8.1 中:
①＝北海风平浪静的天数;
②＝正常情况;
③＝风暴情况;
A＝低周期的结构与能量很小的短波相互作用;
B＝通常与高能波共振的结构;
C＝单个波虽然强大,通常不与波浪共振的结构。

另外,波浪载荷也可能成为驱动力。规则波具有一定的周期性,对于给定的波周期,载荷和结构系统之间可能存在共振。

　　正如通过傅立叶分解所看到的,一个真实的海况实际上是由几个波组成的;对于波候(波的总和),结构系统和一些波之间可能存在共振。

　　由于波浪载荷是动态的,结构动力学是分析海洋结构的一个重要部分。

　　本章将回顾这些效应,并定义特征频率、共振、相对阻尼、动态放大和频率响应函数等重要概念。本章仅研究单自由度系统,因为许多结构的动力学响应可以通过将结构建模为单自由度系统来描述。

8.2　单自由度系统的动力学

　　图 8.2 显示了一个底部固定的海洋结构(一个钢质立体框架结构;一个导管架)被建模为一个单自由度系统。在这个模型中,质量集中在甲板框架中的某一点。该结构被描述为悬臂梁。

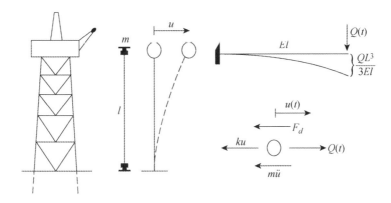

图 8.2　导管架结构的模型

　　静态平衡评价要求作用在质点上的力之和等于零,即

$$\sum_i F_i = 0 \tag{8.1}$$

$$Q - ku = 0 \tag{8.2}$$

$$Q = ku \tag{8.3}$$

$$k = \frac{Q}{u} = \frac{3EI}{L^3} \tag{8.4}$$

　　在质点不平衡的情况下,根据牛顿定律,其增速将等于加速度 $\ddot{u}$:

$$F_1 = m\ddot{u} \tag{8.5}$$

式中,$F_1 = m\ddot{u}$ 是质量力或惯性力。根据达朗贝尔的原理,系统的平衡现在可以由下式表示:

$$Q(t) + F_1 - F_d - ku = 0 \tag{8.6}$$

　　在假定线性粘性阻尼的情况下,阻尼力 F_d 为

$$F_d = c\dot{u} \tag{8.7}$$

得到了平衡的动力学方程或运动方程:

$$m\ddot{u} + c\dot{u} + ku = Q(t) \tag{8.8}$$

还有其他阻尼模型存在,如下面的这类模型:

$$F_D = c\dot{u} \mid \dot{u} \mid^{\alpha} \tag{8.9}$$

$\alpha=1$ 拖曳阻尼(非线性粘性阻尼)

$\alpha=1$ 摩擦阻尼(库仑阻尼)

$\alpha=0$ 粘性阻尼

现在研究平衡方程的特殊类别。

(1) 自由非阻尼运动 $c = 0, Q(t) = 0$(无外力,无阻尼)。

运动方程由此变成:

$$m\ddot{u} + ku = 0 \tag{8.10}$$

引入

$$\omega_0 = \sqrt{\frac{k}{m}} \tag{8.11}$$

得到

$$\ddot{u} + \omega_0^2 u = 0 \tag{8.12}$$

该方程具有一般解,即

$$u = A\sin \omega_0 t + B\cos \omega_0 t \tag{8.13}$$

其中 A 和 B 由初始条件决定:

$$u = 0 \text{ 得出 } t = 0 \rightarrow B = 0$$

以及

$$u = A\sin \omega_0 t \tag{8.14}$$

圆的特征频率 ω_0 由下式得到:

$$\omega_0 T_0 = 2\pi \tag{8.15}$$

或者

$$T_0 = \frac{2\pi}{\omega_0} \tag{8.16}$$

计算频率:

$$f_0 = \frac{1}{T_0} = \frac{\omega_0}{2\pi} \tag{8.17}$$

(2) 自由阻尼运动,$Q(t)=0$。

运动方程变为

$$m\ddot{u} + c\dot{u} + ku = 0 \tag{8.18}$$

假设公式解为

$$u = Ce^{st} \tag{8.19}$$

从式(8.18)中,得到以下指数 s 的"特征方程":

$$s^2 + \left(\frac{c}{m}\right)s + \omega_0^2 = 0 \tag{8.20}$$

该方程的解为

$$s_{12} = \left(\frac{c}{2m}\right) \pm \sqrt{\left(\frac{c}{2m}\right)^2 - \omega_0^2} \tag{8.21}$$

在式(8.20)的解表示振动运动的情况下,平方根符号下的表达式必须是负的。即

$$\frac{c}{2m} < \omega_0 \tag{8.22}$$

或

$$c < 2m\omega_0 \tag{8.23}$$

当 $c = 2m\omega_0$ 时,则阻尼是"临界阻尼"。

由此,可以得到相对阻尼的概念,即

$$\lambda = \frac{c}{2m\omega_0} \tag{8.24}$$

这个术语表示实际阻尼与临界阻尼之间的关系。通常,阻尼是由相对阻尼表示的。

根据阻尼的数量,有三种不同的情况:

① 临界阻尼以下:$\lambda < 1$。

这种情况是结构的正常情况。引入 λ 得出:

$$u = e^{\lambda\omega_0 t}(A\sin\omega_d t + B\cos\omega_d t) \tag{8.25}$$

此处,ω_d 是振动的"阻尼频率",由下式得出:

$$\omega_d = \omega_0 \times \sqrt{1 - \lambda^2} \tag{8.26}$$

对于低值的 λ(通常为固定结构的 2~3%),$\omega_d \approx \omega_0$。$A$ 和 B 是常数,由 $t = 0$ 时的初始条件确定。

该解表示指数减小的振动,如图 8.3 所示。阻尼 λ 确定振动在阻尼作用下衰减的速率。阻尼系统在时域中的阻尼比 δ 是任意两个连续波峰振幅的自然对数。系统的阻尼比 λ 也可以用来求出系统的固有频率/特征频率。

② 临界阻尼,$\lambda = 1$。

$\lambda = 1$ 表示 $C = 2m\omega_0$,且式(8.20)的两个根一致:

$$s_1 = s_2 = \left(\frac{c}{2m}\right) = \omega_0 \tag{8.27}$$

这样解变为

$$u = (A + Bt)e^{-\omega_0 t} \tag{8.28}$$

其中,A 和 B 由 $t = 0$ 时的起始条件确定。如图 8.4 所示,此处没有振动,相反,有一个衰减运动。

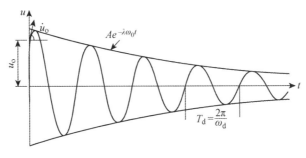

图 8.3　临界阻尼以下

图 8.4　临界阻尼

③ 临界阻尼以上:$\lambda > 1$。

当 $\lambda > 1$ 时,式(8.20)的两个根都是实根:

$$u_{\text{h}} = e^{-\lambda \omega_0 t}(A e^{\omega_{\text{d}} t} + B e^{-\omega_{\text{d}} t}) \tag{8.29}$$

当"阻尼频率"为

$$\omega_{\text{d}} = \omega_0 \times \sqrt{1 - \lambda^2} \tag{8.30}$$

且 A 和 B 由初始条件确定时,得到一个指数递减的解,如图 8.5 所示。

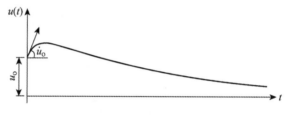

图 8.5　临界阻尼以上

(3) 强制振动。

强制振动的解是由一个齐次的和一个特定解之和给出的:

$$u = u_{\text{h}} + u_{\text{p}} \tag{8.31}$$

齐次解是式(8.25)给出的 u_{h} 的解。这个解可能在 t 比较小时数值很大,但是整个解的这部分会随着时间而衰减。

这就是所谓的"瞬态解"。另一方面,特定解 u_{p},只要有外部载荷就会一直持续。

① 简谐荷载。

首先研究简谐荷载。这种类型的载荷与波有关,还要注意,所有周期运动都可以通过傅立叶扩展为调和函数之和。这种形式的一个负载项:

$$Q(t) = Q_0 \sin \omega t \tag{8.32}$$

表示简谐荷载。具体的解以下面这种形式:

$$u_{\text{p}} = u_0 \sin(\omega t - \theta) \tag{8.33}$$

振幅 u_0 通过下式得出:

$$u_0 = \left(\frac{Q_0}{m \omega_0^2}\right) D = \left(\frac{Q_0}{k}\right) D \tag{8.34}$$

其中的动态放大系数 D,通过下式得出:

$$D = ((1 - \beta^2)^2 + (2 \lambda \beta^2)^{-\frac{1}{2}} \tag{8.35}$$

且与

$$\beta = \frac{\omega}{\omega_0} \tag{8.36}$$

是相对频数关系。

放大系数 D 表示动态响应是多少,这是与静态载荷引起的静态响应 Q_0 相对而言的。考虑动态效应的结构设计原则以及海上作业的要求,要根据 D 来确认。术语"β"表示载荷 ω 的频率与本征频率之间的关系。

相位角:

$$\theta = \text{arctg}\left(\frac{2\lambda\beta}{1-\beta^2}\right) \tag{8.37}$$

θ 是载荷 $Q(t)$ 和响应 $u(t)$ 之间的相位角。

放大系数 D 和相位角 θ,如图 8.6 和图 8.7 所示。在 $\beta = 1$ 时,也就是说,当载荷的频率等于本征频率时会产生共振。

从式(8.35)和图 8.6 中看出:

$$D \to \infty \text{ 得出 } \beta = 1 \text{ 且 } \lambda = 0$$

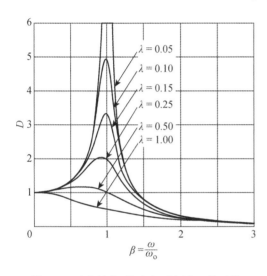

图 8.6　动态放大,作为相对频率 β 的函数

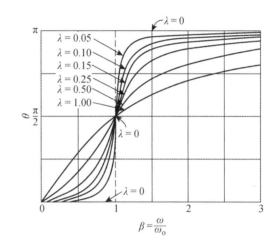

图 8.7　相位角 θ,作为相对频率 β 的函数

此外,我们还发现阻尼降低了放大系数 D。对于较高的阻尼值,$\beta < 1$ 时,发现了共振峰。然而,这种效应仅对非常高的阻尼值($\lambda > 0.2$)比较显著。

从式(8.37)和图 8.7 中,可以看出:

$\beta = 1$ 时,对于所有的 λ 值都可以得出 $\theta = \pi/2$

$\beta < 1$ 时,当 $\lambda \to 0$ 得出 $\theta \to 0$

$\beta > 1$ 时,当 $\lambda \to 0$ 得出 $\theta \to \pi$

如图 8.6 和图 8.7 所示,动态可以分为三种不同的情况(见图 8.9):

$\beta \ll 1$:运动或动力学由系统的刚度控制,即准静态运动,与载荷(对于刚度很大的结构)同相。只有很少或没有动态效应,静态分析就足够了。

$$D = \frac{1}{\sqrt{(1-\beta^2)^2 + (2\lambda\beta)^2}} \approx 1 \tag{8.38}$$

对于无限刚度结构$(\beta=0)\rightarrow D\equiv 1$。

$\beta\approx 1$：运动由系统中的阻尼控制，与载荷(共振运动)相差$90°$。

$$D = \frac{1}{\sqrt{(1-\beta^2)^2 + (2\lambda\beta)^2}} = \frac{1}{2\lambda} \tag{8.39}$$

因此，D仅仅取决于阻尼。

$\beta\gg 1$：运动是由质量控制的，与载荷$(180°)$相位相反，即质量控制的强制振动。质量或惯性力作用于载荷，并减小反应。

$$D - \frac{1}{\sqrt{(1-\beta^2)^2 + (2\lambda\beta)^2}} = \frac{1}{\beta^2-1^2} = \frac{1}{\beta^2} \tag{8.40}$$

② 示例。

驳船的稳定性和运动特性可以通过以下措施改进：利用压载提高稳定性，控制驳船的固有周期(T_0)；优化设计以增加驳船(升)的固有周期(T_0)；优化/增加附加质量(m_{add})，因为它将增加驳船的有效质量(见图8.8)。

图8.8　通过斜龙骨稳定驳船将增加附加质量

在不同的简谐荷载下的动态曲线如图8.9所示。

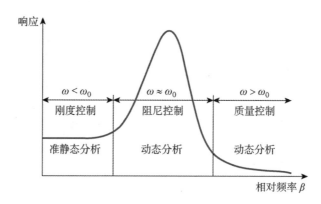

图8.9　简谐荷载时不同的动态情况

③ 任意载荷类型。

以上讨论涉及简谐荷载。对于任意载荷，可以通过频率响应法或脉冲响应法找到特定的解。另外，可以通过使用数值积分建立一个总的数值解，包括齐次的和特定的解。

频率响应法在下一节中讨论。

8.3　频率响应法

重新考虑简谐荷载的解，以复杂的形式写出这个解：

$$Q(t) = Xe^{i\omega t} \tag{8.41}$$

根据图8.10，利用下面的关系，只考虑解的实部：

$$e^{i\omega t} = \cos\omega t + i\sin\omega t \tag{8.42}$$

式(8.42)的物理解释如图8.10所示。$e^{i\omega t}$可以视为复平面上以频率ω旋转的复矢量。

$\cos \omega t$ 代表沿实轴的分量，$\sin \omega t$ 代表沿虚轴的分量。

在这种负载情况下的特定解也将是一种简谐荷载，以类似的形式写入：

$$u_{\mathrm{p}}(t) = X\mathrm{e}^{\mathrm{i}\omega t} \tag{8.43}$$

式中采用了实部。

将式(8.43)代入式(8.8)，得

$$-m\omega^2 x\mathrm{e}^{\mathrm{i}\omega t} + ci\omega x\mathrm{e}^{\mathrm{i}\omega t} + kx\mathrm{e}^{\mathrm{i}\omega t} = X\mathrm{e}^{\mathrm{i}\omega t} \tag{8.44}$$

或者

$$(k - \omega^2 m + \mathrm{i}\omega c)x\mathrm{e}^{\mathrm{i}\omega t} = X\mathrm{e}^{\mathrm{i}\omega t} \tag{8.45}$$

得

$$x = H(\omega)X \tag{8.46}$$

其中

$$H(\omega) = (k - \omega^2 m + \mathrm{i}\omega c)^{-1} \tag{8.47}$$

称为频率响应函数。

可以看到，对于 $c \neq 0$，这个函数是复杂的，这意味着它包含关于 Q 和 u_{p} 的最大振幅之间的相位差的信息。由于 $H(\omega)$ 是复杂的，x 也是如此。

引入 $\omega_0^2 = k/m$，得

$$H(\omega) = \frac{1}{k(1 - \beta^2 + \mathrm{i}2\lambda\beta)} \tag{8.48}$$

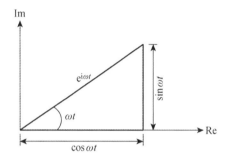

图 8.10　阿根图

ω_0 是特征频率，β 是相对频率，$H(\omega)$ 是复频率响应函数。图 8.11 和图 8.12 分别显示了 $H(\omega)$ 相对于静态位移 $H(0)$ 的实部和虚部。

实部代表与激励的同相位的响应，虚数部分表示 $\pi/2$ 异相的分量，在共振（$\beta = 1$）时，实相改变符号，并与 $\beta > 1$ 的激励反相。此外，在共振时，虚部占主导地位。这些数字分别包含与图 8.6 和图 8.7 相同的信息。

$H(\omega)$ 的绝对值由下式得出：

$$\mid H(\omega) \mid = \frac{1}{k((1 - \beta^2)^2 + (2\lambda\beta)^2)^{1/2}} \tag{8.49}$$

通常称为机械传递函数。动态放大系数定义为动态位移除以静态位移：

$$D = (u_{\max})_{\mathrm{dyn}}/(u_{\mathrm{p}})_{\mathrm{stat}} = \mid H(\omega) \mid / H(0) \tag{8.50}$$

$$= ((1 - \beta^2)^2 + (2\lambda\beta)^2)^{-1/2} \tag{8.51}$$

这与式(8.35)给出的表达式相同。

用极函数形式写出复数 $H(\omega)$，得

$$H(\omega) = \mid H(\omega) \mid \mathrm{e}^{\mathrm{i}\psi} = \mid H(\omega) \mid (\cos \psi - \mathrm{i} \sin \psi) \tag{8.52}$$

其中

$$\psi = \mathrm{arctg}(\mathrm{Im}(H(\omega))/\mathrm{Re}(H(\omega))) = \mathrm{arctg}[2\lambda\beta/(1 - \beta^2)] \tag{8.53}$$

解可以写成：

$$u = X\mathrm{Re}(\mid H(\omega) \mid \mathrm{e}^{\mathrm{i}\psi}\mathrm{e}^{\mathrm{i}\omega t}) = X \mid H(\omega) \mid \cos(\omega t - \psi) \tag{8.54}$$

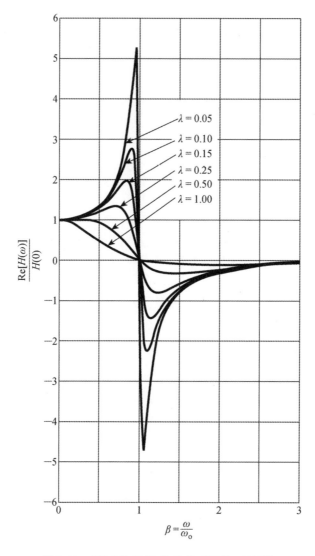

图 8.11　$H(\omega)$ 的实部，作为相对频率 β 的函数

该方程与式(10.33)相似。

如果

$$\int_{-\infty}^{\infty} \mid Q(t) \mid \mathrm{d}t \tag{8.55}$$

有一个有限的值，任意载荷可以用它的傅立叶变换来描述：

$$Q(t) = \int_{-\infty}^{\infty} X(\omega)\,\mathrm{e}^{\mathrm{i}\omega t}\,\mathrm{d}\omega \tag{8.56}$$

其中傅立叶变换由下式得到：

$$X(\omega) = 1/(2\pi)\int_{-\infty}^{\infty} Q(t)\,\mathrm{e}^{-\mathrm{i}\omega t}\,\mathrm{d}t \tag{8.57}$$

对于 $u_{\mathrm{p}}(t)$ 的响应(特定解)，同理得到：

$$u_{\mathrm{p}}(t) = \int_{-\infty}^{\infty} x(\omega) \mathrm{e}^{-\mathrm{i}\omega t} \, \mathrm{d}\omega \tag{8.58}$$

$$x(\omega) = 1/(2\pi) \int_{-\infty}^{\infty} u_{\mathrm{p}}(t) \mathrm{e}^{-\mathrm{i}\omega t} \, \mathrm{d}t \tag{8.59}$$

运用运动方程：

$$\int_{-\infty}^{\infty} ((k - \omega^2 m + \mathrm{i}\omega c)x(\omega) - X(\omega)) \mathrm{e}^{\mathrm{i}\omega t} \, \mathrm{d}\omega = 0 \tag{8.60}$$

对于任意时间值，表达式都是有效的。

$$(k - \omega^2 m + \mathrm{i}\omega c)x(\omega) = X(\omega) \tag{8.61}$$

或

$$x(\omega) = H(\omega)X(\omega) \tag{8.62}$$

与式(8.46)相同。

式(8.57)是频域中的运动方程，它给出了由 $Q(t)$ 的傅立叶变换表示的 $u_{\mathrm{p}}(t)$ 的傅立叶变换。

由此，任意载荷的求解方法如下：

(1) 通过使用式(8.57)对载荷进行傅立叶变换。

(2) 求解频域中的运动方程：$X(\omega) = H(\omega)x(\omega)$

(3) 使用等式(8.58)变换回时域。

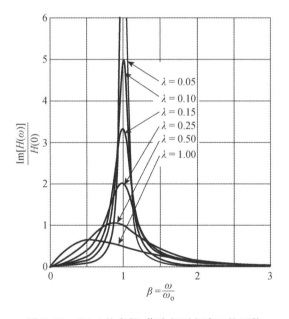

图 8.12　$H(\omega)$ 的虚部，作为相对频率 β 的函数

8.4　海上作业中的动力学

动力学是海洋作业的一个重要方面，下面的例子说明了这一点。

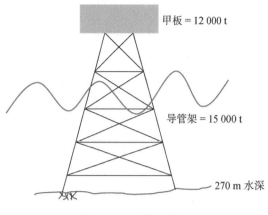

甲板 = 12 000 t

导管架 = 15 000 t

270 m 水深

图 8.13　导管架结构

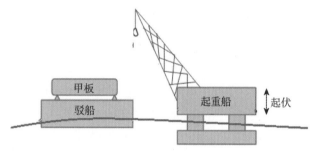

甲板

驳船

起重船

起伏

图 8.14　甲板安装

1) Kvitebjoern 油田

油田安装的主要结构为导管架形式(见图 8.13):一个带钢质框架/结构的细长的导管架。在安装过程中,先安装导管架的两个结构件,然后安装甲板。

之所以选用导管架结构是因为其适合浅水区域,价格便宜,易于维护(干式采油树)并使油井的维护也容易。

在甲板安装过程中,使用一台起重能力为12 000 t的起重船一次性吊装来安装甲板(见图 8.14)。安装过程中的难题是驳船的垂荡运动。如果发生共振,甲板上的垂荡运动在安装过程中是很危险的。

在这个安装过程中,操作被限制在一定波上,具有严格的 H_s 和 T_p 限制。

由于驳船在波浪中移动,即使浪小($H_s < 1$ m)而 T_p 大(浪涌与驳船垂荡产生共振),安装过程也必须停止,直到安全条件占据主导。

通常,一个项目会基于参考 DNV-OS-H101 指定操作限制。

$$H_s < 1.5 \text{ m 且 } T_p = 10 \text{ s}$$

对于特殊安装,$H_s = 1.2$ m。

2) 钻井平台安装

如图 8.15 所示,钻井平台安装的挑战:

(1) 在钻井平台转运过程中:拖曳和绳索断裂,如果漂流时搁浅,拖船和拖索将根据季

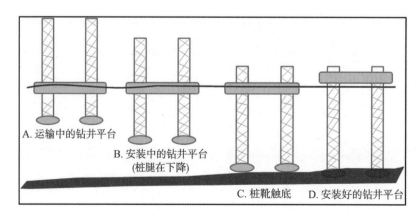

A. 运输中的钻井平台

B. 安装中的钻井平台
(桩腿在下降)

C. 桩靴触底　　D. 安装好的钻井平台

图 8.15　钻井平台安装

节进行不同的规定。

（2）在安装过程中,垂荡(上和下)可能损坏桩靴和土壤,所以我们需要有一个适当的操作窗口来安装钻井平台(~3 天标准)。

（3）浮在钻井平台甲板上时,垂荡运动可能损坏基础垫块,使桩腿弯曲。这种情况在评价操作窗口时必须考虑进去。这种情况的解决方案是:"尽快使钻井平台甲板(船体)出水。"

对于安装好的钻井平台,腿和基础的设计强度必须足以抵抗设计条件(10 年波浪条件)。一些公司甚至要求满足 100 年的波浪条件。另一个会比较重要的因素是气隙必须保证波浪不能到达甲板。

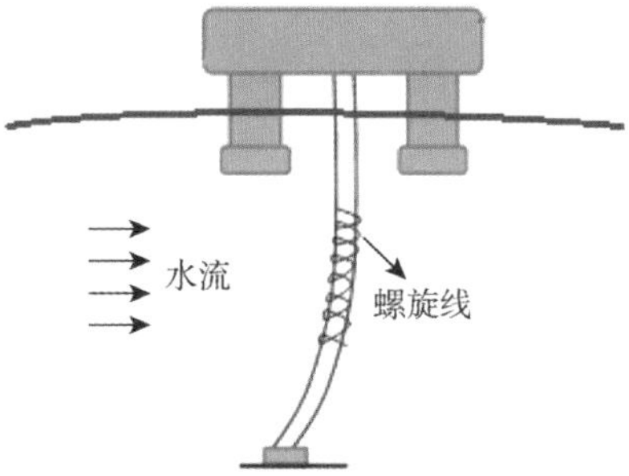

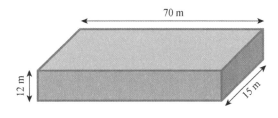

图 8.16　螺旋线

3）立管涡激振动

水流造成立管涡激振动,但螺旋结构被用来"抑制"涡流。通常,螺旋结构用在生产立管或干预立管上(见图 8.16)。

8.5　示例

8.5.1　例 8.1

将驳船的运动作为准静态的动态结构现象考虑,半潜船作为质量控制系统(见图 8.1)。找出驳船的自然周期,假定驳船、设备、压载和附加质量的合理值。讨论驳船和半潜船在北海作业的适用性,并就如何"提高"其自然周期提出建议。

1）驳船

驳船的尺度如图 8.17 所示。
驳船的自然垂荡周期为

图 8.17　驳船的尺寸

$$T_{垂荡} = 2\pi\sqrt{\frac{m_{垂荡}}{k_{垂荡}}}$$

其中

$$k_{垂荡} = \rho g A_{水线}$$

$$k_{垂荡} = 1\ 025\ \frac{kg}{m^3} \times 9.81\ \frac{m}{s^2} \times 70\ m \times 15\ m = 10.56 \times 10^6\ N/m$$

$$m_{垂荡} = m_{总数} = m_{驳船} + m_{设备} + m_{压载} + m_{附加质量}$$

假设没有附加质量,以及驳船、设备、压载的各自上述质量,那么

$$m_{垂荡} = 4\ 800\ t + 4\ 000\ t + 2\ 000\ t + 0\ t = 10.8 \cdot 10^6\ kg$$

$$T_{垂荡} = 2\pi\sqrt{\frac{m_{垂荡}}{k_{垂荡}}} = 6.35\ 秒$$

注意:稳定性比可操作性更重要,因为没有稳定性,几乎没有什么可以实际操作的,但也

必须要考虑可操作性。

这种特殊驳船具有"太高"的自然周期(垂荡周期 $T_{垂荡}=6.35$ s)。通过将该自然周期减小到大约 4 s,可以获得良好的运动特性。另一种选择是将自然周期增加到一个好天气条件下很少有波浪的值。

一个良好的运动特性将避免与较大波浪共振的可能性。再次考虑自然垂荡周期式:

$$T_{垂荡} = 2\pi\sqrt{\frac{m_{垂荡}}{k_{垂荡}}} = \sqrt{\frac{m_{总数}}{\rho g A_{水线}}}$$

基于以上这个公式:

总质量 $m_{总数}$ 很难降低,但可以做到:

(1)将驳船设计成流线型,减少水的额外流量,避免大的附加质量(m_{added})。

(2)优化稳性计算的压载质量。

通过增加水线面积 $A_{水线}$ 来降低驳船的自然周期,但是效果不大,因为:①更重的驳船结果;②这样做的代价高昂;③$T_{垂荡}$ 是 $\frac{m_{垂荡}}{k_{垂荡}}$ 的平方根。

建议重新设计驳船,通过增加宽度来降低自然周期;温和气候条件下在外海上使用大型驳船,小型驳船仅用于近海区域,因为:①通过增加 $A_{水线}$,$T_{垂荡}$ 得以减少;②通过减少 $A_{水线}$,$T_{垂荡}$ 得以增加。

2)半潜船

为得到良好的运动性能,半潜驳的设计原理是通过减少立柱的面积来增加 $T_{垂荡}$

$$T_{垂荡} = 2\pi\sqrt{\frac{m_{垂荡}}{k_{垂荡}}} = \sqrt{\frac{m_{总数}}{\rho g A_{水线}}}$$

对于半潜船,$k_{垂荡} = \rho g\left[4\pi\left(\frac{D}{2}\right)^2\right] = \rho g\pi(D)^2$,其中 D 是每根桩腿/立柱的直径。

由此:①通过增加 D,$T_{垂荡}$ 得以减少;②通过减少 D,$T_{垂荡}$ 得以增加。

这里针对一种半潜船,其垂荡周期高的时候在谐振时能量最小,即 $T>18\sim20$ s,因此半潜船应该具有"不太大"的立柱直径来实现小幅垂荡运动。另一方面,如果立柱的直径"太小",稳性可能又是个问题。

结合上述两点要求,可以按照如图 8.18 所示,将立柱分离以达到足够的稳性。

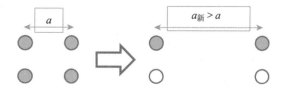

图 8.18　改变立柱来改进半潜船的稳性

8.5.2　例 8.2

海上吊装作业通常是使用浮吊进行的。我们可以对北海海上吊装作业使用驳船、半潜船和船形主体进行广泛的比较。

(1)一条船在波浪中运动的动态放大。当一个结构暴露于随时间变化的荷载时,称为动态荷载,波浪荷载是动态荷载的典型例子。由于动态载荷,加速力会出现,并且由于系统中的阻尼而产生损耗。

通过运用达朗贝尔原理,系统平衡可以表示为

$$Q(t) + F_1 - F_d - ku = 0$$

假设粘滞阻尼：

$$F_d = c\dot{u}$$

根据牛顿定律得出：

$$F_1 = -m\ddot{u}$$

由此,得出动态方程式(8.8)

$$m\ddot{u} + c\dot{u} + ku = Q(t)$$

引入术语自然频率：

$$\omega_0 = \sqrt{\frac{k}{m}}$$

齐次方程的解为

$$m\ddot{u} + c\dot{u} + ku = 0$$

特征方程

$$s^2 + \left(\frac{c}{2m}\right)s + \omega_0^2 = 0$$

解：

$$s_{12} = \left(\frac{c}{2m}\right) \pm \sqrt{\left(\frac{c}{2m}\right)^2 - \omega_0^2}$$

(2) 阻尼比和动态放大如何随阻尼比变化。应该将海上涌浪中的运动加入讨论,引入术语"相对阻尼",或阻尼比：

$$\lambda = \frac{c}{2m\omega_0}$$

取决于相对阻尼的值,这将给齐次方程三个不同的解。

临界阻尼：

$$\lambda < 1$$
$$u = e^{-\lambda\omega_0 t}(A\sin\omega_d t + B\cos\omega_d t)$$

其中阻尼频率由下式得到：

$$\omega_d = \omega_0 \times \sqrt{1 - \lambda^2}$$

该解给出了指数减小的振动,如图 8.3 所示。

临界阻尼：

$$\lambda = 1$$
$$u = (A + Bt)e^{-\omega_0 t}$$

该解没有给出振荡和衰减运动,如图 8.4 所示。

临界阻尼以上：

$$\lambda > 1$$
$$u_h = e^{-\lambda\omega_0 t}(Ae^{\omega_d t} + Be^{-\omega_d t})$$

该解给出了指数下降的解,如图 8.5 所示。

简谐荷载。当将波浪考虑在内时,称为简谐荷载。由此齐次的和特定的解之和给出了方程的解。

$$u = u_h + u_p$$

注意:所有周期性运动都可用傅立叶扩展式作为调和函数之和。这里将不考虑傅立叶展开背后的数学。

载荷函数将表示波的简谐荷载:

$$Q(t) = Q_0 \sin \omega t$$

其特定解:

$$u_p = u_0 \sin(\omega t - \theta)$$

u_0 的振幅通过下式计算:

$$u_0 = \left(\frac{Q_0}{m\omega_0^2}\right)D = \left(\frac{Q_0}{k}\right)D,$$

其中 D 是动态放大数:

$$D = ((1-\beta^2)^2 + (2\lambda\beta)^2)^{-\frac{1}{2}}$$

相对频率关系:

$$\beta = \frac{\omega}{\omega_0}$$

波浪中船舶运动的动态放大。放大系数 D,表示动态响应的多少,与静态载荷引起的静态响应 Q_0 相对。D 的值将决定海上作业的必要条件。图 8.6 中展示出了在阻尼比 λ 的不同值时的动态放大系数 D。

当载荷的频率等于结构或船舶的本征频率时,就有共振产生。共振中,小阻尼值时 D 的值变为无穷大。

涌浪中的动态运动。当考虑涌浪时,频率($\omega \ll \omega_0$)和垂直运动由复位弹簧项支配。这导致船舶运动趋向于"跟随"波,并且幅值响应算子 RAO 趋向于 1。图 8.19 显示了简谐荷载不同的动态情况,图 8.20 为一条集装箱实船 RAO 的一个例子。

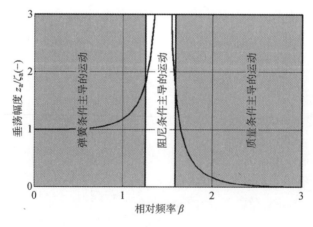

图 8.19　垂荡幅度与频率对比

(3) 为了比较不同类型船舶,应该提出三种可以在不同条件下用于海上吊装作业的不同船型的尺寸(可以在网上搜索相关信息)。

根据本次练习的教育目的,选择了三种不同的船型。

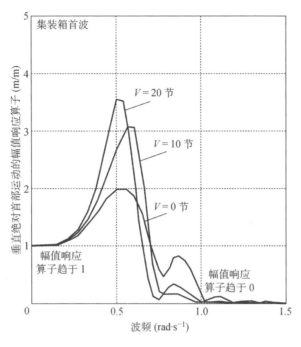

图 8.20　集装箱船在首波中的幅值响应算子

图 8.21　"Ersai 1"重吊驳船

图 8.22　"Saipem 7000"半潜式起重船

①一条驳船,如图 8.21 所示。

②一条半潜船,如图 8.22 所示。

③一条常规船,如图 8.23 所示。

"Ersai 1"重吊驳的主要参数。

尺度和起吊能力：

- 船体长度＝139.84 m
- 船体宽度＝42.0 m
- 龙骨＝8.4 m
- 空船重量＝9 200 t
- 空船吃水＝1.70 m
- 设计吃水＝4.00 m
- 主吊起吊能力＝1 800 t

"Saipem 7000"重吊半潜船的主要参数。

尺度和起吊能力：

- 总长＝197.95 m
- 上平台＝175 m×87 m×8.5 m
- 下浮桥＝165 m×33 m×11.25 m
- 桩腿尺寸＝27 m×27 m(约)
- 龙骨至主甲板＝43.5 m
- 作业吃水＝27.5 m
- 双钩起吊能力＝14 000 t

图 8.23 "Saipem 3000"重吊船

"Saipem 3000"重吊船的主要参数。

尺度和起吊能力：

- 长＝162 m
- 宽＝38 m
- 龙骨至主甲板＝9 m
- 空船重量＝9 200 t
- 夏季吃水＝6.3 m 时,载重＝31 731 t
- 吊机起吊能力＝2 400 t

（4）讨论每一艘船舶的垂荡运动,并计算这些船舶垂荡的自然周期和不同波浪条件下的实际运动。

自然周期计算：

$$T_{垂荡} = 2\pi \times \sqrt{\frac{m_{垂荡}}{k_{垂荡}}}$$

$$k_{垂荡} = \rho g A_{水线}$$

注意重量＝浮力,即

$$m_{垂荡} = \rho \times \nabla + m_{附加}$$

$$m_{附加} = \rho \pi l b^2 / 2 \quad (驳船以下"半圆柱")$$

①"Ersai 1"重吊驳。

垂荡中的质量：

$$m_{垂荡} = 139 \text{ m} \times 42 \text{ m} \times 4 \text{ m} \times 1 \text{ } 025 \text{ kg/m}^3 + m_{附加}$$

$$m_{垂荡} = 24 \text{ } 000 \text{ t} + 98 \text{ } 000 \text{t}$$

垂荡中的刚度：

$$k_{\text{垂荡}} = 1\ 025\ \frac{\text{kg}}{\text{m}^3} \times 9.81\ \frac{\text{m}}{\text{s}^2} \times 140\ \text{m} \times 42\ \text{m}$$

$$k_{\text{垂荡}} = 59\ \text{MN/m}$$

因此,垂荡中的自然周期为

$$T_{\text{垂荡}} = 2\pi \times \sqrt{\frac{122\ 000\ \text{t}}{59\ \text{MN/m}}}$$

$$T_{\text{垂荡}} = 9\ \text{s}$$

② "Saipem 7000" 重吊半潜船。

排水量由下式得出:

$$\nabla = 2 \cdot V_{\text{驳船}} + 6 \cdot A_{\text{桩腿}} \cdot d_{\text{桩腿}}$$

$$\nabla = (2 \cdot 165\ \text{m} \cdot 33\ \text{m} \cdot 11.25\ \text{m}) + (6 \cdot 27\ \text{m} \cdot 27\ \text{m} \cdot 10\ \text{m})$$

$$\nabla = 167\ 000\ \text{m}^3$$

垂荡中的质量由下式得到:

$$m_{\text{垂荡}} = 167\ 000\ \text{m}^3 \cdot 1\ 025\ \text{kg/m}^3 + m_{\text{附加}}$$

$$m_{\text{垂荡}} = 171\ 000\ \text{t} + 145\ 000\ \text{t}$$

垂荡中的刚度:

$$k_{\text{垂荡}} = 1\ 025\ \frac{\text{kg}}{\text{m}^3} \cdot 9.81\ \frac{\text{m}}{\text{s}^2} \cdot 6 \cdot 27\ \text{m} \cdot 27\ \text{m}$$

$$k_{\text{垂荡}} = 43.9\ \text{MN/m}$$

因此,垂荡中的自然周期为

$$T_{\text{垂荡}} = 2\pi \cdot \sqrt{\frac{316\ 000\ \text{t}}{43.9\ \text{MN/m}}}$$

$$T_{\text{垂荡}} = 16.9\ \text{s}$$

③ "Saipem 3000" 重吊船。

垂荡中的质量由下式得出:

$$m_{\text{垂荡}} = 162\ \text{m} \cdot 38\ \text{m} \cdot 6.3\ \text{m} \cdot 1\ 025\ \text{kg/m}^3 + m_{\text{附加}}$$

$$m_{\text{垂荡}} = 39\ 000\ \text{t} + 94\ 000\ \text{t}$$

垂荡中的刚度:

$$k_{\text{垂荡}} = 1\ 025\ \frac{\text{kg}}{\text{m}^3} \cdot 9.81\ \frac{\text{m}}{\text{s}^2} \cdot 162\ \text{m} \cdot 38\ \text{m}$$

$$k_{\text{垂荡}} = 61.8\ \text{MN/m}$$

因此,垂荡中的自然周期为

$$T_{\text{垂荡}} = 2\pi \cdot \sqrt{\frac{133\ 000\ \text{t}}{61.8\ \text{MN/m}}}$$

$$T_{\text{垂荡}} = 9.2\ \text{s}$$

注意到船舶 "Saipem 3000" 在常规天气下进行吊装作业并不是理想的选择,其原因是一些携带绝大部分能量的波浪在这种情况下会遇到船舶的共振频率。

在天气非常平静时,"Ersai 1" 和 "Saipem 3000" 两条船都适合吊装作业。由于 "Saipem 7000" 比较大而且稳性好,推荐在使用恶劣天气条件下使用。如果天气变化,"Saipem 7000" 更适合 "安全渡过" 暴风雨。

为了求出船舶在波浪中的实际运动,需要在一定频率(周期)上将波谱的值乘以同一频率上的船舶幅值响应算子RAO。

注意,如前所述,对于长的涌浪,幅值响应算子RAO趋向于1.0。

(5)讨论在不同的波浪条件下船舶"Svanen"的使用;见 http://www. offshoreenergy. nl/content/files/SITE4512/svanen. pdf

在不同的波浪条件下重吊船"Svanen"的使用。重吊船"Svanen"由一个安装在双船体驳船上的起重塔组成。这种类型的设计使船体在海面上的横截面面积最小化。它也能使船从驳船上直接起吊,而不用将吊臂转向舷外。这一特性使其成为海上风力发电机安装的理想船舶,如图8.24所示。

① 重吊船"Svanen,"的关键参数。

尺度和起吊能力(见图8.25):

- 总长=102.75 m
- 两柱间长=89.5 m
- 型宽=71.8 m
- 浮体宽=24.4 m
- 深=6 m
- 型吃水=4.50 m

图 8.24　海上风力发电机安装

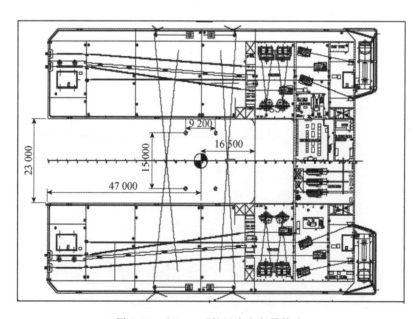

图 8.25　"Svanen"的尺度和起吊能力

• 起吊能力＝8 200 t

② "Svanen"垂荡中自然周期的计算。

排水量：

$$\nabla = 2 \cdot A_{驳船} \cdot d_{驳船}$$

$$\nabla = (2 \cdot 89.50 \text{ m} \cdot 24.40 \text{ m} \cdot 4.5 \text{ m})$$

$$\nabla = 19\ 654 \text{ m}^3$$

垂荡中的质量：

$$m_{垂荡} = 19\ 654 \text{ m}^3 \times 1\ 025 \text{ kg/m}^3 + m_{附加}（两条驳船）$$

$$m_{垂荡} = 20\ 000\text{t} + 49\ 000 \text{ t}$$

垂荡中的刚度：

$$k_{垂荡} = 1\ 025\ \frac{\text{kg}}{\text{m}^3} \times 9.81\ \frac{\text{m}}{\text{s}^2} \times 2 \times 102.5 \text{ m} \times 24.40 \text{ m}$$

$$k_{垂荡} = 50.3 \text{ MN/m}$$

因此，垂荡中的自然周期为

$$T_{垂荡} = 2\pi \times \sqrt{\frac{79\ 000 \text{ t}}{50.3 \text{ MN/m}}}$$

$$T_{垂荡} = 7.9\ 秒$$

当将船舶的自然周期与如图 8.19 所示的波浪能谱进行比较时，注意到该船在北海处于共振的典型波浪状态。

作为初步结论，该船仅适用于在北海区域天气平静的条件下进行起重作业。在最终决定使用该船之前必须要对船舶稳心 GM、干舷以及区域内的有效波高进行进一步的考量和评估。

通常，该项目会基于参考文献如 DNV—OSH10 指定操作限制。

建议操作限制示例：

• $H_s < 1.5$ m

• $T_p < 10$ s

• $f > 1.5$m（干舷）

• 稳心 GM＞0.3 m

符号表

c	黏滞阻尼
D	动态放大
E	弹性模量
f	干舷
F_D	阻尼力
F_I	惯性力
$H(0)$	静态位移
$H(\omega)$	任意类型载荷的频率响应函数

H_s	有义波高
I	惯性矩
k	刚度
m	质量
m_{add}	附加质量
Q	静态载荷
$Q(t)$	外力
RAO	幅值响应算子
T	系统周期
T_p	波谱峰值周期
u	位移
u_h	位移/瞬态解的齐次解
u_p	特定解
$\dot{u}$	速度
$\ddot{u}$	加速度
β	相对频率
ξ_0	振幅，常规波
θ	相位角
λ	相对阻尼
ω_d	阻尼频率
ω_0	特征频率/系统频率
∇	浸没体积

参考文献

[1] DNV，Marine Operations，General，Offshore Standard，DNV-OS-H101，Det Norske Veritas，2011.

[2] Journèe，J. M. J. ＆ Massie，W. W.，Offshore Hydromechanics，Delft University of Technology，2001.

扩展阅读

• Clough，R. W. ＆ Penzien，J.，Dynamics of Structures，Second Edition，McGraw-Hill，NewYork，1993，738 p，ISBN 0-07-011394-7.

• Chopra，A. K.，Dynamics of Structures，Fourth Edition，Prentice Hall，New Jersey，2012，992 p.

第9章　非谐波非正弦动态载荷

结构的动态荷载的特点是时间、幅度、方向和/或作用点的快速变化。这些载荷可以被分类为正弦或非正弦载荷,即载荷类型可以是谐波的或非谐波的。本章的重点是结构上的非谐波和非正弦的动态载荷,还讨论了用摆动模拟法使用起重机进行深水安装。

图 9.1、图 9.2 和图 9.3 分别示出了由爆炸/冲击载荷、船舶冲击载荷和载荷传递到起重机导致的非谐波、非正弦动态载荷的典型类型。

一般的周期性载荷如图 9.4 所示。

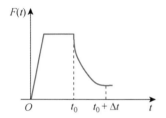

图 9.1　爆炸载荷/冲击载荷

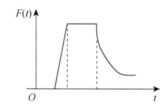

图 9.2　船舶冲击载荷

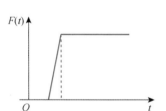

图 9.3　载荷转移到吊机上

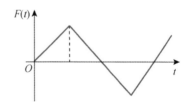

图 9.4　一般周期性载荷

任何周期性载荷函数 $F(t)$ 都可以写成傅立叶级数:

$$F(t) = A_0 + A_1 \sin \omega t + A_2 \sin 2\omega t + A_3 \sin 3\omega t + \cdots \tag{9.1}$$

式中,A_0 = 常数;A_1 = 第一次谐波分量的振幅;A_2 = 第二次谐波分量的振幅,以此类推。

该载荷的响应是在线性动态系统下来自谐波项的作用的总和:

$$m \frac{\mathrm{d}^2 x}{\mathrm{d}t^2} + c \frac{\mathrm{d}x}{\mathrm{d}t} + kx = F(t) \tag{9.2}$$

9.1　脉冲响应法

脉冲响应通常可以被描述为动态系统对某些脉冲载荷的反应。脉冲响应是非常重要的,原因是由于它包含了系统的所有特性,它可以用来确定对任意非周期性载荷的响应。

脉冲载荷的特性有：

- 单个主脉冲
- 相对较短的持续时间

如前面提到的这些类型的载荷，包括爆炸载荷、船撞击载荷等，在结构设计和海洋作业中具有重要意义。

使用脉冲响应法来寻找单自由度（SDOF）线性系统的来自任意非周期性载荷的响应，如图 9.5 所示。

通过将载荷分成矩形脉冲来找到响应。计算来自每个矩形脉冲的响应，并且在时间 t_1 的总响应是响应到时间 t_1 时的总响应，如图 9.6 所示。

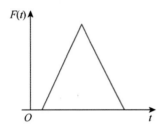

图 9.5　非周期性载荷

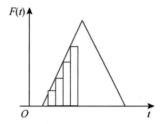

图 9.6　矩形脉冲总和

脉冲是由力 $F(t)$ 产生的，它在短时间周期 Δt 内具有较大的值：

$$I = F\Delta t = m\,\frac{\mathrm{d}x_2}{\mathrm{d}t} - m\,\frac{\mathrm{d}x_1}{\mathrm{d}t} \tag{9.3}$$

式中：

$I = $ 脉冲 $= F(t)\Delta t$；

$\dfrac{\mathrm{d}x_2}{\mathrm{d}t} = $ 脉冲后的速度，$t_0 + \Delta t$ 时；

$\dfrac{\mathrm{d}x_1}{\mathrm{d}t} = $ 脉冲前的速度，t_0 时；

$m\,\dfrac{\mathrm{d}x}{\mathrm{d}t} = $ 质量运动。

定义单位脉冲：

$$\tilde{I} = \lim\int_t^{t+\Delta t} F(t)\,\mathrm{d}t \tag{9.4}$$

当 $\Delta t \to 0$，$F(t) \to \infty$，得出积分值为 1。

定义 δ-函数：

$$F(t) = \delta(t - \tau) \tag{9.5}$$

式（9.5）在每一处都为零，除了当 $t = \tau$ 时。

齐次方程：

$$m\ddot{x} + c\dot{x} + kx = 0 \tag{9.6}$$

在初始条件下：

$$x(t = 0^+) = x_0 \tag{9.7}$$

$$\frac{\mathrm{d}x}{\mathrm{d}t}(t=0^+) = \frac{\mathrm{d}x_0}{\mathrm{d}t} = \dot{x}_0 \tag{9.8}$$

$t=0^+$ 是 $t=0$ 时脉冲后紧随的一个时间周期。

一般解：

$$x(t) = \mathrm{e}^{-\lambda\omega_0 t}\{A\cos\omega_{\mathrm{d}}t + B\sin\omega_{\mathrm{d}}t\} \tag{9.9}$$

式中，ω_0 是本征频率；ω_{d} 是阻尼频率，$\omega_{\mathrm{d}} = \omega_0\sqrt{1-\lambda^2}$；$\lambda$ 是相对阻尼，$\lambda = c/2m\omega_0$。

$$\Rightarrow \frac{\mathrm{d}x(t)}{\mathrm{d}t} = (-\lambda\omega_0)\mathrm{e}^{-\lambda\omega_0 t}\{A\cos\omega_{\mathrm{d}}t + B\sin\omega_{\mathrm{d}}t\} + \omega_{\mathrm{d}}\mathrm{e}^{-\lambda\omega_0 t}\{-A\sin\omega_{\mathrm{d}}t + B\cos\omega_{\mathrm{d}}t\}$$
$$\tag{9.10}$$

那么

$$x(0^+) = \mathrm{e}^0\{A\cdot 1 + B\cdot 0\} = x_0 \Rightarrow A = x_0 \tag{9.11}$$

$$\frac{\mathrm{d}x}{\mathrm{d}t}(0^+) = (-\lambda\omega_0)\mathrm{e}^0 x_0 + \omega_{\mathrm{d}}\mathrm{e}^0 B = \dot{x}_0 \tag{9.12}$$

且

$$B = \frac{\dot{x}_0 + \lambda\omega_0 x_0}{\omega_{\mathrm{d}}} \tag{9.13}$$

在质量位于 $x(t=0)=0$（在撞击之前的中性位置）的情况下，则

$$x(t=0^+) = 0 \tag{9.14}$$

由于脉冲，质量将被加速并得到速度 $\dot{x}_0$。

在冲击前质量处于中性位置 $[x(0)=0]$ 的情况下，在时间 $t=0$ 的单位脉冲之后的质量的位移可以得出：

$$x(t) = \mathrm{e}^{-\lambda\omega_0 t}\frac{\dot{x}_0}{\omega_{\mathrm{d}}}\sin\omega_{\mathrm{d}}t \tag{9.15}$$

如果在脉冲前没有运动产生 $[\dot{x}(0^-)=0]$，也就是说在 $t=0^-$ 时，可以得出：

$$\tilde{I} = m\dot{x}(t=0^+) - m\dot{x}(t=0^-) = 1 \tag{9.16}$$

且

$$\dot{x}(t=0^+) = \dot{x}_0 = \frac{1}{m} \tag{9.17}$$

对矩形单位脉冲的响应由此可以写成：

$$x(t) = \mathrm{e}^{-\lambda\omega_0 t}\frac{1}{m\omega_{\mathrm{d}}}\sin\omega_{\mathrm{d}}t \tag{9.18}$$

该响应是一个频率为 ω_{d} 的阻尼振荡运动，在任意脉冲载荷的情况下：

$$x(t) = \mathrm{e}^{-\lambda\omega_0 t}\frac{I}{m\omega_{\mathrm{d}}}\sin\omega_{\mathrm{d}}t = h(t) \tag{9.19}$$

因此，由于一般脉冲，最大位移是

$$\sin\omega_{\mathrm{d}}t = 1 \tag{9.20}$$

$$\omega_{\mathrm{d}}t = \frac{\pi}{2} \tag{9.21}$$

也就是说，对于

$$t = \frac{\pi}{2}\frac{1}{\omega_{\mathrm{d}}} \tag{9.22}$$

且

$$x_{\max}(t) = \frac{1}{m\omega_{\mathrm{d}}} \mathrm{e}^{-\lambda\omega_0\frac{\pi}{2}\frac{1}{\omega_{\mathrm{d}}}} \tag{9.23}$$

如前面所讨论的，任何任意载荷函数都可以被分成在时间 $t = \tau$ 时作用的矩形脉冲。

由矩形脉冲 $I(\tau)$ 在 $t = \tau$ 时作用的响应为

$$\Delta x(t) = I(\tau) = \frac{1}{m\omega_{\mathrm{d}}} \mathrm{e}^{-\lambda\omega_0(t-\tau)} \sin \omega_{\mathrm{d}}(t-\tau) = I(\tau)h(t-\tau) \tag{9.24}$$

在时间 t 的总响应是来自各个脉冲的响应的总和，如图 9.7 所示。

$\Delta x(t)$ 是时间 t 时，来自一个脉冲 $I = F(\tau)\Delta\tau$ 在 $t = \tau$ 时的总响应的作用。

来自所有脉冲在时间 t 时的总响应为

$$x(t) = \sum \Delta x(t) = \sum_{\tau\leqslant t} I(\tau)h(t-\tau) = \sum_{\tau\leqslant t} F(\tau)h(t-\tau)\Delta\tau \tag{9.25}$$

对于 $\Delta\tau \to 0$

$$x(t) = \frac{1}{m\omega_{\mathrm{d}}} \int_{-\infty}^{t} F(\tau) \mathrm{e}^{-\lambda\omega_0(t-\tau)} \sin \omega_{\mathrm{d}}(t-\tau) \mathrm{d}\tau \tag{9.26}$$

这就是所谓的"卷积积分"或杜哈梅积分，它给出了非周期载荷的特定解，积分并不是容易求解的，在许多实际情况下它都需要数值求解。

例：来自一个脉冲载荷的响应，$t = 0$ 时载荷传递，如图 9.8 所示。

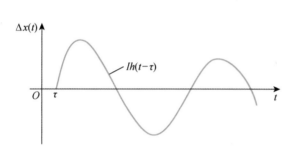

图 9.7 $t = \tau$ 时脉冲响应

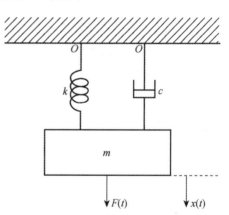

图 9.8 单自由度系统

$t = 0$ 时的载荷传递特征为

$$F(t) = \begin{cases} 0, & t < 0 \\ F_0 = mg, & t \geqslant 0 \end{cases} \tag{9.27}$$

由载荷传递到弹簧阻尼器系统所给出的冲击载荷由下式得出：

$$x(t = 0^+) = x_0 = 0 \tag{9.28}$$

时间 t 时的响应为

$$x(t) = \frac{F_0}{m\omega_{\mathrm{d}}} \int_0^t \mathrm{e}^{-\lambda\omega_0(t-\tau)} \sin \omega_{\mathrm{d}}(t-\tau) \mathrm{d}\tau \tag{9.29}$$

忽略摆线中的阻尼，可以找到解析解。注意，在这种没有阻尼的情况下，$\omega_{\mathrm{d}} = \omega_0$：

$$x(t) = \frac{F_0}{m\omega_0} \int_0^t \sin \omega_0(t-\tau) \mathrm{d}\tau \tag{9.30}$$

引入 $t - \tau = u$，由此 $-\,\mathrm{d}\tau = \mathrm{d}u$，则

$$x(t) = \frac{F_0}{m\omega_0} \int_t^0 \sin \omega_0 u(-\mathrm{d}u) \tag{9.31}$$

$$= \frac{F_0}{m\omega_0} \int_0^t \sin \omega_0 u\,\mathrm{d}u \tag{9.32}$$

$$= \frac{F_0}{m\omega_0} \Big[-\cos \omega_0 u \cdot \frac{1}{\omega_0} \Big]_0^t \tag{9.33}$$

$$= \frac{F_0}{m\omega_0^2} [-\cos \omega_0 t + 1] \tag{9.34}$$

$$= \frac{F_0}{m \cdot \dfrac{k}{m}} [1 - \cos \omega_0 t] = \Big(\frac{F_0}{k} \Big) [1 - \cos \omega_0 t] \tag{9.35}$$

忽略阻尼，可以看到最大位移是静态位移的两倍：

$$x_{最大}(t) = \frac{2F_0}{k} \quad 在 \cos \omega_0 t = -1 \text{ 时}，即在 \omega_0 t = \pi \text{ 时} \tag{9.36}$$

当忽略阻尼时，弹簧的伸长率是静态载荷下伸长率的两倍，如图 9.9 所示。然而，当引入阻尼时，位移就比较小。

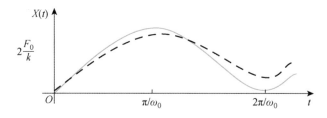

图 9.9　快速载荷转移造成的响应（$F_0 = mg$）

9.2　深水安装

在深水中进行结构安装面临着很多挑战，包括水深带来的挑战。深水安装包括：

- 水下结构下放
- 起重
- 系泊系统调度
- 铺管

考虑在水深大于 1 500 m 的情况下进行深水安装，这里考虑使用起重机进行起重操作，如图 9.10 所示。

从图 9.10 中可以得出起重机末端的二维运动：η_{1T}，η_{3T}；质量运动：η_1，η_3。

质量运动是摆锤式运动，可以用单摆运动类推来描述，如图 9.11 所示。

摆动方程表示为

$$F = m\ddot{x} \tag{9.37}$$

$$-mg\sin\theta = m(l\ddot{\theta}) \tag{9.38}$$

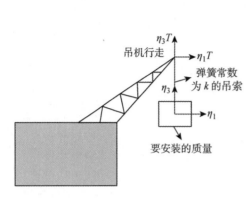

图 9.10 深水安装

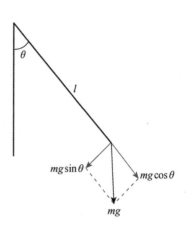

图 9.11 摆动

在有限运动情况下,$\sin\theta \sim \theta$ 且

$$-mg\theta = ml\ddot{\theta} \tag{9.39}$$

$$\ddot{\theta} + \frac{g}{l}\theta = 0 \tag{9.40}$$

用 η_1 替代 θ,用吊索的力 T_n 替代 mg,得到:

$$\ddot{\eta}_1 + \frac{g}{l}\eta_1 = 0 \quad \text{或} \quad m\ddot{\eta}_1 + \frac{T_n}{l}\eta_1 = 0 \tag{9.41}$$

具有本征频率的周期运动表示为

$$\omega_0 = \sqrt{\frac{g}{l}} \tag{9.42}$$

引入水平方向上的阻尼,得到:

$$m\ddot{\eta}_1 + \beta_{11}\dot{\eta} + \frac{T_n}{l}\eta_1 = 0 \tag{9.43}$$

水平阻尼系数 β_{11} 在水中非常大。

假设起重机末端具有可忽略的俯仰运动,然而,起重船末端的垂荡运动不可以忽略。

当发现要安装的质量有垂直运动时,必须将起重机末端的垂直运动考虑进去,即

$$m\ddot{\eta}_3 + \beta_{33}\dot{\eta}_3 + k(\eta_3 - \eta_3 T) = 0 \tag{9.44}$$

吊索上的总力为

$$T_{n,总} = T_{n,静态} + T_{n,动态} = T_{n0} + T_{n0,dyna}\cos(\omega t + \varphi) \tag{9.45}$$

其中 ω 是来自船舶运动的结果:

$$T_{n0} = mg$$

将式(9.45)代入水平振动方程式(9.43),得到:

$$m\ddot{\eta}_1 + \beta_{11}\dot{\eta} + \frac{1}{l}\{T_{n0} + T_{n0,dyna}\cos(\omega t + \varphi)\}\eta_1 = 0 \tag{9.46}$$

这表示要安装的质量的水平摆运动。

引入以下等式后重新写方程:

$$2\tau = \omega t + \varphi \tag{9.47}$$

$$2\mathrm{d}\tau = \omega\mathrm{d}t \tag{9.48}$$

$$\frac{1}{\mathrm{d}t} = \frac{\omega}{2}\frac{\mathrm{d}}{\mathrm{d}\tau} \tag{9.49}$$

由此得出一个质量耦合摆动和船舶垂直运动的方程,方程的形式在一般文献中可以辨认出来。

$$m\left(\frac{\omega}{2}\right)^2\frac{\mathrm{d}^2\eta_1}{\mathrm{d}\tau^2} + \beta_{11}\left(\frac{\omega}{2}\right)\frac{\mathrm{d}\eta_1}{\mathrm{d}\tau} + \frac{1}{l}\{T_{\mathrm{n0}} + T_{\mathrm{n0,dyna}}\cos 2\tau\}\eta_1 = 0 \tag{9.50}$$

$$\frac{\mathrm{d}^2\eta_1}{\mathrm{d}\tau^2} + \beta_{11}\frac{1}{m}\frac{2}{\omega}\frac{\mathrm{d}\eta_1}{\mathrm{d}\tau} + \left[\frac{mg}{lm}\left(\frac{2}{\omega}\right)^2 + \frac{T_{\mathrm{n0,dyna}}}{lm}\left(\frac{2}{\omega}\right)^2\cos 2\tau\right]\eta_1 = 0 \tag{9.51}$$

$$\frac{\mathrm{d}^2\eta_1}{\mathrm{d}\tau^2} + 2\mu\frac{\mathrm{d}\eta_1}{\mathrm{d}\tau} + \left(4\frac{\omega_0^2}{\omega^2} + \varepsilon\cos 2\tau\right)\eta_1 = 0 \tag{9.52}$$

其中

$$\mu = \frac{\beta_{11}}{m\omega}$$

$$\varepsilon = \frac{T_{\mathrm{n0,dyna}}}{ml}\left(\frac{2}{\omega}\right)^2$$

式(9.52)是所谓的马蒂厄方程。马蒂厄方程在参数平面内既有稳定区域又有不稳定区域。下面研究导致不稳定区域的参数组合。

在很少或没有阻尼的情况下,即 $\mu = 0$,不稳定的范围如图 9.12 所示。

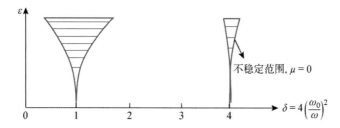

图 9.12　导致要安装质量的垂直运动 η_1 不稳定的参数组合,$\mu = 0$

对于有阻尼的情况,即 $\mu > 0$,不稳定的范围如图 9.13 所示。不稳定可能发生在

$$\delta = 4\left(\frac{\omega_0}{\omega}\right)^2 = 1 \Rightarrow \frac{\omega_0}{\omega} = \frac{1}{2} \quad 和 \quad \omega = 2\omega_0 \tag{9.53}$$

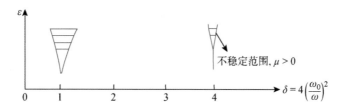

图 9.13　导致要安装质量的垂直运动 η_1 不稳定的参数组合,$\mu > 0$(带阻尼)

也就是说,在

$$T = \frac{1}{2}T_0 \tag{9.54}$$

当船舶的垂荡周期为摆动固有周期的一半时：

$$T_0 = 2\pi \sqrt{\frac{l}{g}} \tag{9.55}$$

式中，l 是摆线的长度。注意摆线的长度随质量的下降而增加。

在质量下降到水中的情况下，阻尼明显增大，（当 $\mu > 0$ 时）δ 和 ξ 的某些组合仍然会存在不稳定性。

不稳定性可能还发生于

$$\delta = 4\left(\frac{\omega_0}{\omega}\right)^2 = 4 \Rightarrow \omega_0 = \omega, \quad \text{例如，当 } T = T_0 \text{ 时} \tag{9.56}$$

9.3　示例

（1）检查标准北海 8 000 吨模块驳船的稳性。

为了运输该模块，选择一个驳船，其参数如下：

驳船质量＝3 396 t

长度＝91.4 m

宽度＝27.4 m

高度＝6.1 m

模块质量＝8 000 t

模块重心＝8 m

$$\overline{KG}_{新} = \frac{m_{驳船} \cdot \overline{KG}_{驳船} + m_{模块} \cdot \overline{KG}_{模块}}{m_{驳船} + m_{模块}}$$

$$= \frac{3\ 396 \cdot \frac{6.1}{2} + 8\ 000 \cdot (8 + 6.1)}{3\ 396 + 8\ 000} = 10.8 \text{ m}$$

$$\overline{GM} = \overline{KB} + \overline{BM} - \overline{KG}_{新}$$

找出吃水 d：

$$(m_{驳船} + m_{模块})g = \rho g l b d$$

$$d = \frac{(m_{驳船} + m_{模块})}{\rho l b} = \frac{(3\ 396 + 8\ 000) \cdot 10^3}{1\ 025 \cdot 91.4 \cdot 27.4} = 4.44 \text{ m}$$

$$\overline{GM} = \frac{d}{2} + \frac{b^2}{12d} - \overline{KG}_{新} = \frac{4.44}{2} + \frac{27.4^2}{12 \cdot 4.44} - 10.8 = 5.5 \text{ m}$$

结论：

① $\overline{GM} > 0$，载有模块的驳船平稳。

② $\overline{GM} > 0.5$，模块可以用该驳船运输。

（2）找出载有模块的驳船在不同的波高/周期下的垂荡运动（排水），如图 9.14 所示。

$$F_{浮标} - mg = \rho g l b (d - d_0)$$

式中，d 是吃水；d_0 是静态条件下的吃水；$(F_{浮标} - mg)$ 是回复力。

由于回复力与排水量成正比，该系统会发生简谐运动。

$$F_{回复} = kx$$

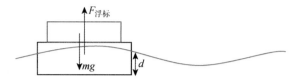

图 9.14　装载模块的驳船在波中的吃水

$$\rho glbx = kx$$
$$k = \rho glb$$
$$k = 1\,025 \cdot 9.81 \cdot 91.4 \cdot 27.4 = 25.18 \cdot 10^6 \ \mathrm{N/m}$$

已经知道：

$$m\ddot{u} = -ku - c\dot{u} + Q(t)$$

在这种情况下激振力由谐振的波来表示，因此：

$$Q(t) = Q_0 \sin \omega t$$
$$m\ddot{u} + c\dot{u} + ku = Q_0 \sin \omega t$$
$$\ddot{u} + \frac{c}{m}\dot{u} + \omega_0^2 u = \frac{Q_0}{m}\sin \omega t$$

该方程的解为

$$u = u_h + u_p$$
$$u_h = 齐次解$$
$$u_p = 非齐次解$$

解齐次方程：

$$\ddot{u} + \frac{c}{m}\dot{u} + \omega_0^2 u = 0$$

特征方程：

$$s^2 + \frac{c}{m}s + \omega_0^2 = 0$$

$$s_{1,2} = \frac{-\frac{c}{m} \pm \sqrt{\left(\frac{c}{m}\right)^2 - 4\omega_0^2}}{2} = -\frac{c}{2m} \pm \sqrt{\left(\frac{c}{2m}\right)^2 - \omega_0^2}$$

假设 $\lambda = 20\%$ →临界阻尼以下：

$$u_h(t) = e^{-\frac{c}{2m}t}\left[C_1 \sin\sqrt{\left(\frac{c}{2m}\right)^2 - \omega_0^2}\, t + C_2 \cos\sqrt{\left(\frac{c}{2m}\right)^2 - \omega_0^2}\, t\right]$$
$$u_h(t) = e^{-\lambda\omega_0 t}(C_1 \sin \omega_d t + C_2 \cos \omega_d t)$$

考虑初始条件：

$$u_h(0) = 0$$
$$u_h(0) = e^0(C_1 \sin 0 + C_2 \cos 0) = C_2$$
$$C_2 = 0$$
$$u_h = e^{-\lambda\omega_0 t} C_1 \sin \omega_d t$$

现在讨论系数 C_1。

—— C_1 的物理意义是阻尼振荡的初始振幅（或者振幅没有阻尼的情况）。

—— 为了定义 C_1，需要具有第二初始条件，即在时间 0 处的速度。

—— 如大阻尼（20％）的情况，本征振动很快会完全衰减，因此使用强制振动。

现在要找出非齐次方程的特定解 $u_p(t)$：

$$\ddot{u} + \frac{c}{m}\dot{u} + \omega_0^2 u = \frac{Q_0}{m}\sin \omega t$$

特定解有以下形式：

$$u_p = \frac{Q_0}{k}D\sin(\omega t - \theta)$$

$$D = \frac{1}{\sqrt{(1-\beta^2)^2 + (2\lambda\beta)^2}}$$

$$\theta = \arctan\left(\frac{2\lambda\beta}{1-\beta^2}\right)$$

式中：

$$D = 动态放大系数$$

$$\beta = \frac{\omega}{\omega_0} = \frac{激振频率}{本征频率}$$

一般解为

$$u(t) = u_h(t) + u_p(t) = e^{-\lambda\omega_0 t}C_1\sin \omega_d t + \frac{Q_0}{k}D\sin(\omega t - \theta)$$

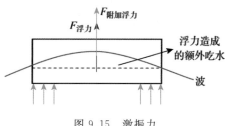

图 9.15　激振力

激振力（振幅）Q_0：

有两个主要的激振力作用于驳船，如图 9.15 所示。

—— 来自水质点的力（因为它们在波浪中有加速度，为驳船提供浮力）。

—— 由于波浪中的吃水变化而引起的附加浮力。

计算水质点的力是非常复杂的，且这种力估计比浮力小得多，而这条驳船的浮力值很大。

因此，为了简化计算，可以忽略这种力，只考虑浮力的变化。

在这种情况下，必须提出一个非常重要的注意事项：波长可以与驳船的长度相比较。

Q_0 的推导：

可以认为由于浮力的变化，驳船将随波浪运动，如图 9.16 所示。

记住，θ 的物理意义是激振力和驳船响应之间的相移。

$$Q(t) = Q_0\sin \omega t$$

$$u_p = \frac{Q_0}{k}D\sin(\omega t - \theta)$$

在时间 $t = \pi/2\omega$ 时，激振力 Q_0 最大，这意味着在这个时间上吃水也最大（额外吃水 Δd）。

$$Q_0 = \rho g l b \Delta d（额外浮力）$$

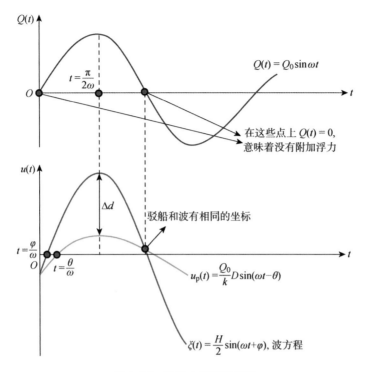

图 9.16 激振力和驳船运动

在最大激振力 $t = \pi / 2\omega$ 时

$$\Delta d = \frac{H}{2}\sin\left(\frac{\pi}{2}+\varphi\right)- \frac{Q_0 D}{k}\sin\left(\frac{\pi}{2}-\theta\right)$$

$$\Delta d = \frac{H}{2}\cos\varphi - \frac{Q_0 D}{k}\cos\theta$$

记住，$k = \rho g l b$；那么 $k\Delta d = Q_0$。

$$Q_0 = \frac{kH}{2}\cos\varphi - Q_0 D\cos\theta$$

$$Q_0(1 + D\cos\theta) = \frac{kH}{2}\cos\varphi$$

在时间 $t = 0$ 时，没有额外浮力，$Q(0) = 0$，$u_p(0) = \xi(0)$。

$$\frac{Q_0 D}{k}\sin\theta = \frac{H}{2}\sin\varphi$$

所以得出方程组：

$$\begin{cases} Q_0(1 + D\cos\theta) = \dfrac{kH}{2}\cos\varphi \\[2mm] \dfrac{Q_0 D}{k}\sin\theta = \dfrac{H}{2}\sin\varphi \end{cases}$$

$$\tan\varphi = \frac{D\sin\theta}{1 + D\cos\theta}$$

$$Q_0 = \frac{kH}{2D}\frac{\sin\varphi}{\sin\theta}$$

由此，特定解成立。

不同波高和波周期的计算如表 9.1～表 9.3 和图 9.17～图 9.19 所示。

表 9.1　$H=1.5$ m 且 $T=12$ s 时驳船垂荡位移计算

原始数据			
波高	H	1.5	米
周期	T	12	秒
C_1 系数	C_1	2	米
阻尼	λ	0.2	
水的密度	ρ	1 025	千克/立方米
长	l	91.4	米
宽	b	27.4	米
高	h	6.1	米
驳船质量	$m_{驳船}$	3 396	吨
模块质量	$m_{模块}$	8 000	吨
附加质量	$m_{附加}$	1 698	吨
常数计算			
波频	ω	0.523	1/秒
刚度	k	25 667 000	牛/米
本征频率	ω_0	1.40	
阻尼频率	ω_d	1.375	
频率关系	β	0.377	
放大系数	D	1.15	
波初始相位	φ	0.07	
激振力	Q_0	7 540 000	牛
相位	θ	0.155	

表 9.2　$H=2.5$ m 且 $T=8$ s 时驳船垂荡位移计算

原始数据			
波高	H	2.5	米
周期	T	8	秒
C_1 系数	C_1	2	米
阻尼	λ	0.2	
长	l	91.4	米
宽	b	27.4	米

（续表）

水的密度	ρ	1005	千克/立方米
高	h	6.1	米
驳船质量	$m_{驳船}$	3 396	吨
模块质量	$m_{模块}$	8 000	吨
附加质量	$m_{附加}$	1 698	吨
常数计算			
波频	ω	0.785	1/秒
刚度	k	25 182 000	牛/米
本征频率	ω_0	1.387	
阻尼频率	ω_d	1.359	
频率关系	β	0.566	
放大系数	D	1.39	
波初始相位	φ	1.187	
激振力	Q_0	13 300 000	牛
相位	θ	0.322	

表 9.3　驳船的幅值响应算子 RAO 计算

原始数据		
阻尼	λ	0.2
本征频率	ω_0	1.39

T	ω	β	D	θ	φ	RAO
1	6.28	4.517 986	0.051 292	0.092 828	0.004 523	0.048 799
2	3.14	2.258 993	0.238 018	0.216 766	0.041 512	0.192 96
3	2.093 333	1.505 995	0.712 333	0.443 505	0.183 894	0.426 138
4	1.57	1.129 496	1.889 26	1.022 79	0.682 433	0.738 88
5	1.256	0.903 597	2.466 958	1.100 986	0.804 587	0.808 098
6	1.046 67	0.752 998	1.895 909	0.607 779	0.400 061	0.682 917
7	0.891 743	0.645 427	1.567 413	0.416 607	0.254 983	0.623 312
8	0.785	0.564 748	1.393 639	0.320 269	0.186 69	0.589 564
9	0.697 778	0.501 998	1.291 187	0.262 266	0.147 893	0.568 346
10	0.628	0.451 799	1.225 283	0.223 283	0.122 01	0.554 033

（续表）

T	ω	β	D	θ	φ	RAO
11	0.570 909	0.410 726	1.180 104	0.195 115	0.105 643	0.543 875
12	0.523 333	0.376 499	1.147 629	0.173 705	0.092 838	0.536 282
13	0.483 077	0.347 537	1.123 419	0.156 814	0.082 974	0.530 686
14	0.448 571	0.322 713	1.104 84	0.143 107	0.075 123	0.526 248
15	0.418 667	0.301 199	1.090 244	0.131 733	0.068 714	0.522 718
16	0.392 5	0.282 374	1.078 55	0.122 125	0.063 373	0.519 863
17	0.369 412	0.265 764	1.069 027	0.113 89	0.058 847	0.517 519
18	0.348 889	0.250 999	1.061 162	0.106 743	0.054 957	0.515 57
19	0.330 526	0.237 789	1.054 586	0.100 476	0.051 574	0.513 932
20	0.314	0.225 899	1.049 03	0.094 933	0.048 603	0.512 541

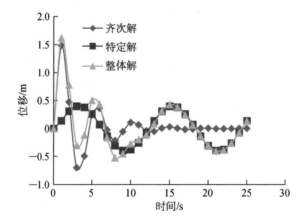

图 9.17　$H_s = 1.5$ m 且 $T = 12$ s 时驳船的垂荡位移

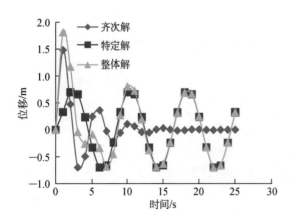

图 9.18　$H_s = 2.5$ m 且 $T = 8$ s 时驳船的垂荡位移

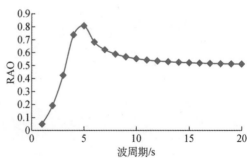

图 9.19　垂荡中的驳船的幅值响应算子

（3）模块应使用大型半潜起重船（SSCV）吊离，检查该起重船在波浪中不同波高和周期时的垂荡运动。

假设选用 Hermod 半潜起重船进行该吊装作业。该半潜起重船的尺度：

长＝137 m

宽＝86 m

高＝42 m

质量＝100 000 t

水线面积 $A_{水线}=4 \cdot (40 \cdot 25)+2 \cdot (25 \cdot 25)=5\ 250\ \mathrm{m^2}$

$k=\rho g A_{水线}=1\ 025 \cdot 9.81 \cdot 5\ 250=52.79 \cdot 10^6\ \dfrac{\mathrm{N}}{\mathrm{m}}$

垂荡运动的公示在任务（2）中推导过。

$$u(t)=C_1 \mathrm{e}^{-\lambda\omega_0 t}\sin\omega_{\mathrm{d}}t+\frac{Q_0 D}{k}\sin(\omega t-\theta)$$

$$D=\frac{1}{\sqrt{[(1-\beta^2)^2+(2\lambda\beta)^2]}}$$

$$\theta=\arctan\left(\frac{2\lambda\beta}{1-\beta^2}\right)$$

θ 是载荷 $Q(t)$ 和响应 $u(t)$ 之间的相位移：

$$\omega_0=\sqrt{\frac{k}{m}}=\sqrt{\frac{k}{m+m_{附加}}}$$

假设附加质量为半潜起重船质量的 50%

$$\omega_0=\sqrt{\frac{52.79 \cdot 10^6}{(100\ 000+0.5 \cdot 100\ 000) \cdot 10^3}}=0.59\ \mathrm{s^{-1}}$$

假设阻尼为 20%

$$\omega_{\mathrm{d}}=\omega_0\sqrt{1-\lambda^2}=0.59 \cdot \sqrt{1-0.2^2}=0.58\ \mathrm{s^{-1}}$$

由于必须找出在不同波高和周期的波浪中的垂荡运动，因此其计算如表 9.4～表 9.6 和图 9.20～图 9.22 所示。

表 9.4　$H=1.5$ m 且 $T=12$ s 时吊机垂荡位移计算

原始数据			
波高	H	1.5	米
周期	T	12	秒
C_1 系数	C_1	2	米
阻尼	λ	0.2	
水的密度	ρ	1 025	千克/立方米
水线面积	A	5 250	平方米
驳船质量	$m_{驳船}$	100 000	吨

（续表）

附加质量	$m_{附加}^*$	50 000	吨
常数计算			
波频	ω	0.523 333	1/秒
刚度	k	52 790 063	牛/米
本征频率	ω_0	0.593 24	
阻尼频率	ω_d	0.581 254	
频率关系	β	0.882 161	
放大系数	D	2.399 352	
波初始相位	φ	0.728 492	
激振力	Q_0	12 975 549	牛
相位	θ	1.009 651	

注：* 表示低值。

表 9.5　$H=2.5$ m 且 $T=8$ s 时驳船垂荡位移计算

原始数据			
波高	H	2.5	米
周期	T	8	秒
C_1 系数	C_1	2	米
阻尼	λ	0.2	
水的密度	ρ	1 025	千克/立方米
水线面积	A	5 250	平方米
驳船质量	$m_{驳船}$	100 000	吨
附加质量	$m_{附加}^*$	50 000	吨
常数计算			
波频	ω	0.785	1/秒
刚度	k	52 790 063	牛/米
本征频率	ω_0	0.593 24	
阻尼频率	ω_d	0.581 254	
频率关系	β	1.323 242	
放大系数	D	1.088 431	
波初始相位	φ	0.320 398	
激振力	Q_0	33 143 280	牛
相位	θ	0.613 953	

注：* 表示低值。

表 9.6　吊机的幅值响应算子 RAO 计算

原始数据		
阻尼	λ	0.2
本征频率	ω_0	0.59

T	Ω	β	D	θ	φ	RAO
1	6.28	10.644 07	0.008 899	0.037 896	0.000 334	0.008 82
2	3.14	5.322 034	0.036 487	0.077 753	0.002 735	0.035 206
3	2.093 333	3.548 023	0.085 653	0.121 861	0.009 596	0.078 938
4	1.57	2.661 017	0.161 984	0.173 282	0.024 081	0.196 54
5	1.256	2.128 814	0.275 251	0.236 584	0.050 852	0.216 865
6	1.046 67	1.774 011	0.442 216	0.319 191	0.097 422	0.309 969
7	0.891 743	1.520 581	0.691 429	0.434 051	0.176 821	0.418 265
8	0.785	1.330 508	1.068 112	0.604 624	0.312 583	0.540 973
9	0.697 778	1.182 674	1.616 331	0.870 478	0.544 339	0.677 253
10	0.628	1.064 407	2.241 946	1.268 102	0.908 634	0.826 227
11	0.570 909	0.967 643	2.549 339	1.407 764	1.058 77	0.883 469
12	0.523 333	0.887 006	2.415 798	1.029 673	0.745 161	0.791 116
13	0.483 077	0.818 774	2.152 134	0.782 204	0.540 692	0.730 273
14	0.448 571	0.760 291	1.922 595	0.624 501	0.413 804	0.687 703
15	0.418 667	0.709 605	1.748 636	0.519 373	0.331 925	0.656 537
16	0.392 5	0.665 254	1.618 925	0.445 377	0.276 153	0.632 909
17	0.369 412	0.626 122	1.522 083	0.390 758	0.236 245	0.614 493
18	0.348 889	0.591 337	1.445 085	0.348 845	0.206 488	0.599 813
19	0.330 526	0.560 214	1.385 379	0.315 66	0.183 537	0.587 895
20	0.314	0.532 203	1.337 426	0.288 707	0.165 335	0.578 065

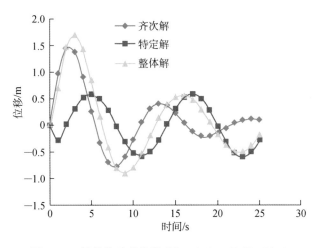

图 9.20　吊机的垂荡位移（$H_s = 1.5$ m 且 $T = 12$ s）

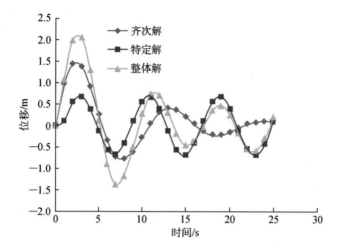

图 9.21　吊机的垂荡位移（$H_s = 2.5$ m 且 $T = 8$ s）

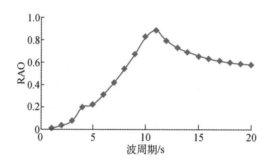

图 9.22　吊机在垂荡时的幅值响应算子

（4）为了避免在吊离过程中模块和驳船间的相互碰撞，吊机的起吊速度必须满足：

$H_s = 1.5$ m，$T_p = 12$ s（特别用于浪涌海况下）；

$H_s = 2.5$ m，$T_p = 8$ s（特别用于风暴海况下）。

当开始用半潜起重船起吊模块时，模块将开始从驳船上脱离并将载荷 $F(t)$ 转移到吊机上。

考虑脉冲后系统如何表现：

$$\ddot{u} + \frac{c}{m}\dot{u} + \omega_0 u = 0$$

$$u(t) = e^{-\lambda\omega_0}(A\sin\omega_d t + B\cos\omega_d t)$$

运用初始条件：

$$\begin{cases} u(0) = 0 \\ \dot{u}(0) = \dot{u}_0 \end{cases}$$

$$u(0) = 0 \rightarrow B = 0$$

$$\dot{u} = -\lambda\omega_0 e^{-\lambda\omega_0 t}(A\sin\omega_d t) + e^{-\lambda\omega_0 t}(A\omega_d\cos\omega_d t) = \dot{u}_0$$

$$A = \frac{\dot{u}_0}{\omega_d}\sin\omega_d t$$

因此

$$u(t) = \mathrm{e}^{-\lambda \omega_0 t} \frac{\dot{u}_0}{\omega_\mathrm{d}} \sin \omega_\mathrm{d} t$$

可以视为物体在脉冲前处于静止状态 $\dot{u}(0) = 0$。

根据动量守恒定律：

$$I = F \cdot \Delta t = m \dot{u}_2 - m \dot{u}_1$$

$$I = m \dot{u}(0^+) - m \dot{u}(0) = m \dot{u}$$

$$\dot{u}_0 = \frac{I}{m}$$

$$u(t) = \mathrm{e}^{-\lambda \omega_0 t} \frac{1}{m \omega_\mathrm{d}} \sin \omega_\mathrm{d} t$$

下面讨论上述方程的解：

这个解的物理意义是在脉冲 I 之后的响应。

$$I = F \cdot \Delta t$$

$$u(t) = \mathrm{e}^{-\lambda \omega_0 t} \frac{F \cdot \Delta t}{m \omega_\mathrm{d}} \sin \omega_\mathrm{d} t$$

这是因为它是在脉冲 $F_0 t$ 之后的响应，但是在时间上的每一时刻都有响应。

因此，为了将所有的响应（在时间上的每一刻）都考虑在内，把力视为在无穷小的时间周期内作用的力之和（$\Delta \tau$），如图 9.23 所示。

因此这样的力可以用迪拉克函数 $\delta(t)$（Dirac's δ-function）进行描述。

$$\delta = \begin{cases} \infty, & x = 0 \text{ 时} \\ 0, & \text{其他情况} \end{cases}$$

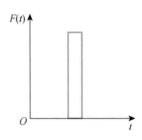

图 9.23 无穷小的时间周期内的作用力

其中

$$\int_{-\infty}^{+\infty} \delta(x) \mathrm{d}x = 1$$

且

$$F(\tau) = \int_0^t F(t) \delta(t - \tau) \mathrm{d}t$$

是力在时间 $t = \tau$ 时在一个无穷小的时间周期内作用的（瞬时力）。

然后，可以将由这个力造成的脉冲写成：

$$I(\tau) = F(\tau) \Delta \tau$$

也可以将这个单脉冲的响应写成：

$$\Delta u(t) = \mathrm{e}^{-\lambda \omega_0 (t - \tau)} \frac{F(\tau) \cdot \Delta \tau}{m \omega_\mathrm{d}} \sin \omega_\mathrm{d} (t - \tau)$$

因此，总响应为在时间上每一刻的单个脉冲的响应之和：

$$u(t) = \sum \Delta u(t) \quad \text{当 } \Delta \tau \to 0 \text{ 时}$$

$$u(t) = \frac{1}{m \omega_\mathrm{d}} \int_0^t \mathrm{e}^{-\lambda \omega_0 (t - \tau)} F(\tau) \sin \omega_\mathrm{d} (t - \tau) \mathrm{d}\tau$$

这是一个长期作用力的响应。

假设吊索上的阻尼很小：

那么 $\omega_d \approx \omega_0$ 且 $e^{-\lambda\omega_0 t} = 1$。

$$u(t) = \frac{1}{m\omega_0} \int_0^t F(t) \sin \omega_0(t-\tau) d\tau$$

$$u(t) = \frac{F_0}{m\omega_0} \int_0^t \sin \omega_0(t-\tau) d\tau = \frac{F_0}{m\omega_0} \Big[\Big(-\frac{1}{\omega_0}\Big) - \cos \omega_0(t-\tau) \Big]_0^t$$

$$u(t) = \frac{F_0}{m\omega_0^2}(1 - \cos \omega_0 t)$$

$$u(t) = \frac{F_0}{k}(1 - \cos \omega_0 t)$$

这是模块悬挂在吊索中的运动方程。

必要提升速度的估算，考虑四个对运动的作用项：

——驳船的垂荡运动

$$u_b(t) = C_{1b} e^{-\lambda\omega_{0b} t} \sin \omega_d t + \frac{Q_{0b} D_b}{k_b} \sin(\omega t - \theta_b)$$

——半潜起重船的垂荡运动

$$u_c(t) = C_{1c} e^{-\lambda\omega_{0c} t} \sin \omega_{dc} t + \frac{Q_{0c} D_c}{k_c} \sin(\omega t - \theta_c)$$

——吊在吊索上的模块运动，关于移动小车（吊钩）

$$u_w^{rel}(t) = \frac{m_{模块} g}{k}(1 - \cos \omega_{0m} t)$$

——移动小车的运动（起吊速度），关于半潜重吊船

$$u_1^{rel}(t) = vt$$

注意模块的运动由下式得出：

$$u_m(t) = u_c(t) = u_w^{rel}(t) + u_1^{rel}(t)$$

①卸货后驳船的垂荡运动（模块吊离后）。

在卸货后的驳船的垂荡运动中，由于载荷转移到了吊机上，会有一个同质部分。该同质部分可以描述为一个自由的阻尼运动（不考虑波浪），其初始位移为

$$\Delta d = d_c - d_d$$

式中，d_c＝带模块的驳船吃水；d_d＝不带模块的驳船吃水。

记住，C_1 的物理意义是初始振幅，因此

$$C_1 = \Delta d$$

$$d_c = \frac{(m_{驳船} + m_{模块})g}{\rho glb} = \frac{(3\ 396 + 8\ 000) \cdot 9.81 \cdot 10^3}{1\ 025 \cdot 9.81 \cdot 91.4 \cdot 27.4} = 4.44\ \text{m}$$

$$d_d = \frac{m_{驳船} g}{\rho glb} = \frac{3\ 396 \cdot 9.81 \cdot 10^3}{1\ 025 \cdot 9.81 \cdot 91.4 \cdot 27.4} = 1.32\ \text{m}$$

$$C_1 = \Delta d = 3.12\ \text{m}$$

$$\omega_0 = \sqrt{\frac{k}{m}} = \sqrt{\frac{k}{m_{驳船} + m_{附加}}}$$

$$\omega_0 = \sqrt{\frac{25.18 \cdot 10^6}{(3\,396 + 0.5 \cdot 3\,396) \cdot 10^3}} = 2.22 \text{ Hz}$$

卸货后的驳船的本征频率为

$$\omega_d = \omega_0 \sqrt{1 - \lambda^2} = 2.22 \cdot \sqrt{1 - 0.2^2} = 2.18 \text{ Hz}$$

$$D_b = \frac{1}{\sqrt{(1 - \beta^2)^2 + (2\lambda\beta)^2}}$$

式中，$\beta = \omega / \omega_0$ 且 ω 是波的频率。

由于驳船的运动在 $t = 0$ 时开始，此时将载荷转移，初始波相位将为 $\varphi = +\dfrac{\pi}{2}$；当驳船在顶部波峰下降时，开始起吊。注意，吊索会伸展，在这个例子中需要假设很小数值的附加质量。

② 半潜起重船的垂荡运动：

$$C_1 = \Delta d = d_c - d_d$$

$$d_c = \frac{(m_c + m_{模块})g}{\rho g A} = \frac{(100\,000 + 8\,000) \cdot 10^3}{1\,025 \cdot 5\,250} = 20.07 \text{ m}$$

$$d_d = \frac{m_c g}{\rho g A} = 18.58 \text{ m}$$

$$C_1 = \Delta d = 1.49 \text{ m}$$

$$\omega_{0c} = \sqrt{\frac{k}{m}} = \sqrt{\frac{k}{m_{模块} + m_c + m_{附加}}}$$

$$\omega_0 = \sqrt{\frac{52.79 \cdot 10^6}{(8\,000 + 100\,000 + 50\,000) \cdot 10^3}} = 0.58 \text{ Hz}$$

$$\omega_{dc} = \omega_0 \sqrt{1 - \lambda^2} = 0.58 \cdot \sqrt{1 - 0.2^2} = 0.57 \text{ Hz}$$

半潜起重船运动开始于吊离时的最低点，如果可能的话，在半潜起重船处于最低点时起吊。

③ 估算必要的位移：

$$u_m(t) = u_c(t) + u_w^{rel}(t) + u_l^{rel}(t)$$

$$u_l^{rel}(t) \ \longrightarrow \ 半潜起重船相关位移$$

$$u_w^{rel}(t) \ \longrightarrow \ 移动小车的相关位移（弹簧效应）$$

$$u_m(t) \ \longrightarrow \ 模块相对于海平面的坐标$$

$$u_c(t) \ \longrightarrow \ 半潜起重船相对于海平面的坐标$$

避免模块和驳船碰撞的必要条件。

$t = 0^+$ 时最坏的情况：

$$\dot{u}_m(t) > \dot{u}_b(t)$$

最坏的情况是当：

——驳船上升

——半潜起重船下降

——由于吊索的弹簧效应，模块相对于移动小车下降

④ 现在定义最大位移：

$$u(t) = C_1 \mathrm{e}^{-\lambda\omega_0 t} \sin \omega_d t + \frac{Q_0 D}{k} \sin(\omega t - \theta)$$

由于这两个部分彼此独立并且可能有相移，所以最大速度将等于这两个运动的速度振幅之和。

$$\dot{u}_{\max} = \dot{u}_{h\max} + \dot{u}_{p\max}$$

$$\dot{u}_h = -\lambda\omega_0 \mathrm{e}^{-\lambda\omega_0 t} C_1 \sin \omega_d t + \mathrm{e}^{-\lambda\omega_0 t} \omega_d C_1 \cos \omega_d t$$

$$\dot{u}_h = \mathrm{e}^{-\lambda\omega_0 t} C_1 (-\lambda\omega_0 \sin \omega_d t + \omega_d \cos \omega_d t)$$

$$\dot{u}_h = \mathrm{e}^{-\lambda\omega_0 t} C_1 \left(-\frac{\lambda\omega_0}{\sqrt{(\lambda\omega_0)^2 + \omega_d^2}} \sin \omega_d t + \frac{\omega_d}{\sqrt{(\lambda\omega_0)^2 + \omega_d^2}} \cos \omega_d t \right) \sqrt{(\lambda\omega_0)^2 + \omega_d^2}$$

定义：

$$\cos \varphi = -\frac{\lambda\omega_0}{\sqrt{(\lambda\omega_0)^2 + \omega_d^2}}$$

$$\sin \varphi = \frac{\omega_d}{\sqrt{(\lambda\omega_0)^2 + \omega_d^2}}$$

$$\dot{u}_h = \mathrm{e}^{-\lambda\omega_0 t} C_1 \sqrt{(\lambda\omega_0)^2 + \omega_d^2} \cdot \sin(\omega_d t - \varphi)$$

$$\omega_d^2 = \omega_0^2 - \omega_0^2 \lambda^2 = \omega_0^2 (1 - \lambda^2)$$

$$\dot{u}_{h\max} = \mathrm{e}^{-\lambda\omega_0 t} C_1 \omega_0$$

$$\dot{u}_p = \frac{Q_0 D}{k} \omega \cos(\omega t - \theta)$$

$$\dot{u}_{p\max} = \frac{Q_0 D}{k} \omega$$

$$\dot{u}_{\max} = C_1 \omega_0 + \frac{Q_0 D}{k} \omega$$

对于驳船

$$\dot{u}_{\max}^b = C_1^b \omega_0^b + \frac{Q_0^b D^b}{k^b} \omega$$

半潜起重船的最大速度可以以同样的方式得出：

$$\dot{u}_{\max}^c = C_1^c \omega_0^c + \frac{Q_0^c D^c}{k^c} \omega$$

定义模块相对于移动小车的最大位移：

$$u_w^{rel}(t) = \frac{Q_0}{k}(1 - \cos \omega_0 t)$$

$$\dot{u}_w^{rel}(t) = \frac{Q_0}{k} \omega_0 \sin \omega_0 t$$

$$\dot{u}_{w,\max}^{rel}(t) = \frac{Q_0}{k} \omega_0$$

此处 $Q_0 = mg$。

定义模块相对于海平面的速度：

$$\dot{u}_1 = \dot{u}_c + \dot{u}_1^{rel}$$

$$\dot{u}_c = 半潜起重船垂荡时的速度$$

$\dot{u}_1 =$ 移动小车相对于海平面的速度

$\dot{u}_1^{\text{rel}} =$ 移动小车相对于半潜起重船的速度

$\dot{u}_{\text{m}} = \dot{u}_1 + \dot{u}_{\text{w}}^{\text{rel}} = \dot{u}_{\text{c}} + \dot{u}_1^{\text{rel}} + \dot{u}_{\text{w}}^{\text{rel}}$

$\dot{u}_{\text{m}} =$ 模块相对于海平面的速度

$\dot{u}_{\text{w}}^{\text{rel}} =$ 模块相对于移动小车的速度

在最坏的情况下：

$$\dot{u}_{\text{m}} = -\left(C_1^{\text{c}} \omega_0^{\text{c}} + \frac{Q_0^{\text{c}}}{k^{\text{c}}} D^{\text{c}} \omega \right) + \dot{u}_1^{\text{rel}} - \frac{Q_0}{k^{\text{m}}} \omega_0^{\text{m}}$$

注意：正数表示向上，负数表示向下。

从避免碰撞的必要条件中：

$$-\left(C_1^{\text{c}} \omega_0^{\text{c}} + \frac{Q_0^{\text{c}}}{k^{\text{c}}} D^{\text{c}} \omega \right) + \dot{u}_1^{\text{rel}} - \frac{Q_0}{k^{\text{m}}} \omega_0^{\text{m}} > C_1^{\text{b}} \omega_0^{\text{b}} + \frac{Q_0^{\text{b}}}{k^{\text{b}}} D^{\text{b}} \omega$$

$$\dot{u}_1^{\text{rel}} > C_1^{\text{b}} \omega_0^{\text{b}} + \frac{Q_0^{\text{b}}}{k^{\text{b}}} D^{\text{b}} \omega + C_1^{\text{c}} \omega_0^{\text{c}} + \frac{Q_0^{\text{c}}}{k^{\text{c}}} D^{\text{c}} \omega + \frac{Q_0}{k^{\text{m}}} \omega_0^{\text{m}}$$

估算吊索的强度：

$$k = \frac{ESn}{L}$$

式中，$E =$ 杨氏模量；$S =$ 吊索的横截面积；$n =$ 吊索的数量；$L =$ 吊索的长度；$E = 210\,000$ MPa（钢质）；$n = 4$；$L = 50$。

计算如表 9.7 所示。

表 9.7　吊离速度的计算

原始数据			
波高	H_{s}	1.5	米
周期	T	12	秒
阻尼	λ	0.2	
频率	ω	0.523 33	赫兹
半潜起重船			
荷载转移后的初始振幅	C_1	1.49	米
刚度	k	52 790 063	牛/米
半潜起重船的质量	m_{c}	100 000	吨
模块的质量	$m_{\text{模块}}$	8 000	吨
附加质量	$m_{\text{附加}}$	50 000	吨
模块的本征频率	ω_0	0.578 026 2	赫兹
频率关系	β	0.905 379 9	
放大系数	D	2.471 906 3	
相位响应	θ	1.108 892 6	弧度

（续表）

原始数据			
半潜起重船			
波初始相位	φ	0.811 178 2	弧度
振幅激振力	Q_0	129 734 62	牛
驳船			
荷载转移后的初始振幅	C_1	3.21	米
刚度	k	25 181 966	牛/米
驳船的质量	$m_{驳船}$	3 396	吨
附加质量	$m_{附加}$	1 698	吨
模块的本征频率	ω_0	2.233 885	赫兹
频率关系	β	0.235 376 5	
放大系数	D	1.053 431 7	
相位响应	θ	0.099 344 5	弧度
波初始相位	φ	0.050 965 8	弧度
振幅激振力	Q_0	9 208 868	牛
模块			
吊索的横截面积	S	0.049	平方米
吊索数量	n	4	
杨氏模量	E	$2E+11$	帕
吊索长度	L	50	米
吊索强度	k	824 250 000	牛/米
模块质量	$m_{模块}$	8 000	吨
本征频率	ω_0	10.150 431	赫兹

从这些计算中可以看出，在最坏的情况下，必要的吊离速度为 7.8 m/s。

注意：目前的例子阐述了起吊速度的计算方法。使用的数据，尤其是附加质量，在要求很高的起吊速度时可能是有些不现实的。

符号表

c		阻尼
$F(t)$		外力
I		脉冲
k		刚度
t		时间

λ	相对阻尼
ω_{d}	阻尼频率
ω_0	特征频率

扩展阅读

- Biggs，J. M.，Introduction to Structural Dynamics，McGraw-Hill，NewYork，1964，341p.
- Bhattacharyya，R.，Dynamics of Marine Vehicles，JohnWiley & Sons，NewYork，1978，498p.
- Chopra，A. K.，Dynamics of Structures，Fourth Edition，Prentice Hall，New Jersey，2012，992p.
- Faltinsen，O. M.，Sea Loads on Ships and Offshore Structures，Cambridge Ocean Technology Series，Cambridge University P，1990.
- Nielsen，F. G.，Lecture Notes in Marine Operations，NTNU，Trondheim，2007.

第10章　海上作业

10.1　海上作业介绍

10.1.1　定义

海上作业是一种海上活动,在浮动装置或暂时从事特定任务的船舶上完成,海上作业任务的执行受到天气条件的影响。这种敏感性主要与浮动装置的运动有关。天气敏感性通常通过操作限制来表达,并且明显与人身危害和财产或收入的损失风险有关。与海上作业有关的一些常用术语如下:

- 船舶/装置的可用性。
- 船舶/装置工作时的天气窗。
- 等候天时(WOW)。
- 运动补偿。
- 坠落物体。

海上作业的种类:

- 管道安装。
- 管道拖带。
- 脐带缆安装。
- 油井干预、连续油管介入。
- 海底设备安装;通过月池;从舷侧。

10.1.2　海上系统要素

表10.1显示了每个主要系统要素在该领域的整个寿命中如何经历不同的阶段,并且列出了典型的海上作业类型和相应使用的船舶。

只有与油井活动有关的船只和浮式生产储油卸货装置(FPSO)将被视为石油活动的一部分,并将受石油法管辖。此外,在水下生产(SSP)或者管道建设上开展活动的船舶,将被视为常规的运输船舶,设计标准同样符合船舶法的规定。

表10.2给出了用于海上作业的不同类型的船舶的一些规格。

表 10.1　深水油田宏观活动矩阵

系统/活动		油田开发			生产阶段		弃井
		设计	建设	安装	生产	干预	
油井		无	无	DR	无	DR/LWI	反向安装
特种作业	XMT			DR/WIS		DR/MPSV	
	STR			MPSV/HLV		MPSV	
	控制			MPSV		MPSV	
管道	出油管道			CAP		MPSV/CAP	
	脐带管			CAP		MPSV/CAP	
	隔水管			CAP		MPSV/CAP	
浮式生产储卸油装置				AHTS/MPSV			

注：DR—钻井平台；AHTS—操锚供应拖轮；MPSV—多用途工作船（建设）；CAP—建设和铺管；WIS—半潜式修井平台；LWI—光井干预；HLV—重吊船；XMT—采油树；STR—海底基盘。

表 10.2　船舶的类型和尺寸

	船型	长度（总长）	排水量	示例（船名）
DR	半潜式钻井船	典型 100 m	30～50 000 t	West Venture
		150～260 m	50～10 000 t	West Navigator
WIS	半潜船	典型 60 m	～20 000 t	Regalia
LWI	单体船	90～125 m	8～15 000 t	Island Frontier
AHTS	单体船	70～100 m	<10 000 t	Norman Atlantic
MPSV	单体船	90～125 m	8～15 000 t	BOA Deep C
CAP	单体船	100～150 m	10～20 000 t	Skandi Navica
HLV	半潜船	180 m	50～100 000 t	Thialf

注意：船舶是单体船，具有大存储容量；半潜船具有有益的垂荡运动；∇＝容积－排水体积＝lbd，其中，l＝长度；b＝宽度；d＝下潜深度；∇＝排水体积。

- Δ＝重量－排水量＝$\rho\nabla$（N 或 t）

其中：Δ＝排水量。

- Δ＝$DW+LS$

其中：DW＝最大载重量＝装载量＋存储＋压载＋人员及其他；

LS＝空船重量＝船舶重量＋所有技术设施和运行用液体。

10.1.3　安装船与运输船（挪威规范）

安装船的运营遵守石油安全机构（PSA）的要求，包括：①执行钻井作业的石油平台或船舶；②执行油井干预的石油平台或船舶。此外，运输船舶的运营受到海事安全机构（Sjøfartsdirektoratet)的管制，如铺管船；检查、维护和维修作业船。

两种类别船舶的对比如表 10.3 所示。

船舶在海上的活动受不同的规则、法规、法律和公约（统称为安全制度）的约束。表10.4列出了安装船和运输船的不同安全制度。

表 10.3 安装船与运输船对比

	安装船	运输船
活动领域	石油	非石油海事安全机构
典型作业	油井干预	检查、维护和修理
安全制度	石油安全机构/挂旗国机构/船级社	挂旗国机构/船级社
示例	DR/WIS/LWI	AHTS/MPSV/CAP

表 10.4 安装船和运输船的安全制度

安全制度	海上规范	挂旗国规范	船级社规范
执行方	石油安全机构（PSA）	海事安全机构	挪威船级社 美国船级社
参考法律法规	石油法及规范＋挪威标准海洋规定	船舶适航法律	海上操作推荐惯例
国际法律和规范	国际标准组织（ISO）ISO 19900 系列	国际海事组织（IMO）	
适用性	安装船	运输船 ——绿皮书：商船 ——红皮书：移动装置	——船级社 ——证书 ——建议

注：不同国家的挂旗国规范各不相同；船东或客户（如石油公司）可能指定更严格规范。

10.1.4 海上作业的主要类型

在浅海、深水和超深水水域都有许多类型的海上作业。这些操作可能涉及使用前面描述的两类船舶中的任何一类。

海上作业的主要类型：

- 海底准备——抛石和疏浚。
- 安装海底结构。
- 钻井和完井。
- 输油管安装（外径达 44″）。
- 流体注入管安装（典型 4″～8″）。
- 柔性制品安装（典型 6″）。

表 10.5 给出了挪威大陆架 Ormen Lange 油气项目的时间表，其中涉及大量的海上作业。

表 10.5　Ormen Lange 油气项目时间表

序号	事件	2003年			2004年				2005年				2006年				2007年			
		2	3	4	1	2	3	4	1	2	3	4	1	2	3	4	1	2	3	4
1	前期 提交环境影响分析 (EIA) 提交发展和运营计划 (PDO) EIA 听证会和 PDO 工程的会议讨论																			
2	Nyhamna 岸上设施 现场准备 建设和安装工作 调试 动机																			
3	海上及油田开发 海底准备 输油管铺设 完井及输油管压力测试 安装海底设施																			
4	油气输送 出口输油管规划和完井 Sleipner 平台的改装 Easington 接收设施 出口输油管南方部分																			
5	开始生产及油气销售																			

10.2　安装船的运动与物理环境的关系

10.2.1　介绍

海洋物理环境产生了风、水流和波浪,风、水流和波浪的作用产生水平和垂直力,成为定位系统设计的基础,如系泊系统和动力定位(DP)系统。风与水流产生水平运动,而波浪以六个自由度进行运动(见图 10.1)。

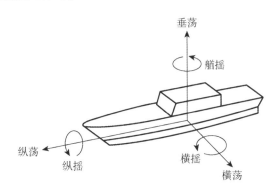

图 10.1　船舶的刚体运动(六自由度)
注:平移运动:纵荡、横荡、垂荡;转动运动:横摇、纵摇、艏摇。

由于取道不同,风和波之间的关系随风的方向变化很大。北大西洋海风与海浪的关系如表 10.6 所示。此外,在表 10.7 中给出了不同风速下的海况术语,表 10.7 还显示了与风速相关的贝福特数。

表 10.6　风和浪之间的关系

海况编号	有义波高/m		持续风速/(节)		北大西洋			北大西洋		
	范围	平均	范围	平均	海况概率/%	模态波周期/s		海况概率/%	模态波周期/s	
						范围	最大可能性		范围	最大可能性
0～1	0～0.1	0.05	0～6	3	0.7	—	—	1.3	—	—
2	0.1～0.5	0.3	7～10	8.5	6.8	3.3～12.8	7.5	6.4	5.1～14.9	6.3
3	0.5～1.25	0.88	11～16	13.5	23.7	5.0～14.8	7.5	15.5	5.3～16.1	7.5
4	1.25～2.5	1.88	17～21	19	27.8	6.1～15.2	8.8	31.6	6.1～17.2	8.8
5	2.5～4	3.25	22～27	24.5	20.64	8.3～15.5	9.7	20.94	7.7～17.8	9.7
6	4～6	5	28～47	37.5	13.15	9.8～16.2	12.4	15.03	10.0～18.7	12.4
7	6～9	7.5	48～55	51.5	6.05	11.8～18.5	15	7	11.7～19.8	15
8	9～14	11.5	56～63	59.5	1.11	14.2～18.6	16.4	1.56	14.5～21.5	16.4
＞8	＞14	＞14	＞63	＞63	0.05	18.0～23.7	20	0.07	16.4～22.5	20

飓风(台风)可以描述成一种快速旋转的暴风系统,其特性可能包括:

- 低压中心
- 螺旋结构
- 强风

海况与蒲福风级无对应关系,如表 10.7 所示。

示例

由于巴伦支海的恶劣环境,我们会有很多方面的操作限制,如:

- 较长的通过时间。
- 寒冷。

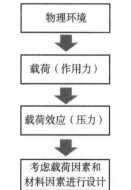

- 冰冻海水飞溅,结冰。
- 冰山或冰。
- 黑暗。
- 低气压发生很快。
- 天气预报不充分。

图 10.2　确定设计载荷的步骤

在设计和规划中分配的载荷因素和材料因素将受到上述因素的影响。设计载荷是结构设计承受的最大荷载,基于载荷系数和材料系数给出安全冗余度。可以通过以下步骤来确定设计载荷,如图 10.2 所示。海上作业是受天气限制的,取决于天气预报和预报的不确定性。

表 10.7　海况术语和风速

贝福特风数	风速				水手术语	美国气象局术语	估算风速		世界气象学	
	节	mile/h	m/s	km/h			海上看到的效果	陆上看到的效果	波浪的术语及高度/ft	编码
0	<1	<1	0.0~0.2	<1	无风		海面像镜子	无风，烟直上	无浪，0	0
1	1~3	1~3	0.3~1.5	1~5	软风	软风	微波峰无飞沫	烟示风向，风向标不转动	微浪，0~1	1
2	4~6	4~7	1.6~3.3	6~11	轻风		小波峰，玻璃状，未破碎	感觉有风，树叶有响声，风向标开始转动	小浪，1~2	2
3	7~10	8~12	3.4~5.4	12~19	微风	微风	大波峰，飞沫开始破碎，泡沫飞溅	树叶，树枝持续摆动，旌旗展开	轻浪，2~4	3
4	11~16	13~18	5.5~7.9	20~28	和风	和风	小波浪变长，有许多白帽浪	吹起尘土，树叶，纸张，小树枝摆动		
5	17~21	19~24	8.0~10.7	29~38	轻劲风	轻劲风	中浪，形状更长，大量的白帽浪，一些浪花飞溅	小树摇摆	中浪，4~8	4
6	22~27	25~31	10.8~13.8	39~49	强风	强风	大波浪成形，到处是白帽浪，更多浪花飞溅	大树枝摇动，电线有声	大浪，8~13	5
7	28~33	32~38	13.9~17.1	50~61	疾风		海面上涌，波浪破裂产生的白色泡沫开始成带状	整棵树摇动，迎风步行感觉阻力		
8	34~40	39~46	17.2~20.7	62~74	大风	大风	大浪，长度较大，波峰开始破裂成飞沫，泡沫成条	折毁树枝，前行受阻	巨浪，13~20	6
9	41~47	47~54	20.8~24.4	75~88	烈风		波浪高，海面开始翻滚，有稠密的泡沫带，飞溅可能降低能见度	发生轻微结构损毁，瓦片吹飞	狂浪，20~30	7
10	48~55	55~63	24.5~28.4	89~102	狂风	狂风	波浪很高，波峰翻卷，海面因而呈白色，泡沫带布满稠密的滚滚带，能见度下降	陆地上很少见，树木损毁或连根拔起，发生大量的结构损毁		
11	56~63	64~72	28.5~32.6	103~117	暴风		波浪非常高，海上覆盖白色泡沫块，能见度进一步下降		狂涛，30~45	8
12	64~71	73~82	32.7~36.9	118~133	飓风	飓风	空气中充满了白色的浪花，海面由于强劲飞沫完全发白，能见度大大降低	陆地上非常少见，经常伴随大规模损毁。	怒涛，45以上	9
13	72~80	83~92	37.0~41.4	134~149						
14	81~89	93~103	41.5~46.1	150~166						
15	90~99	104~114	46.2~50.9	167~183						
16	100~108	115~125	51.0~56.0	184~201						
17	109~118	126~136	56.1~61.2	202~220						

注：自 1995 年 1 月 1 日起，天气图符号以用节为单位的风速为基础，每五节为一个间隔，而不再用贝福特数。出自《海洋学图表手册》，SP-68，美国，船舶海洋学办公室，1966。

10.2.2　海洋物理环境载荷的影响

海洋物理环境、风、水流和波浪的现象等会产生作用于船舶上的力/载荷（或作用）。这些载荷导致作用效应，如可以产生许多种情况的运动，包括锚系统中的力、晕船和结构中的应力。

这些作用效应可以通过全尺寸测量、模型尺度试验或校准的数学模型来获得。

（1）作用于波浪中（u_w）和水流中（u_c）的圆柱体（如立管或输油管）上的载荷的莫里森力：

$$F_{单位长度} = \rho C_m \nabla \dot{u}_w + \frac{1}{2} \rho C_D A \mid u_w + u_c \mid (u_w + u_c) \tag{10.1}$$

（2）作用于暴露在空气动力学（风）力及其他导致船舶加速的各种力中的自由浮动船舶上的力：

$$F_{黏性} + F_{空气动力} = (m + m_{附加}) a \tag{10.2}$$

式中：m 为船舶质量；$m_{附加}$ 为附加质量；a＝船舶加速度。

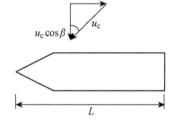

图 10.3　洋流的投射

（3）作用于船舶上的空气动力学（风）力：

$$F_{风} = \rho C_D A \frac{v^2}{2} \tag{10.3}$$

式中：A 为垂直于风向的投影面积；C_D 为风速 v 和几何学决定的阻力系数。

（4）作用于暴露在洋流中的船舶或者处于拖航状态的船舶上的力（见图 10.3）：

$$F_{洋流} = \frac{0.075}{(\log_{10} R_n - 2)^2} \frac{1}{2} \rho S_u u_c^2 \cos \beta \mid \cos \beta \mid \tag{10.4}$$

式中：

S_u 为浸水面积；u_c 为洋流速度（拖航的相对速度）；

$R_n = \dfrac{u_c L \cos \beta}{\nu}$；

L＝船舶长度；

ν＝水的黏度；

β＝水流和船舶之间的角度。

载荷导致了操作限制的增加，包括：

- 垂荡和纵摇运动
- 动力定位系统可能不足
- 对系泊系统的要求
- 水流导致的对遥控船舶（ROV）的操作限制
- 风导致的吊机限制操作
- 晕船
- 直升机操作及其他

载荷可能来自不同的方向,使运动更加复杂,如图 10.4 所示。

此外,波候可以由一个方向(如偏离风向 15° 处)形成波浪,而涌浪从不同(从最后一次暴风)的方向涌来。

船舶的可用性可以表述如下:

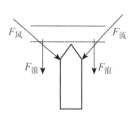

图 10.4　不同方向上对船舶的载荷

$$A_{av} = \frac{T_{作业}}{T_{总}} = \frac{T_{总} - T_{DT} - T_{WOW}}{T_{总}} \tag{10.5}$$

$$= 1 - \frac{T_{DT}}{T_{总}} - \frac{T_{WOW}}{T_{总}} \tag{10.6}$$

式中:T_{WOW}＝天气造成的等工时间;

T_{DT}＝其他停工时间。

示例:相对于船舶位移的垂荡运动以及作用于设备上的相关作用力。

观察周期为 5 s 的波($f = 0.2$ Hz)。这是晕船的临界频率。

考虑一条在这些波中垂荡幅度为 3 m 的船舶(最大垂荡高度 $H_0 = 6$ m),则其垂荡为

$$H_n(t) = \frac{H_0}{2} \sin \omega_n t \tag{10.7}$$

$$\omega_n = \frac{2\pi}{5} = 1.25 \text{ s}^{-1}$$

由此得出速度和加速度:

$$\dot{H}_n(t) = \frac{H}{2} \omega_n \cos \omega_n t \tag{10.8}$$

$$|\dot{H}_0|_{max} = \frac{H_0}{2} \omega_n \tag{10.9}$$

$$= 3.75 \frac{m}{s}$$

$$\ddot{H}_n(t) = -\frac{H}{2} \omega_n^2 \sin \omega_n t \tag{10.10}$$

$$|\ddot{H}_0|_{max} = \frac{H_0}{2} \omega_n^2 \tag{10.11}$$

$$= 4.7 \frac{m}{s^2} = 0.48 \text{ g}$$

作用于甲板上的设备(和人员)的垂直力为

$$|F_n|_{max} = mg \pm m |\ddot{H}_0|_{max}$$
$$= m(1 \pm 0.48)g$$
$$= \text{weight}(1 \pm 0.48) \tag{10.12}$$

10.2.3　波浪补偿以减少升力的垂荡运动

波浪补偿是一种用来减少波浪对钻井和起重作业影响的方法。它既可以是主动波浪补偿,也可以是被动波浪补偿。由于控制系统的存在,主动波浪补偿不同于被动波浪补偿。主动波浪补偿系统中的控制系统利用能量来保持精度,从而补偿不同点的运动。

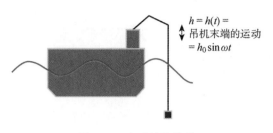

$$h = h(t) =$$
吊机末端的运动
$$= h_0 \sin \omega t$$

图 10.5　主动波浪补偿

作为一种补偿措施,补偿绞车可以用来减少起重机提升的运动,从而减少 $T_{wow}/T_{总}$ 并增加船舶的操作窗口(见图 10.5)。MRU＝运动参照单元,用来确定船舶的纵摇、横摇和垂荡,$h=h(t)$ 为起重机末端的运动。

起重机末端的计算运动是 $h(t)$。主动波浪补偿系统将通过位移来移动起重机末端:

$$hc = -ch(t) = -h_x(t) \tag{10.13}$$

起重机末端的剩余运动由此减少到:

$$h_{剩余} = h(t) - h_x(t) = h(t) = h(t)\{1-c\} \tag{10.14}$$

10.3　示例

例 10.1

一家公司有一个关于是现在还是以后对旧的导管架平台进行整体移动的项目,平台上安装了一些上部设备。

将结构留在现在位置的主要关注点:

- 甲板上的波浪会损坏平台。多年来海底塌陷已有好几米
- 船舶撞击会导致进一步的损坏
- 腐蚀会使情况恶化,使以后移动平台更加困难
- 结构疲劳

进行平台移动操作的主要关注点:

- 对人员的风险
- 旧平台无法使用顶层的反向配合,对人员的风险更大
- 通道
- 结构的尺寸和重量
- 后勤
- 天气
- 海上吊装作业
- 切割作业
- 液体泄漏

讨论下列三种方案所涉及的风险:

① 关掉平台,在 5 年后和公司将来开展的其他海上作业一起移动平台。

- 顶层和底部结构的腐蚀风险(由于维护减少)
- 由于腐蚀,后期移动平台费用更高/所耗时间更长
- 结构疲劳

- 5 年内顶层/底部结构的维护费用

- 底部结构的海洋生物(由于对底部结构的维护减少)

② 现在将甲板移开,等 5 年后和公司将来开展的其他海上作业一起移动底部结构。

- 底部结构腐蚀

- 海洋生物

- 结构疲劳

- 船舶撞击

③ 将整个装置现在移走。

- 需要更多的资源(如果没有协调海上作业的话)

- 对人员风险更大(时间压力大)

- 需要很多船舶同时参与;船舶撞击、事故

进行成本效益分析,对比三个方案的成本的"净现值"(NPV)。

假设:利息=10%。

(1) 假设方案① 5 年内的成本为 2 亿挪威克朗(NOK 200M,M 为百万)(物价不上涨)。

$$NPV = \frac{200\ M}{1.1^5} = 124\ M。$$

方案①的好处:

- 后期进行海上作业协调

- 最便宜(但是不考虑维护费用)

- 价格确定

公众舆论:可能产生污染。

最便宜方案,但可能对声誉有损。价格是固定的,但选择的承包商/供应商可能在五年内破产。政策可能会发生变化,导致更高的环境税。期间也必须要有一些维护,特别是对顶层结构/设备。在"废弃"期间所需的维护资金(很可能)会受到政府的管制,而且费用很高。

(2) 假设方案②的成本现在为 1 亿挪威克朗,5 年后为 1.6 亿挪威克朗。

$$NPV = 100\ M + \frac{160\ M}{1.1^5} = 199\ M$$

方案②的好处:

- 后期进行海上作业协调

- 现在就将顶层移走

公众舆论:可以,只要将顶层马上移走,可以接受将底部结构保留 5 年。

好方案。从净现值上考虑不是最贵的。单单底部结构也不需要很多的维护。可能会发生撞击,但是底部结构上装有全球定位系统(GPS),可以避免撞击。

(3) 假设方案③现在的成本为 2.5 亿挪威克朗(目前)。

$$NPV = 250\ M。$$

方案③的好处:将顶层和下部结构均马上移走

公众舆论:可以,将顶层和下部结构移走是件好事。

可能是对声誉最好的一个方案。不一定非要使用海上作业资源,也可以和其他附近项目协调海上作业。

讨论：你将推荐哪一个方案？也要考虑在等待移走的时候，如果平台被破坏，公司的"声誉损失"。你对利息的假设是如何影响你的结论的？

推荐方案②（见表10.8），因为：

顶层将立即被移走。五年后移除下部结构并不重要。如果在五年后移除顶层，可能会有泄漏（尽管处理系统被冲洗过，管道中仍可能残留碳水化合物）。

由于顶层被移走，公众的舆论会很好。如果下部结构在等待移动时受到损坏，对环境的影响不会很大。声誉可能会受到一些损害，但不会持久。

当使用净现值法时，10％的利率是正常利率。如果估计方案①中"声誉损失"成本为1.25亿挪威克朗的话，方案②在利率为10％时最具成本效益。

表 10.8　不同移动方案的净现值（挪威克朗，M 为百万）

利息/％	方案①	方案②	方案③
1	190 M	252 M	250 M
2.5	177 M	241 M	250 M
5	157 M	225 M	250 M
10	124 M	199 M	250 M
15	99 M	180 M	250 M
20	80 M	164 M	250 M

符号表

a	船舶加速度
A	垂直于风向的投影面积
b	宽度
C_D	阻力系数
C_M	质量/惯性系数
d	下潜深度
DW	最大载重量
F_n	垂荡运动造成的垂直力
$H_n(t)$	垂荡运动造成的位移
$\dot{H}_n(t)$	垂荡运动造成的速度
$\ddot{H}_n(t)$	垂荡运动造成的加速度
H_0	垂荡高度
$h(t)$	吊机末端的运动
$h_x(t)$	主动波浪补偿
l	长度
LS	空船重量

m	船舶质量
$m_{附加}$	附加质量
S_u	浸水面积
T_{DT}	其他停工时间
T_{WOW}	等候天时
u_c	洋流速度
u_w	波的速度
Δ	排水量
ρ	密度
ω_n	角频率
∇	排水体积

参考文献

Nergaard A. Subsea Technology Lecture Compendium. University of Stavanger，2006.

扩展阅读

• DNV，Modelling and Analysis of Marine Operations，Recommended Practice：DNV-RP-H103，Det Norske Veritas，Høvik，Oslo，2008.

第 11 章　船舶运动

11.1　引言

船舶运动,即船舶在海上所经历的运动,可以用六个自由度来定义。六个自由度运动包括三种平移运动和三种转动运动。图 11.1 显示了船舶运动的六个自由度。

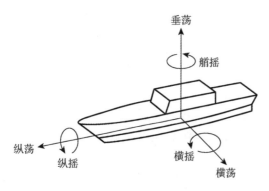

图 11.1　船舶运动的六自由度

注:平移运动:纵荡、横荡、垂荡;转动运动:横摇、纵摇和艏摇。

六个自由度在海上作业中的重要性各有不同,具体取决于作业的类型:垂直操作最重要的是垂荡;横摇是船上起重机操作中最重要的部分。

转动运动(横摇、艏摇和纵摇)对于船上各点都是相同的,而平移运动(垂荡、纵荡和横荡)是耦合的,并且依赖于其他自由度的运动。如垂荡运动中的船头方向取决于重力中心和"纵摇引发的垂荡"。

本章将讨论垂荡运动和横摇运动,并回顾纵摇运动的一些内容。

船舶的耐波性是衡量船舶适航性的一个度量指标。因此,海上船舶的运营遵循一些特定的耐波性衡准。基于其耐波性衡准,船舶可分为商船、军舰和快速小型艇。

表 11.1 给出了船舶的一般可操作性限制衡准,表 11.2 给出了加速和横摇的衡准。

表 11.1　一些船舶类型的限制衡准

	商船	军舰	快速小型艇
在垂直向前时的垂直加速度(RMS 值)	$0.275g$ ($L=100$) $0.05g$ ($L=330$)*	$0.275g$	$0.65g$
在桥楼的垂直加速度(RMS 值)	$0.15g$	$0.2g$	$0.275g$
在桥楼的横向加速度(RMS 值)	$0.12g$	$0.1g$	$0.1g$
横摇(RMS 值)/(°)	6.0	4.0	4.0
砰击衡准(概率)	0.03 ($L=100$) 0.01 ($L=300$)**	0.03	0.03
甲板湿度衡准(概率)	0.05	0.05	0.05

注:* 长度在 100 到 330 m 之间的限制衡准在 $L=100$ 和 330 m 的值之间几乎呈线性变化,其中 L 是船长。** 长度在 100 到 300 m 之间的限制衡准在 $L=100$ 和 330 m 的值之间呈线性变化。

表 11.2　关于加速度和横摇的衡准

均方根衡准			描述
垂直加速度	横向加速度	横摇/(°)	
$0.20g$	$0.10g$	6.0	轻体力劳动
$0.15g$	$0.07g$	4.0	重体力劳动
$0.10g$	$0.05g$	3.0	脑力劳动
$0.05g$	$0.04g$	2.5	过境旅客
$0.02g$	$0.03g$	2.0	远洋邮轮

根据奥德兰的研究,垂荡运动衡准规定船舶的垂荡幅度应小于 4 m。低垂荡运动是船舶设计中的一个重要考虑因素,可以使钻井和其他作业持续更长时间。具有低垂荡运动的典型结构案例包括半潜式装置。需要考虑的另一个重要的船舶运动是横摇,特别是在考虑诸如起重机操作和在驳船上运输导管架时的操作。在这些类型的操作中,限制可以通过横摇、纵摇和加速来呈现。

表 11.3 列出了用于横摇运动术语的符号。

表 11.3　垂荡和横摇运动的符号和单位

	位置	速度	加速度
平移运动(垂荡)	$z(t)$	$\dot{z}(t)$	$\ddot{z}(t)$
转动运动(横摇)	角度 $\theta(t)$	角速度 $\dot{\theta}(t)$	角加速度 $\ddot{\theta}(t)$

11.2　垂荡运动

垂荡运动可以定义为船沿垂直轴的垂直向上和向下运动。

运动方程由下式给出:

$$m\ddot{z}(t) + c\dot{z}(t) + kz(t) = F(t) = \text{Force} \tag{11.1}$$

方程的解:

$$z(t) = z_h(t) + z_p(t) \tag{11.2}$$

式中:

$z_h(t) =$ 齐次方程的解,$m\ddot{z}(t) + c\dot{z}(t) + kz(t) = 0$;

$z_p(t) =$ 整个方程(11.1)的特定解。

11.2.1　齐次解 $z_h(t)$

在无阻尼情况下 $c = 0$,初始条件为 $z(t = 0) = 0$ 和 $\dot{z}(t = 0) = (H/2)(1/\omega)$ 时,齐次方程的解由下式给出:

$$z_h(t) = \frac{H}{2}\sin \omega_0 t \tag{11.3}$$

其中:

$$\omega_0 = \sqrt{\frac{k}{m}}$$

$$T_0 = \frac{2\pi}{\omega_0} = 2\pi\sqrt{\frac{m}{k}}$$

式中,ω_0＝特征频率;

T_0＝特征周期。

注意:该运动不是由波浪产生,而是由垂直方向上的初始力产生齐次解 z_1,称为"瞬时垂荡运动",其在实践中当然是有阻尼的($c \neq 0$)。

此外,重要的一点是"避免共振!"

所以必须找到:

$\omega_{垂荡}$＝确定何时在垂荡运动和波浪起伏之间有共振,

$\omega_{横摇}$＝确定何时在横摇运动和波浪起伏有什么共振。

(1)垂荡位移。

$$z_h(t) = \frac{H}{2}\sin \omega_0 t$$

振幅:

$$z_{h\,max}(t) = \frac{H}{2} \tag{11.4}$$

意义:

• 直升机操作

• 对加载、卸载、垂直提升的影响

• 影响补偿设备的必要位移长度

(2)垂荡速度。

$$\dot{z}_h(t) = \frac{H}{2}\omega_0\cos \omega_0 t \tag{11.5}$$

振幅:

$$\dot{z}_{h\,max}(t) = \frac{H}{2}\omega_0 \tag{11.6}$$

意义:

• 直升机操作

• 起重作业的速度

• 补偿设备中的液压流量,井中的活塞效应

(3)垂荡加速度。

$$\ddot{z}_h(t) = -\frac{H}{2}\omega_0^2\sin \omega_0 t \tag{11.7}$$

振幅:

$$\ddot{z}_{h\,max}(t) = \frac{H}{2}\omega_0^2 \tag{11.8}$$

意义:

• 垂直力

• 货物和设备紧固

• 晕船

（4）质量（m）

船的质量是 m_v，附加质量是 m_a。附加质量是由于船舶的运动而运动的水质点，其振幅在远离船时会下降。附加质量通过计算和使用评估船体形状的经验数据确定。m_a 也可以从模型试验或船舶行为的实际现场测量中得到。可以在船舶下面使用等同于汽缸一半体积的水。

（5）刚度（k）

刚度被定义为抵抗垂直运动的阻力。对于垂荡运动来说，刚度是抵抗垂直运动的能力：

$$k = A_w \rho g \; \frac{N}{m} \tag{11.9}$$

式中：A_w＝水线面积；

$$m = m_a + \rho \nabla$$

式中：∇＝船舶排水量；

$$\nabla = A_w d$$

式中：d＝船舶吃水。

可以得到：

$$\omega_0 = \sqrt{\frac{k}{m}} = \sqrt{\frac{A_w \rho g}{m_a + \rho \nabla}}, \quad T_0 = 2\pi \sqrt{\frac{m_a + \rho \nabla}{A_w \rho g}} \tag{11.10}$$

式（11.10）在 $m_a \ll \rho \nabla$ 和驳船的情况下有效，其中：

$$\nabla = A_w \cdot d$$

因此

$$T_{垂荡船舶} = 2\pi \sqrt{\frac{m_a + \rho \cdot A_w \cdot d}{A_w \cdot \rho \cdot g}} \approx 2\pi \sqrt{\frac{d}{g}} \quad （小附加质量） \tag{11.11}$$

但是设置 $m_a \ll \rho \nabla$ 可能是不现实的。

注意事项：

有了大的附加质量，我们可以拥有大的 T_h。可以通过在驳船上安装扰流板来增加附加质量（"舭龙骨"）（见图 11.2）。

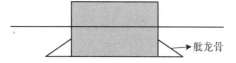

图 11.2　具有增加的附加质量的驳船会增加驳船垂荡固有周期

11.2.2　特定解 $z_p(t)$

为了确定特定解，考虑常规正弦强迫的情况，如

$$F(t) = F_0 \sin \omega t \tag{11.12}$$

因此，特定解由以下式给出：

$$z_p(t) = \frac{F_0}{k} \cdot \mathrm{DAF} \cdot \sin(\omega t - \theta) \tag{11.13}$$

对于无阻尼情况，$c = 0$：

$$z_p = \frac{F_0}{k} \left(\frac{1}{1 - \beta^2} \right) \sin(\omega t) \tag{11.14}$$

当 DAF＝动力放大因子：

$$\beta = \frac{\omega}{\omega_0} = \frac{激振频率}{本征频率}$$

对于 $\omega \ll \omega_0$ 或 $T \gg T_0$，系统将呈准静态，$\beta \approx 0$，DAF ≈ 1。

$$z_p(t) = \frac{F_0}{k} \sin \omega t \tag{11.15}$$

对于 $\omega \sim \omega_0$，系统中的共振将受到阻尼 c 的限制。

波浪中的垂直速度和加速度由下式给出：

$$\dot{z}_p(t) = \frac{F_0}{k} \text{DAF} \, \omega \cos(\omega t - \theta) \tag{11.16}$$

$$\ddot{z}_p(t) = -\frac{F_0}{k} \text{DAF} \, \omega^2 \sin(\omega t - \theta) \tag{11.17}$$

这里必须考虑瞬态运动，除非是衰减的。

例：驳船和半潜式平台的简单比较（见图 11.3）。

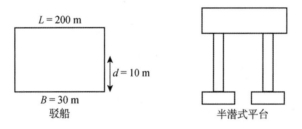

图 11.3　驳船与半潜式平台的比较

研究一个例子，当

$$\nabla_{驳船} = \nabla_{半潜}$$

$$\frac{A_{w,驳船}}{10} = A_{w,半潜}$$

（1）特征周期值（T_0）。

$$T_{驳船} = 2\pi \sqrt{\frac{m_a + \rho \cdot 30 \cdot 10 \cdot 200}{\rho \cdot g \cdot 30 \cdot 200}}, \quad T_{半潜} = 2\pi \sqrt{\frac{M_a + \rho \cdot 30 \cdot 10 \cdot 200}{\dfrac{\rho \cdot g \cdot 30 \cdot 200}{10}}}$$

对于较小的 m_a

$$T_{驳船} = 2\pi \sqrt{\frac{10}{g}} \sim 6.28 \text{ s}$$

实际中：

$m_a \sim m_v$，所以有

$$T_{附加质点的驳船} = 2\pi \sqrt{\frac{12.5}{g}} \sim 9.7 \text{ s}$$

对于较小的 M_a

$$T_{半潜} = 2\pi \sqrt{\frac{100}{g}} \sim 20 \text{ s}$$

实际中：

$M_a \sim \dfrac{1}{3} M_v$，所以有

$$T_{附加质点的驳船} = 2\pi \sqrt{\frac{133}{g}} \sim 23 \text{ s}$$

（2）波长（L）。

可以找到在深水中 $d/L > 1/2$ 的相关共振波。回想一下深海频散关系：

$$\omega^2 = gk \quad \text{或} \quad k = \frac{\omega^2}{g}, \quad \frac{2\pi}{L} = \frac{\omega^2}{g}, \quad L = \frac{2\pi g}{\omega^2} \tag{11.18}$$

波长：

$$L = \frac{2\pi g}{(2\pi)^2} T^2 = \frac{gT^2}{2\pi} \tag{11.19}$$

波形的速度：

$$c = \frac{\omega}{k} = \frac{2\pi}{T} \frac{L}{2\pi} = \frac{L}{T} \tag{11.20}$$

或者频散关系：

$$c = \frac{\omega}{k} = \frac{\omega^2}{k\omega} = \frac{gk}{k\omega} = \frac{g}{\omega} \tag{11.21}$$

表 11.4 总结了结果。

表 11.4　典型驳船和非常大的半潜式平台之间的比较

	考虑附加质量的特征周期 T_0/s	$L = \dfrac{gT^2}{2\pi}/\text{m}$	$c = \dfrac{L}{T_0}/(\text{m} \cdot \text{s}^{-1})$
驳船	9.7	76	10
半潜式平台	23*	826	36

注：* 周期为 23 s 的波浪在海中非常罕见。

11.3　前进船舶遭遇频率

遭遇频率是波浪频率和航速的函数,考虑船舶在波浪中移动的情况(见图 11.4)。

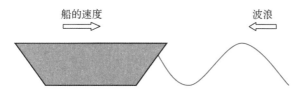

船的速度　　　　　　　　波浪

图 11.4　船舶运动方向和波浪方向

波形速度：

$$c_{\text{v}} = \frac{g}{\omega} \tag{11.22}$$

波浪在将要接近一艘不移动的船舶时,频率为 ω。

在 T_1 时刻内,速度为 V 的船舶将会移动的距离为 L_1,由下式给出：

$$L_1 = V \cdot T_1 \tag{11.23}$$

这可以由遭遇频率 ω_1 表示,由下式给出：

$$\omega_1 = \frac{2\pi}{T_1} = \frac{2\pi V}{L_1} \tag{11.24}$$

就波浪频率 ω 而言,距离 L_1 可写为

$$L_1 = \frac{2\pi g}{\omega^2}$$

根据

$$\omega^2 = gk_1 = \frac{2\pi g}{L_1} \tag{11.25}$$

得到：

$$\omega_1 = \frac{2\pi V}{2\pi g}\omega^2 = \frac{\omega^2 V}{g} \tag{11.26}$$

新的遭遇频率是

$$\omega_e = \omega + \frac{\omega^2 V}{g} \tag{11.27}$$

当船在运动时,表观波频率也在改变中。

该船有自己的特征频率（$\omega_{垂荡}$，$\omega_{横摇}$，$\omega_{纵摇}$ 等），可以从齐次方程中找到。如果船舶停泊，共振位于 $\beta = 1 \rightarrow \omega_{船舶运动} = \omega_{波长}$。

例如,考虑前面例子中的驳船,

对于 $T_{波长} = 9.7$ s, $\omega = \frac{2\pi}{7} = 0.6$ s^{-1} 并且 $c = 15\ \dfrac{m}{s}$

假设 $V_{船舶} = 20$ 节 $= 0.514\ \dfrac{m}{s} \cdot 20 = 10.3\ \dfrac{m}{s}$

然后

$$\omega_e = 0.6\ s^{-1} + \frac{(0.6\ s^{-1})^2 \cdot 10.3}{9.81} s^{-1} = 1.0\ s^{-1}$$

$$T_e = 6.2\ s$$

11.4　横摇运动

横摇运动是指船舶的左右转动运动。

横摇运动方程：

$$I_T \ddot{\theta}(t) + c_r \dot{\theta}(t) + k_r \theta(t) = M(t) = \text{moment} \tag{11.28}$$

式中：

I_T＝横向质量惯性矩；

$k_r\theta(t)$＝扶正力矩＝扶正臂×浮力。

$$k_r \theta(t) = GZ \cdot \rho g \nabla = GZ \cdot \Delta = GM \sin\theta \cdot \Delta \tag{11.29}$$

式中：

∇＝排水体积；

Δ＝排水量＝$\rho g \nabla$。

对于小角度 θ, $\sin\theta \sim \theta$

$$k_r \theta(t) \approx GM \cdot \theta(t) \cdot \Delta \tag{11.30}$$

$$k_r \approx GM \cdot \Delta \tag{11.31}$$

11.4.1　齐次解 $\theta(t)$

对于无阻尼的情况, $c_r = 0$ 且初始条件 $\theta(t = 0) = 0$ 和

$$\dot{\theta}(t) = \theta_0 \omega_r \tag{11.32}$$

齐次解由下式给出:

$$\theta_h(t) = \theta_0 \sin \omega_r t \tag{11.33}$$

横摇运动中特征频率 ω_r 由下式给出:

$$\omega_r = \sqrt{\frac{\Delta \cdot GM}{I_T}} \Rightarrow T_{横摇} = 2\pi \sqrt{\frac{I_T}{\Delta \cdot GM}} \tag{11.34}$$

一定的体积相对于通过重心的轴线的横向质量惯性矩为

$$I_T = \int_v x^2 \mathrm{d}m = \int_v x^2 \cdot \rho \cdot \mathrm{d}V \tag{11.35}$$

I_T 单位为 kg·m^2。

图 11.5 显示了船长为 l,吃水为 d 的船舶的横剖面,有如下关系式:

$$\overline{BB'} \cdot \rho g \nabla = \int_{-b/2}^{b/2} \underset{\text{扶正力力臂}}{x} \cdot \rho g \underbrace{(d + x\theta) \cdot l}_{\text{排水体积}} \mathrm{d}x \tag{11.36}$$

$$= d\rho g l \int_{-b/2}^{b/2} x \mathrm{d}x + \theta \rho g l \int_{-b/2}^{b/2} x^2 \mathrm{d}x \tag{11.37}$$

$$= 0 + \theta \rho g \left\{ l \int_{-b/2}^{b/2} x^2 \mathrm{d}x \right\} = \theta \rho g \cdot \frac{lb^3}{12} \tag{11.38}$$

$$\overline{BB'} \cdot \rho g \nabla = \theta \rho g \cdot \frac{lb^3}{12} = \theta \rho g I \tag{11.39}$$

I＝面积惯性矩。

$$\overline{BM} = \frac{\overline{BB'}}{\theta} = \frac{\dfrac{lb^3}{12}}{l \cdot b \cdot d} = \frac{b^2}{12 \cdot d} = \frac{I}{\nabla} \tag{11.40}$$

这也可以表示为驳船以外的几何形状。

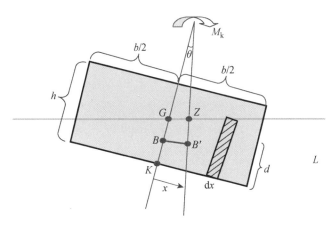

图 11.5　倾斜驳船的横剖面

质量惯性矩:

$$I_T = \int_v x^2 \cdot \rho \cdot (d + x\theta) \mathrm{d}x \mathrm{d}l = \rho d \int_{-b/2}^{b/2} x^2 \mathrm{d}x \cdot \int_0^L \mathrm{d}l = \rho d \frac{b^3}{12} l \tag{11.41}$$

$$\omega_{\text{横摇}} = \sqrt{\frac{\rho g \; \nabla \cdot GM}{I_{\text{T}}}} = \sqrt{\frac{\rho g \; \nabla \cdot GM \cdot 12}{\rho \, db^3 l}} = \sqrt{12} \; \frac{\sqrt{g \cdot GM}}{b} \tag{11.42}$$

船舶的横摇周期：

$$T_{\text{横摇}} = \frac{2\pi}{\omega_{\text{横摇}}} = \frac{2\pi}{\sqrt{12}} \frac{b}{\sqrt{g \cdot GM}} = c_{\text{r}} \frac{b}{\sqrt{GM}} \tag{11.43}$$

$c_{\text{r}} = \dfrac{2\pi}{\sqrt{12g}} = \dfrac{6.28}{10.8} = 0.6$，适用于一种船驳类型。

通常将 $c_{\text{r}} = 0.8$ 应用于船舶几何。

对于半潜式平台，必须找到相对于每个圆柱质量中心外的轴的惯性矩，如图 11.6 所示。其中 A 为圆柱的横截面面积：

$$I_{\text{A}} = \int_A (a+x)^2 \, \mathrm{d}A = \int_A (a^2 + 2ax + x^2) \, \mathrm{d}A \tag{11.44}$$

$$= a^2 \int_A \mathrm{d}A + 2a \int_A a \, \mathrm{d}A + \int_A x^2 \, \mathrm{d}A \tag{11.45}$$

$$= a^2 A + 0 + I_0 = I_0 + a^2 A \tag{11.46}$$

式中：

I_0 是相对于圆柱中心的惯性矩；

A＝圆柱面积＝πr^2。

式（11.42）称为斯坦纳公式。

回忆齐次方程的解[见式（11.33）]。横摇角度由下式给出：

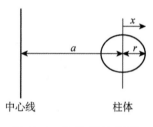

图 11.6　惯性矩计算示意图

中心线　　　　柱体

$$\theta_{\text{h}}(t) = \theta_0 \sin \omega t \tag{11.47}$$

最大横摇角度：

$$\theta_{\text{h,max}} = \theta_0 \quad \text{（偏向一边的）} \tag{11.48}$$

意义：作用在货物上的力和舒适度。

角速度：

$$\dot{\theta}_{\text{h}}(t) = \theta_0 \omega \cos \omega t \tag{11.49}$$

最大角速度：

$$\dot{\theta}_{\text{h,max}} = \theta_0 \omega \tag{11.50}$$

距离横摇运动的中心距离为 r 的横向速度由下式给出：

$$V_\theta = \dot{\theta}_{\text{h,max}} \cdot r = \omega \theta_0 r \tag{11.51}$$

意义：处理货物；舒适度；直升机的降落。

角加速度为

$$\ddot{\theta}_{\text{h}}(t) = -\theta_0 \omega^2 \sin \omega t \tag{11.52}$$

最大角加速度为

$$\ddot{\theta}_{\text{h,max}}(t) = \theta_0 \omega^2 \tag{11.53}$$

横向力由下式给出：

$$K = m \ddot{\theta} r \tag{11.54}$$

$$K_{\text{max}} = m \omega^2 \theta_0 r \tag{11.55}$$

意义:处理货物;适航固定;舒适性。

在横摇运动中,对于一艘船来说,可以选择其特征频率的可能性,可以通过选择 b 和 GM 的组合实现。对于半潜式平台来说,横摇周期强烈依赖于圆柱之间距离的选择。

11.4.2　横向力

由横摇运动产生的总横向力是两个分力的总和(见图 11.7)。距离横摇运动中心点的距离为 h。

总横向力由下式给出:

$$K_{总} = mg\sin\varphi + m\ddot{\theta}(t)h \qquad (11.56)$$

$$K_{总} = m\{g\sin\varphi + \ddot{\theta}(t)h\} \qquad (11.57)$$

例如,考虑以下情况:

$h = 15\ \text{m}$

$\theta_0 = 5° = \varphi$

$T_{横摇} = 20\ \text{s}$

然后有

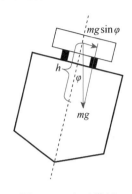

图 11.7　由于横摇运动引起的力

$$K_{\max} = m\{g\sin 5° + \omega^2\theta_0 h\}$$

$$= m\left\{0.9\ \frac{\text{m}}{\text{s}^2} + \left(\frac{2\pi}{20}\right)^2\left(\frac{2\pi \cdot 5}{360}\right) \cdot 15\right\}$$

$$= m\left\{0.9\ \frac{\text{m}}{\text{s}^2} + 0.13\ \frac{\text{m}}{\text{s}^2}\right\} = m \cdot 1.03\ \frac{\text{m}}{\text{s}^2} \sim 0.1\ g$$

例:查看第 11.2.2 节中研究的示例。

驳船的横摇周期为

$$\overline{BM}_{驳船} = \frac{b^2}{12d} = \frac{30^2}{12 \cdot 10} = 7.5\ \text{m}$$

然后对于 $GM = 1.0\ \text{m}$

$$T_{驳船横摇} = 0.6\frac{30}{\sqrt{1}} = 18\ \text{s}$$

半潜式平台的关系如下:

$$\overline{BM}_{半潜} = \frac{I}{\nabla} = \frac{面积惯性矩}{\nabla_{半潜}} = \frac{A \cdot \left(\frac{B}{2}\right)^2}{\nabla_{半潜}}$$

B 是圆柱之间的距离,如 60 m。

$$A = \frac{A_{驳船}}{10}(假设的值), \quad \nabla_{半潜} = \nabla_{驳船}(假设的值)$$

$$\overline{BM}_{半潜} = \frac{\dfrac{(200 \cdot 30)}{10} \cdot \left(\dfrac{60}{2}\right)^2}{200 \cdot 30 \cdot 10} = 9\ \text{m}$$

根据挪威海事理事会的稳定性要求:

一般船舶 $GM > 15\ \text{cm}$

渔船:

长度超过 15 cm:$GM > 35\ \text{cm}$

安装/船舶：$GM > 50$ cm

安装/半潜式：$GM > 100$ cm

如果我们使用该公式：

$$T_{横摇} = 0.8 \frac{b}{\sqrt{GM}}$$

然后有

$$T_{半潜横摇} > T_{驳船横摇} \qquad 等同 \qquad b_{半潜} \gg b_{驳船}$$

注意，可以引入惯性半径 r_1：

$$mr_1^2 = I_T$$

然后由式（11.42）得到：

$$T_{横摇} = 2\pi \sqrt{\frac{r_1^2 \cdot \rho \nabla}{\rho \cdot g \cdot \nabla \cdot GM}} = 2\frac{\pi}{\sqrt{g}}\frac{r_1}{\sqrt{GM}} = 2\frac{r}{\sqrt{GM}}$$

例：单桅帆船"沙之安娜"的横摇周期为 5 s，平均宽度是 6 m。

对于一艘船：

$$T_{横摇} = 0.8\frac{b}{\sqrt{GM}} \Rightarrow GM = \left(\frac{0.8b}{T_{横摇}}\right)^2 \sim \left(\frac{0.8 \cdot 6}{5}\right)^2 \text{ m} \sim 0.9 \text{ m}$$

具有很好的稳定性。

11.5 纵摇运动

纵摇运动是一种船舶的前后旋转运动，即前后运动。

从浮力中心到稳心（BM）的高度可以通过面积惯性矩与排水体积之间的关系来确定。图 11.8 给出了一幅用于表示矩形驳船惯性矩的示意图，注意使用了驳船的长度，正如其在纵摇运动中的状况。

纵向面积惯性矩（见图 11.8）：

$$I_{AL} = \int_{-l/2}^{l/2} Bx^2 \, \mathrm{d}x = \frac{BL^3}{12} \tag{11.58}$$

$$BM_L = \frac{I_{AL}}{\nabla} = \frac{\dfrac{BL^3}{12}}{BLd} = \frac{L^2}{12d} \tag{11.59}$$

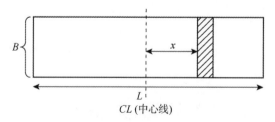

图 11.8 纵向惯性矩计算

质量惯性矩：

$$I_{ML} = \int_{-l/2}^{l/2} \frac{m}{L} x^2 \, dx = \frac{mL^3}{L \cdot 12} = \frac{mL^2}{12} \tag{11.60}$$

$$T_{pitch} = \frac{12\pi}{\sqrt{12 \cdot g}} \cdot \frac{L}{\sqrt{GM_L}} = 0.6 \cdot \frac{L}{\sqrt{GM_L}} \tag{11.61}$$

例如,考虑具有以下参数的驳船:

$L = 200$ m

$D = 10$ m

$GM_L = 300$ m

然后有

$$BM_L = \frac{200^2}{12 \cdot 10} = 333 \text{ m}$$

$$T_{纵摇} = 0.6 \cdot \frac{200}{\sqrt{300}} = \frac{0.6 \cdot 200}{17.3} = 6.9 \text{ s}$$

注意:对于一艘船来说,纵摇运动的特征周期通常比横摇运动的更低。

通过简单的弹簧系统来模拟船舶运动,因此在垂荡、纵摇或横摇的静水中受到扰动的公式,将类似于弹簧上的一定质量物体的运动方程。

11.6　示例

例 11.1

研究尺寸为 $L \times B \times H = 50$ m×10 m×8 m 的驳船的运动。

(1) 当驳船质量为 4 000 t,估算的附加质量为 2 000 t 时,计算垂荡运动的特征周期(自然周期)。

$$T_{垂荡} = 2\pi \sqrt{\frac{m_{驳船} + m_{附加}}{\rho g A_w}}$$

$$= 2\pi \sqrt{\frac{4\ 000 + 2\ 000}{1.025 \cdot 9.81 \cdot (50 \cdot 10)}}$$

$$= 6.9 \text{ s}$$

(2) 试图设计一艘船,以便它能作为"质量控制的动力系统"来响应。参考 DAF 的图来讨论这个术语。

正如第 8 章(见第 8.2 节)所讨论的那样,当 $\beta \gg 1$ 时,动力系统的运动由质量控制。DAF 和 β 之间的关系如图 11.9 所示。从这个图中,可以看到对于较大的 β 值,振幅较低。通常,DAF 由下式给出:

$$D = \frac{1}{\sqrt{(1 - \beta^2)^2 + (2\lambda\beta)^2}}$$

对于 $\beta \gg 1$:

$$D \approx \frac{1}{\sqrt{(1 - \beta^2)^2}} = \frac{1}{\beta^2} \to 0$$

这表明,对于较大的 β 值,DAF 趋向于零,因为表达式中的分母是 β 的平方。

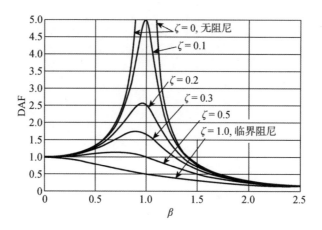

图 11.9　DAF 和 β 之间的关系

此外，β 定义为

$$\beta = \frac{\omega_{波浪}}{\omega_0} = \frac{T_0}{T_{波浪}}$$

根据上述关系，为了获得较高的 β 值，T_0 必须具有较高的值。这可以通过向系统添加更大质量（重量）来实现，因为 T_0 由下式给出：

$$T_0 = 2\pi \sqrt{\frac{m_{总}}{k}}$$

总质量（$m_{总}$）可以通过压载或增加水中物体的附加质量来增加。"舭龙骨"可以用来增加附加质量，并设计用于减少船舶的垂荡趋势。

（3）在阻尼为 10％ 的情况下，在 0.5 的升沉中找到与 DAF 相关的波浪周期。

鉴于：

$\lambda = 0.1$

$D = 0.5$

β 可由 DAF 公式获得，即

$$D = \frac{1}{\sqrt{(1-\beta^2)^2 + (2\lambda\beta)^2}}$$

$$0.5 = \frac{1}{\sqrt{(1-\beta^2)^2 + (2 \cdot 0.1 \cdot \beta)^2}}$$

$$\beta^2 - 1.96\beta^2 - 3 = 0$$

求解上面的四次方程，并且只考虑正实解，得到 $\beta = 1.74$。所得到的 β 值与 DAF 的给定值之间的关系如图 11.10 中用红色虚线显示。

相应的波浪周期由下式获得：

$$\beta = \frac{T_0}{T_{波浪}} \rightarrow T_{波浪} = \frac{T_0}{\beta}$$

$$T_{波浪} = \frac{T_0}{1.74} = 0.57 T_0$$

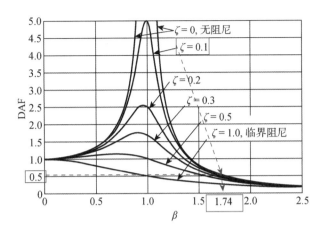

图 11.10　在 $\beta = 1.74$ 和 DAF$=0.5$ 时,DAF 和 β 之间的关系

这意味着,对于 10% 的阻尼和 0.5 的 DAF,$\beta = 1.74$,且波浪周期比特征周期小了近 60%。

(4) 考虑一个半潜式平台的状况,其立柱直径为 10 m,浮筒(方形横截面)的横截面为 10 m$\times 10$ m,在各个方向上长 50 m。立柱放置在浮筒的外端。平台的质量为 $10\ 000$ t,附加质量为 $8\ 000$ t。当钻井船在漂浮的情况下查找垂荡运动的特征周期:

对于半潜式平台,垂荡的自然周期为

$$T_{垂荡} = 2\pi \sqrt{\frac{m_{驳船} + m_{附加}}{\rho g A_{\mathrm{w}}}}$$

因此,对于浮动在其柱上的四腿单元,则

$$T_{垂荡} = 2\pi \sqrt{\frac{m_{驳船} + m_{附加}}{\rho g \cdot 4 \cdot \pi D^2 / 4}}$$

$$T_{垂荡} = 2\pi \sqrt{\frac{10\ 000 + 8\ 000}{1.025 \cdot 9.81 \cdot (\pi \cdot 10^2)}} = 15 \text{ s}$$

(5) 对于浮在浮筒上的半潜式装置(见图 11.11)的情况下,如何修正垂荡的特征周期?

当半潜式平台漂浮在浮筒上时,水线面积增加。

在这种情况下:

$A_{\mathrm{w}} =$ 立柱的截面积$+$浮船的截面积$+$在如图 11.11 所示的黑色实心填充拐角处的浮筒和立柱之间的面积

$$T_{垂荡} = 2\pi \sqrt{\frac{m_{驳船} + m_{附加}}{\rho g A_{\mathrm{w}}}}$$

$$A_{\mathrm{w}} = 4 \cdot \pi \cdot \left(\frac{10}{2}\right)^2 + 4 \cdot (10 \cdot 50) + 12 \cdot \frac{1}{4} \cdot \left[100 - \pi \left(\frac{10}{2}\right)^2\right]$$

$$A_{\mathrm{w}} = 2\ 378 \text{ m}^2$$

$$T_{垂荡} = 2\pi \sqrt{\frac{10\ 000 + 8\ 000}{1.025 \cdot 9.81 \cdot 2\ 378}} = 5.45 \text{ s}$$

(6) 对于在这个问题中所考虑的两种装置(驳船和半潜式平台)适用范围。

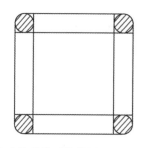

图 11.11　半潜式钻井装置的草图

对于驳船,垂荡的自然周期应小于 4 s 或大于 10 s,以实现在典型的北海日的可操作性。在6.9 s的时间内,该驳船可能适用在峡湾或在隐蔽处或造船厂码头一侧的平静海况(在北海作业中相当无用)。但是,通过改装驳船,驳船可能适合北海作业。应该指出,这样的改装不仅存在技术上的不确定性,并且成本昂贵。

对于半潜式平台,垂荡的自然周期是15 s。该装置适用于波浪起伏小的地区,并且通过增加额外的质量,它可能适用于北海作业。不建议将此半潜式钻井装置用于波浪能量最大值 T 达到 $18\sim20$ s 大风暴情况。

（7）如何设计半潜式平台,以便在较长周期的海浪中作业？

半潜式平台应该设计为具有较大自然周期（>20 s）的。

$$T_{\text{垂荡}} = 2\pi\sqrt{\frac{m_{\text{驳船}} + m_{\text{附加}}}{\rho g A_{\text{w}}}}$$

可以通过以下方式获得：

①增加质量：质量有限,增加它会增加其规模和成本；

②减少水线面积：限制空间会导致稳定性问题；

③以优化的方法增加质量并减少水线面积；

④使用一个空心柱以减少水线面积（见图 11.12）。增加立柱长度将为立柱底部的压载水提供更多空间；它也将解决可能出现的稳定性问题。

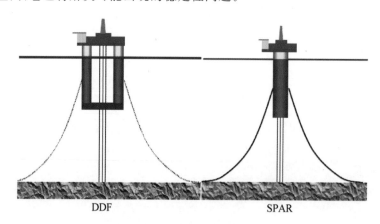

图 11.12　DDF 和 SPAR

深吃水浮式结构技术（DDF）和 SPAR 技术是半潜式平台的升级设计。

符号表

| A | 半潜式柱体的面积 |
| a | 从半潜式装置中心线到立柱中心线的距离 |

A_w	水线面积
B	半潜式平台立柱之间的距离
c	阻尼
c_r	横摇运动的阻尼
c_v	波形速度
d	船舶吃水
DAF	动力放大系数
$F(t)$	外力
g	标准重力
H	波高
I_T	横向质量惯性矩
k	刚度
K	横向力
k	波数
$k_r\theta(t)$	扶正力矩
l	船长
L	波长
m	质量
m_a	附加质量
m_v	船舶质量
R	半径
T	波浪周期
T_{heave}	垂荡周期
T_0	特征周期
T_{pitch}	纵摇周期
T_{roll}	横摇周期
V	船速
V_θ	横向速度
$z(t)$	位移
$\dot{z}(t)$	速度
$\ddot{z}(t)$	加速度
Δ	排水量
θ	横摇角度
$\dot{\theta}$	角速度
$\ddot{\theta}$	角加速度
ρ	密度
ω	扰动频率/波浪频率
ω_0	本征频率
∇	船舶排水体积

参考文献

［1］ NordForsk，Criteria for merchant ships，criteria for amongst others，vertical and transverse accelerations，roll，slamming and deck wetness. ISBN 87-982637-1-4，Marintek，Trondheim，Norway，1987.

［2］ Odland J. Offshore Field Development Compendium. University of Stavanger，2013.

［3］ Kranforskriften，Regulations for Cranes. Norwegian MaritimeAuthority，Hauge-sund，2012.

扩展阅读

• Faltinsen O M. Sea Loads on Ships and Offshore Structures. Cambridge Ocean Technology Series，Cambridge，UK，1990.

第12章 定　位

定位指的是维持船舶在海上相对于一个固定位置、其他船舶或一个海上结构位置的行为。定位是海上作业的一个重要方面,包括安装、钻探、勘探和生产。定位可以由许多种技术来实现。

本章讨论了两种定位技术,动力定位(DP)和锚泊定位。有时这两种技术一起使用可以更好地实现定位。系泊系统利用系泊缆来保持船舶的位置,此外,DP 系统不采用系泊缆,而是以动力控制模式使用推进器来维持船舶的位置。在 DP 系统上使用推进器需要额外的燃料,使得该技术与系泊相比而言更昂贵。因此,在定位时还需要进一步分析该使用哪一种技术,或者同时使用这两种技术。

12.1　动力定位

DP 系统是在 20 世纪 60 年代开发的。DP 系统常应用在深水定位中,可与其他系泊系统组合使用以提供冗余。例如,钻井船"West Navigator"号就具有强大的 DP 系统,它具有以下属性:功率约 30MW;4 个全回转(可转动)推进器;2 个隧道(固定)推进器。

现代 DP 系统有 Azipod 阿奇帕德推进器(类似于舷外马达),可以旋转 180°,如图 12.1 所示。

DP 在定位中的应用取决于许多因素,其中包括:波浪条件;水流;水深;操作的安全性;平台的排水量。

DP 系统的推进器螺旋桨的功率损失可能由以下原因引起:

(1) 柯恩达效应:水射流面向船体喷射;损失 30%～40%。

(2) 横向水流损失约 70%。

(3) 自由表面效应。

推力由下式给出:

$$T_r = \frac{\rho}{2} u^2 A_0 \qquad (12.1)$$

图 12.1　阿奇帕德推进器

式中:

T_r＝推力(N);

ρ＝密度;

A_0＝面积;

u＝推力器的平均射流速度。

推进器的效率由下式给出:

$$P = Q\Delta P = (uA_0)\left(\frac{T_r}{A_0}\right) = uT_r \tag{12.2}$$

式中：

Q＝水射流量/时间（m^3/s）；

ΔP＝在螺旋桨上方的压力增加；

P＝推进器效率，单位＝$m/s \cdot kgm/s^2 = kgm^2/s^2 \times 1/s = J/s = kW$。

$$1 \text{ kWh} = 3\ 600\ 000 \text{ J} = 3.6 \text{ MJ}$$

由此得到了推进器效率与推力之间的关系为

$$T_r = \frac{\rho}{2}u^2 A_0 = \frac{\rho}{2}\left(\frac{P}{T_r}\right)^2 A_0 \tag{12.3}$$

$$T_r = \sqrt[3]{\frac{\rho}{2}P^2 A_0} \tag{12.4}$$

例如：

若 $P = 100 \text{ kW}, \rho = 1\ 000 \text{ kg/m}^3, A_0 = 0.4 \text{ m}^2$

然后有

$$T_r = \sqrt{\frac{1}{2}(100 \cdot 10^3)^2 \cdot 1\ 000 \cdot 0.4} = 12\ 600 \text{ N} \sim 1.3 \text{ t}$$

因此，需要 100 kW/1.3＝77 kW 的效率才能产生 1 t 的推力。

12.2 系泊

悬链线系泊系统通常应用于浅水，但系泊系统的应用不仅限于浅水；其他类型的系泊系统，如绷腿系泊系统、半绷系泊系统和辐状式系泊系统，在深海中都有应用。

这里主要讨论悬链线系泊系统。悬链线可以描述为在重力作用下形成的自由悬挂线的形状。其位置保持是通过系泊缆的力来实现的。该系统通过悬索重量和由船舶动力造成的线路配置的改变这两者联合作用来实现定位。

使用悬链线系泊的一些困难包括：

（1）深水产生了一个巨大的悬链线重量，使其几何形状在远处变化，因为张力的垂直分量太高而无法将锚固定到位。

（2）钻井装置。因为系泊需要时间安装和拆卸，若利用钻机进行钻井勘探、评估等工作，其成本很高。而 DP 系统是可取的。

（3）北极领域发展。在冰条件下管理系泊非常困难，DP 系统由于其机械弱点也不可靠。

（4）疲劳。如果海洋环境是严峻的（大波浪，大水流），定位的系泊缆可能会遭受疲劳。如果在大油田运作几十年，其疲劳影响会更大。

（5）柔软的海底。系泊缆可能会卡在泥里，当系泊缆被释放时就会产生动力。

典型的悬链线系泊缆如图 12.2 所示，其上有作用力。

系泊缆通常位于海床上的锚的终端处；锚必须能够承受水平力 H 的作用。在许多情况下，系泊缆会有一部分横卧于海床上，在锚泊着陆点与锚点之间，以避免由于船舶和系泊缆的动力运动而产生的垂直（拉出）力。

悬链线系泊缆的几何公式发展如下：

首先，建立了垂直力分量与水平力分量之间的关系：

$$\frac{\mathrm{d}y}{\mathrm{d}x} = \frac{V}{H} \tag{12.5}$$

$$V = H\frac{\mathrm{d}y}{\mathrm{d}x} = Hy' \tag{12.6}$$

$$\frac{\mathrm{d}V}{\mathrm{d}x} = Hy'' \tag{12.7}$$

进一步有

$$\mathrm{d}V = W\mathrm{d}s（在距离为 \mathrm{d}x 时） \tag{12.8}$$

和

$$W\mathrm{d}s = H\frac{\mathrm{d}^2 y}{\mathrm{d}x^2} \tag{12.9}$$

$$W\sqrt{\mathrm{d}x^2 + \mathrm{d}y^2} = H\frac{\mathrm{d}^2 y}{\mathrm{d}x^2}\mathrm{d}x \tag{12.10}$$

$$\frac{W}{H}\mathrm{d}x\sqrt{1 + \left(\frac{\mathrm{d}y}{\mathrm{d}x}\right)^2} = \frac{\mathrm{d}^2 y}{\mathrm{d}x^2}\mathrm{d}x \tag{12.11}$$

$$\frac{W}{H}\mathrm{d}x = \frac{\mathrm{d}^2 y}{\mathrm{d}x^2}\frac{\mathrm{d}x}{\sqrt{1 + \left(\frac{\mathrm{d}y}{\mathrm{d}x}\right)^2}} \tag{12.12}$$

$$\frac{W}{H}\mathrm{d}x = \frac{\frac{\mathrm{d}}{\mathrm{d}x}\left(\frac{\mathrm{d}y}{\mathrm{d}x}\right)}{\sqrt{1 + \left(\frac{\mathrm{d}y}{\mathrm{d}x}\right)^2}}\mathrm{d}x \tag{12.13}$$

$$\int_0^x \frac{W}{H}\mathrm{d}x = \int_0^{y'} \frac{\mathrm{d}y'}{\sqrt{1 + y'^2}} \quad （注意：当 x = 0 时 y' = 0） \tag{12.14}$$

$$\frac{W}{X}x = \operatorname{arcsinh} y' = \sinh^{-1} y' \tag{12.15}$$

$$y' = \sinh\frac{W}{H}x \tag{12.16}$$

对式(12.16)积分得到系泊缆的几何公式为

$$y = \frac{W}{H}\left(\cosh\frac{W}{H}x - 1\right) \tag{12.17}$$

注意在 $x = 0$ 处 $y = 0$，留意坐标系此处的标示。

也可从中获得如下公式。

悬链线到海底的长度：

$$s = \frac{H}{W}\left(\sinh\frac{W}{H}L\right) \tag{12.18}$$

水深：

$$h = \frac{H}{W}\left(\cosh\frac{W}{H}L - 1\right) \tag{12.19}$$

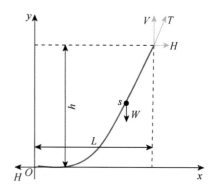

图 12.2 悬链、悬链线

注：T = 系泊时间内的张力；V = 张力的垂直分量；H = 张力的水平分量；s = 悬链线至海底的长度；L = 从施加张力点到着陆点的水平距离；h = 水深；W = 每单位悬链线长度的浮重。

张力的水平分量:

$$H = \frac{W}{2d}(s^2 - h^2) \tag{12.20}$$

距着陆点的水平距离:

$$L = \frac{H}{W}\cosh^{-1}\left(\frac{W}{H}h - 1\right) \tag{12.21}$$

张力的垂直分量:

$$V = Ws \tag{12.22}$$

张力:

$$T = \sqrt{H^2 + (Ws)^2} \tag{12.23}$$

若需进一步阅读,可参阅互联网上关于系泊系统的更多信息。注意,本书中关于一个悬链长度的定义可能与互联网信息不同。

12.3　示例

12.3.1　例 12.1

考虑一条每单位长度浮重为 100 kg/m、水平力为 150 t 的悬链线(见图 12.3)。首先需确定悬链在距离船舶 500、1 000 和 1 500 m 处的几何形状。然后需确定在水深为 814 m 的系泊缆上,在着陆点 1 500 m 的水平位置处所需要的张力。

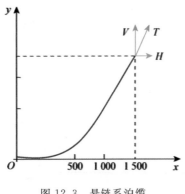

图 12.3　悬链系泊缆

注意:$\cosh\ x = \frac{1}{2}(\mathrm{e}^x + \mathrm{e}^{-x})$ 和 $\sinh\ x = \frac{1}{2}(\mathrm{e}^x - \mathrm{e}^{-x})$。

(1)确定距离着陆点 500、1 000 和 1 500 m 处的悬链的几何形状。

鉴于以下几点:

$$W = 100\ \mathrm{kg/m} = 1\ 000\ \mathrm{N/m}$$
$$H = 150\ \mathrm{t} = 15 \cdot 10^5\ \mathrm{N}$$

因此

$$\frac{H}{W} = 1\ 500\ \mathrm{m}$$

由式(12.17)可知,系泊线的几何公式为

$$y = \frac{H}{W}\left(\cosh\frac{W}{H}L - 1\right) \tag{12.24}$$

将 H/W 的值代入这个表达式,并使用 $\cosh x$ 和 $\sinh x$ 的给定变换式,我们有

$$y = 1\ 500\left\{\frac{1}{2}(\mathrm{e}^{\frac{x}{1\ 500}} + \mathrm{e}^{-\frac{x}{1\ 500}}) - 1\right\}$$

在表 12.1 中对系泊线几何图形的结果进行了列表。

表 12.1　结果摘要　　　　　　　　　　　　　　　　　单位:m

x	500	1 000	1 500
y	85	346	814

（2）确定在水深 814 m 的系泊缆、着陆点 1 500 m 水平位置处所需的张力。

由式（12.22）得到：

$$V = Ws \tag{12.25}$$

$$= W\frac{H}{W}\sinh\left(\frac{W}{H}L\right) \tag{12.26}$$

$$= 1\,000 \cdot 1\,500 \cdot \frac{1}{2}\left(e^{\frac{1\,500}{1\,500}} - e^{-\frac{1\,500}{1\,500}}\right) \tag{}$$

$$= 1\,762 \cdot 10^3\ \text{N}$$

$$= 176\ \text{t}$$

在 $x=1\,500$ m 和水深为 814 m 的必要张力，由式（12.23）得到：

$$T = \sqrt{H^2 + (Ws)^2} \tag{12.27}$$

$$= \sqrt{H^2 + V^2} \tag{12.28}$$

$$= 231\ \text{t} \tag{12.29}$$

12.3.2　例 12.2

（1）讨论悬链线的方程及其对系泊的相关性分析，建立起一个从船舶到其着陆点的距离 L 的一个关系式，该式是关于水深 d、每单位长度重量 W、系泊缆的水平分量 H 及系泊缆地张力 T 的一个函数。

考虑如图 12.4 所示的一个自由悬挂的悬链线。

系泊缆的一些重要方面：

• 静力分析（无运动）

• 动态分析（着陆点会随之变化）

• 放置在着陆点后面的锚

• 锚只能承受水平力

• 从着陆点到锚固的锚链：通常使用的是重链

建立一个距离着陆点 L 的关系式（见图 12.5）。

$$ds = \sqrt{dx^2 + dy^2} \tag{12.30}$$

$$\frac{dy}{dx} = \frac{V}{H} \tag{12.31}$$

$$V = H\frac{dy}{dx} \tag{12.32}$$

$$\frac{dV}{dx} = H\frac{d^2y}{dx^2} \tag{12.33}$$

和

$$dV = Wds \tag{12.34}$$

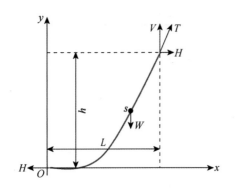

图 12.4　自由悬挂的悬链线

注:T = 系泊时间内的张力;H = 张力的水平分量;W = 每单位悬链线长度的浮重;L = 从施加张力点到着陆点的水平距离。

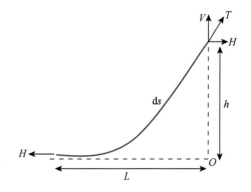

图 12.5　悬链线的一段

$$\frac{\mathrm{d}V}{\mathrm{d}x} = W\,\frac{\mathrm{d}s}{\mathrm{d}x} \tag{12.35}$$

然后

$$\frac{\mathrm{d}V}{\mathrm{d}x} = W\,\frac{\mathrm{d}s}{\mathrm{d}x} = H\,\frac{\mathrm{d}^2 y}{\mathrm{d}x^2} \tag{12.36}$$

$$w\,\sqrt{\mathrm{d}x^2 + \mathrm{d}y^2} = H\,\frac{\mathrm{d}^2 y}{\mathrm{d}x^2}\mathrm{d}x \tag{12.37}$$

$$W\mathrm{d}x\,\sqrt{1 + \left(\frac{\mathrm{d}y}{\mathrm{d}x}\right)^2} = H\,\frac{\mathrm{d}^2 y}{\mathrm{d}x^2}\mathrm{d}x \tag{12.38}$$

$$\frac{W}{H}\mathrm{d}x = \frac{\dfrac{\mathrm{d}^2 y}{\mathrm{d}x^2}}{\sqrt{1 + \left(\dfrac{\mathrm{d}y}{\mathrm{d}x}\right)^2}}\mathrm{d}x \tag{12.39}$$

$$\frac{W}{H}\mathrm{d}x = \frac{\dfrac{\mathrm{d}}{\mathrm{d}x}\left(\dfrac{\mathrm{d}y}{\mathrm{d}x}\right)}{\sqrt{1 + \left(\dfrac{\mathrm{d}y}{\mathrm{d}x}\right)^2}}\mathrm{d}x \tag{12.40}$$

$$\int_0^x \frac{W}{H}\mathrm{d}x = \int_0^{y'} \frac{\mathrm{d}(y')}{\sqrt{1 + (y')^2}}\mathrm{d}x \tag{12.41}$$

$$\frac{W}{H}x = \operatorname{arcsinh}(y') \tag{12.42}$$

$$y' = \sinh\left(\frac{W}{H}x\right) \tag{12.43}$$

悬链线系泊缆公式为

$$y = \frac{H}{W}\left(\cosh\frac{W}{H}x - 1\right) \tag{12.44}$$

对于 $x = L$,y = 水深 h,有

$$h = \frac{H}{W}\left(\cosh\frac{W}{H}L - 1\right) \tag{12.45}$$

$$\frac{hW}{H} + 1 = \cosh\left(\frac{W}{H}L\right) \tag{12.46}$$

$$\frac{W}{H}L = \operatorname{arccosh}\left(\frac{hW}{H} + 1\right) \tag{12.47}$$

因此,到着陆点的距离 L 为

$$L = \frac{H}{W}\operatorname{arccosh}\left(\frac{hW}{H} + 1\right) \tag{12.48}$$

由式(12.48)知道,重量越大,水越浅,离着陆点的距离就越短。因此在评估作用在锚上的垂直力时必须考虑这些因素。

(2) 建立系泊线张力的水平分量 H、系泊缆长度 s 和水深 h 之间的关系式。

从(1)中的解得到:

$$W\frac{\mathrm{d}s}{\mathrm{d}x} = H\frac{\mathrm{d}^2 y}{\mathrm{d}x^2} \tag{12.49}$$

因此

$$\frac{\mathrm{d}s}{\mathrm{d}x} = \frac{H}{W}\frac{\mathrm{d}^2 y}{\mathrm{d}x^2} \tag{12.50}$$

$$s = \frac{H}{W}\left(\sinh\frac{W}{H}L\right) \tag{12.51}$$

利用式 (12.45) 和式(12.51),可以得到系泊缆张力 H、系泊缆长度 S 与水深 h 之间的关系为

$$s^2 - h^2 = \left(\frac{H}{W}\right)^2\left\{\sinh^2\left(\frac{W}{H}L\right) - \left[\cosh\left(\frac{W}{H}L\right) - 1\right]^2\right\} \tag{12.52}$$

$$s^2 - h^2 = \left(\frac{H}{W}\right)^2\left\{\sinh^2\left(\frac{W}{H}L\right) - \left[\cosh^2\left(\frac{W}{H}L\right) - 2\cosh\left(\frac{W}{H}L\right) + 1\right]^2\right\} \tag{12.53}$$

$$s^2 - h^2 = \left(\frac{H}{W}\right)^2\left[\sinh^2\left(\frac{W}{H}L\right) - \cosh^2\left(\frac{W}{H}L\right) - 1 + 2\cosh\left(\frac{W}{H}L\right)\right] \tag{12.54}$$

则

$$\sinh^2\alpha - \cosh^2\alpha = -1$$

因此

$$s^2 - h^2 = \left(\frac{H}{W}\right)^2\left[-1 - 1 + 2\cosh\left(\frac{W}{H}L\right)\right] \tag{12.55}$$

$$s^2 - h^2 = \left(\frac{H}{W}\right)^2\left[2\cosh\left(\frac{W}{H}L\right) - 2\right] \tag{12.56}$$

$$s^2 - h^2 = 2\left(\frac{H}{W}\right)^2\left[\cosh\left(\frac{W}{H}L\right) - 1\right] \tag{12.57}$$

$$s^2 - h^2 = 2\frac{H}{W}\frac{H}{W}\left[\cosh\left(\frac{W}{H}L\right) - 1\right] \tag{12.58}$$

$$s^2 - h^2 = 2\frac{H}{W}h \tag{12.59}$$

$$\frac{W}{2h}(s^2 - h^2) = \frac{W}{2h} \cdot 2 \cdot \frac{H}{W}h \tag{12.60}$$

三个参数之间的关系为

$$H = \frac{W}{2h}(s^2 - h^2) \qquad (12.61)$$

通过对式（12.61）的分析，可以明显看出，水平张力的大小与重量成正比。因此，在设计悬链线能承受的水平载荷时，可以通过改变其重量的方式来调整。

（3）在重量为 W，每单位长度重量为 200 kg/m 的情况下，为不同水平张力 $H=150$ t 和 300 t 时绘制合适的系泊缆几何图形。

这些图是用悬链线方程式（12.44）绘制的，如图 12.6 所示。

从图中可以看出，水平张力的增加会减少着陆点处作用在锚上的垂直力。

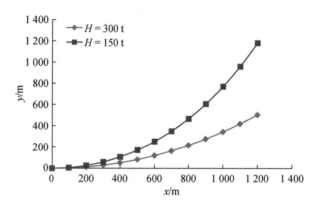

图 12.6　系泊缆几何图形

（4）对于这两个水平张力的值，当距离 L 为 1 200 m 时，求出系泊缆表面的轴向张力。

$$\frac{V}{H} = \frac{\mathrm{d}y}{\mathrm{d}x} \qquad (12.62)$$

因此

$$\frac{V}{H} = \frac{\mathrm{d}y}{\mathrm{d}x} = \sinh\left(\frac{W}{H}x\right) \qquad (12.63)$$

预计水平长度是 1 200 m，有
对于 $H=150$ t：

$$V = H\sinh\left(\frac{W}{H}L\right) = 356 \text{ t}$$

因此，轴向张力为

$$T = \sqrt{V^2 + H^2} = 387 \text{ t}$$

对于 $H=300$ t：

$$V = H\sinh\left(\frac{W}{H}L\right) = 266 \text{ t}$$

因此，轴向张力为

$$T = \sqrt{V^2 + H^2} = 401 \text{ t}$$

当水平张力增加时，垂直张力会减小。

（5）讨论系泊与 DP 的使用；什么时候优先采用 DP 系统？

悬链系泊系统通常应用于浅水，但系泊系统的应用不仅限于浅水；其他类型的系泊系统,如绷腿系泊系统、半绷系泊系统和扩展系泊系统,在深水中也有应用。

DP 系统用于深水应用,可与其他系泊系统结合使用,提供冗余。

DP 系统使用情况取决于若干因素,其中包括:波浪条件;水流;水深;操作的安全性;平台的排水量。

使用系泊的困难之处列举在第 12.2 节内容中。

符号表

A_0	面积
H	张力的水平分量
h	水深
L	从施加张力点到海底的点(着陆点)的水平距离
P	推进器效率
Q	水射流量/时间
s	悬链线到海底的长度
T	系泊时间内的张力
T_r	推力
u	推进器的平均射流速度
V	张力的垂直分量
W	每单位悬链线长度的浮重
ΔP	在螺旋桨上方的压力增加
ρ	密度

参考文献

Chakrabarti S. Handbook of Offshore Engineering. Volumes 1 and 2,Elsevier,2005,ISBN 978-0-08-044567-7 and ISBN 978-0-08-044569-4.

扩展阅读

• Det Norske Veritas OS-E301 Position mooring,Oslo,October 2013.

第 13 章　海洋技术的统计方法

波浪和波浪引起的响应是一种随机的特性,持续的描述需要使用统计方法。

本章简要介绍统计分析中用来描述统计变量和随机过程的术语,此外还讨论了与海洋技术及其操作有关的图解说明。

13.1　概率

一个"实验"被重复多次可能会有多个结果。当掷骰子时,结果是 $1,2,3,4,5,6$。这六种可能的结果是 E_1,E_2,E_3,E_4,E_5,E_6。

求结果 E_3 发生的概率,也就是骰子显示结果为 3 的概率。如果掷 N 次骰子,出现结果 3 是 n_3 次。观察到的结果"骰子显示 3"的相对频率为

$$\frac{n_3}{N} \tag{13.1}$$

结果为 E_3 的概率定义为极限当 $N \to \infty$,得到:

$$P(E_3) = \lim_{N \to \infty} \frac{n_3}{N} \tag{13.2}$$

对于一个"理想"的骰子,$P(E_3)$ 趋于 $1/6$。在骰子被干预的情况下,概率可以被改变为更低或更高的值,这取决于对骰子的干预的选择。

可以看出:

$$0 \leqslant P(E_n) \leqslant 1 \tag{13.3}$$

$P(E_n) = 0$ 可以解释为结果:E_n 是不可能的。如使用普通骰子时,出现结果 7 的概率是不可能的。

$P(E_n) = 1$ 可以解释为一个绝对事件,如 P(掷骰子会得到区域内的值)$=1$

13.2　随机变量和统计观察

随机变量是一个不能预测结果的变量,因此可用实例来区分确定性变量和随机变量。

一方面,确定性变量是一个特定的变量。如:2009 年 3 月 10 日是星期几?这个问题的答案是星期二,这是肯定的。

另一方面,一个随机变量不是一个特定的变量。如:在 2019 年 3 月 10 日,斯塔万格地区的降雨量是多少?这是不能准确回答的。然而,可以利用现有的统计数据,估计在斯塔万格地区的降雨量,估计降雨量将分别超过 10 mm、20 mm 等。此外,可以利用斯塔万格地区的春季具有稳定高压的特点,可以认为在 3 月 10 日的高降水概率比 11 月 10 日的高降水概

率要小得多。

如果将可得到的数据作为 3 月 10 日降雨期间的降雨量,如 1947 年到 2014 年,如果 x_1 是在 1947 年 3 月 10 日测量的降雨量,x_2 是在 1948 年 3 月 10 日测量的降雨量等,那么在 2019 年 3 月 10 日的降雨量的平均估计值是

$$\bar{x} = \frac{1}{68} \sum_{i=1}^{68} x_i \tag{13.4}$$

$\bar{x}$ 是在 2019 年 3 月 10 日预计会有多少降雨量的一个值。这些数据可能显示了一个趋势,这个趋势是通过从 20 世纪 40 年代和 50 年代 3 月的结冰温度或下雪程度到最近 10 年内的降雨来得出的(这可能是只使用 1978 年到 2014 年的数据的依据)。

定义标准差作为数据围绕其平均值散布的度量,给出如下:

$$\sigma = \left[\frac{1}{N-1} \sum_{i=1}^{N} (x_i - \bar{x})^2 \right]^{1/2} \tag{13.5}$$

$N =$ 使用数据的年数$\left(\bar{x} = \dfrac{1}{N} \sum_{i=1}^{N} x_i \right)$

标准差 σ 是一组大数据中的一个相对的数值。应该注意有两种随机变量:

- 离散变量

离散变量只能取一定的值,如正常的骰子只能显示 1、2、3、4、5 或 6。

- 连续变量

连续变量可以在限定的或无限的范围内取任何值。如北海海浪的高度可以取 0 到 36 m 之间的任何值,如果值大于 30 m,概率就极低。

随机变量

已经定义了随机变量的平均值和标准差,通常需要对这些变量进行更详细的描述,并考虑概率密度函数。

连续随机变量的概率密度函数是累积分布函数的导数。它描述了一个变量在给定的时间点或空间点上选择或发生的相对概率。

波高是连续随机变量的一个例子。

图 13.1 是历史上测量波高的一部分,图中显示了 11 个波段。假设测量的时间历史有 200 个波,把测量的波高分为 15 个间隔,并计算每个间隔内的波数。观测结果如表 13.1 所示,相对频率如图 13.2 所示。

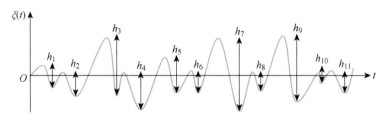

图 13.1　波高作为一个连续的随机变量

表 13.1　测量系列中每间隔的波数

间隔/m	观察值	相对频率
0～1	2	0.01
1～2	16	0.08
2～3	48	0.24
3～4	62	0.31
4～5	36	0.18
5～6	20	0.10
6～7	8	0.04
7～8	2	0.01
8～9	4	0.02
9～10	0	0.00
10～11	2	0.01
11～12		
12～13		
13～14		
14～15		
合 计	200	1.00

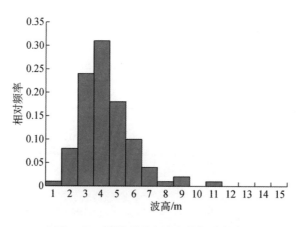

图 13.2　测量系列中波高的相对频率

　　这里有一种更连续性地呈现数据的方式:将每个波高间隔的相对频率的中间值用图画出,如图 13.3 所示(使用 0.5,1.5,2.5,3.5 m,位于横轴上)。如果要估计在一定范围内波的相对频率,如 4.1～4.4 m 之间的,可以从图中找到。

　　如果波的数量增加,每个间隔的相对频率(根据概率的定义)将是波高在给定波高范围内的概率。密度曲线可以视为概率密度,图 13.3 的曲线可以称为波高 $f_H(h)$ 或一般变量 x:

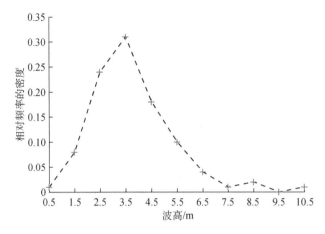

图 13.3　测量系列中波高的相对频率的密度

$f_x(x)$ 的概率密度函数，当快速增加时，它会变成平滑曲线。

概率密度函数具有以下性质：

$$f_X(x) \geqslant 0 \tag{13.6}$$

$$\int_X f_X(x)\mathrm{d}x = 1 \tag{13.7}$$

在 a 和 b 之间发生 X（以下均写为 X）的概率为

$$P(a \leqslant X \leqslant b) = \int_a^b f_X(x)\mathrm{d}x \tag{13.8}$$

变量 X 小于或等于 a 的概率是

$$P(X \leqslant a) = \int_{-\infty}^a f_X(x)\mathrm{d}x \tag{13.9}$$

变量 X 的期望值（类似于样本的平均值）是

$$E(X) = \int_{-\infty}^\infty x f_X(x)\mathrm{d}x = \mu_X \tag{13.10}$$

方差定义为

$$\mathrm{Var}(X) = \int_{-\infty}^\infty \big[x - E(X)\big]^2 f_X(x)\mathrm{d}x \tag{13.11}$$

标准差 σ_X 定义为

$$\sigma_X = \sqrt{\mathrm{Var}(X)} \tag{13.12}$$

13.3　累积分布函数

如果要确定一个变量 X 是否小于或等于一个值 x，采用累积分布函数 $F_X(x)$，定义为

$$F_X(x) = P(X \leqslant x) = \int_{-\infty}^x f_X(\theta)\mathrm{d}\theta \tag{13.13}$$

式中，θ 是这个方程的变量。

对于 $F_X(x)$：

$$0 \leqslant F_X(x) \leqslant 1 \tag{13.14}$$

$$F_X(-\infty) = 0 \tag{13.15}$$

$$F_X(\infty) = 1 \tag{13.16}$$

概率可以从累积分布函数中得到,如下:

$$P(x \leqslant a) = F_X(a) \tag{13.17}$$

$$P(x > a) = 1 - F_X(a) \tag{13.18}$$

$$P(a \leqslant x \leqslant b) = F_X(b) - F_X(a) \tag{13.19}$$

还应该注意累积分布函数与概率密度函数之间的关系:

$$f_X(x) = \frac{\mathrm{d}}{\mathrm{d}x} F_X(x) \tag{13.20}$$

根据表 13.1 给出的测量波高数据集估算概率密度函数(相对频率)。可以用表中定义观测的累计次数,即波高小于波高间隔值的观测次数,如表 13.2 所示。

选择累积分布函数的逻辑选择是

$$\hat{F}_X(x) = \frac{n_x}{N} \tag{13.21}$$

式中, n_x 为小于或等于 x 的观察次数; N 为观察总数。

$\hat{F}_X(x)$ 的值在表 13.2 第四列给出。

表 13.2　累积分布函数的估算值

间隔/m	观察次数	累计观测值	累计分布函数概率 $\hat{F}_X(x)$	替代定义累积分布函数法 $\hat{F}_X(x)$
0～1	2	2	0.01	0.010 0
1～2	16	18	0.09	0.089 6
2～3	48	66	0.33	0.328 4
3～4	62	128	0.64	0.636 8
4～5	36	164	0.82	0.815 9
5～6	20	184	0.92	0.915 4
6～7	8	192	0.96	0.955 2
7～8	2	194	0.97	0.965 2
8～9	4	198	0.99	0.985 1
9～10	0	198	0.99	0.985 1
10～11	2	200	1.00	0.995 0
11～12				
12～13				
13～14				
14～15				
合计	200			

但是如果按照上述方法定义累积分布函数就会出现问题。当把观测到的最大波高的区间的观测结果包括在内时,式(13.21)的累积值为 1。逻辑结果是波高变得比测量波的波高间隔的上限(最大值)更大的概率等于 0。简单地说,更高波的概率是零。这种对测量数据的

解释是错误的。有了更多的数据,可以期望得到更高的波高。因此需要重新定义累积分布函数的模型。

经常被用作累积分布函数的另一种定义是

$$\hat{F}_X(x) = \frac{n_x}{N+1} \qquad (13.22)$$

如表 13.2 的第五列和图 13.4 所示。

由表 13.2 可知,累积分布函数的两个定义之间的主要区别是观测到的波高较大值的函数值 x。应该指出的是,该定义揭示了这样一个事实,即总是可能找到比所观察值更高的值。

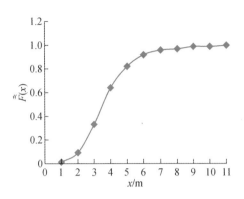

图 13.4　累积分布函数的替代定义

13.4　示例

13.4.1　例 13.1

表 13.3 列出了北海国家湾油田年度最大有义波高的实测/波浪追算数据。

表 13.3　斯塔特福约尔德领域的有义波高数据

年份	H_s/m	年份	H_s/m
1973/1974	12.1	1985/1986	9.93
1974/1975	8.7	1986/1987	9.51
1975/1976	10.19	1987/1988	10.2
1976/1977	10.61	1988/1989	12.96
1977/1978	11.75	1989/1990	9.0
1978/1979	9.06	1990/1991	10.50
1979/1980	10.56	1991/1992	11.50
1980/1981	11.24	1992/1993	12.0
1981/1982	10.15	1993/1994	9.0
1982/1983	10.54	1994/1995	11.5
1983/1984	10.18	1995/1996	11.0
1984/1985	10.69	1996/1997	12.0

(1)解释"追算数据"一词。

追算数据是使用数学模型的一种方式。将过去事件输入到一个模型中,以查看输出与已知结果的匹配程度。然后使用追算数据来估计缺少的数据信息。

追算数据是使用观察到的信息进行的回顾性预测;通常用于模型验证(http://www.

coastalresearch. nl/glossary)。

数学模型的输出，是指模型利用现有的系统状态从可用数据开始计算，并向后计算之前没有提供数据时的系统状态(http://www. stccmop. org/about_cmop/glossary)。

（2）编制数据表，计算累积分布函数和替代累积分布函数。

累积分布函数和替代累积分布函数的估算值如表 13.4 所示。这个计算的基础是式(13.21)和式(13.22)。

表 13.4　累积和替代累积分布函数的估算值

H_s/m	数据的数量	CDF，$\hat{F}_X(x)$	替代 CDF，$\hat{F}_X(x)$
8.5～9	2	0.083 3	0.080 0
9～9.5	2	0.166 7	0.160 0
9.5～10	2	0.250 0	0.240 0
10～10.5	5	0.458 3	0.440 0
10.5～11	5	0.666 7	0.640 0
11～11.5	3	0.791 7	0.760 0
11.5～12	3	0.916 7	0.880 0
12～12.5	1	0.958 3	0.920 0
12.5～13	1	1.000 0	0.960 0
合计	24		

注：CDF＝累积分布函数。

13.4.2　例 13.2

现在使用例13.1中的信息做进一步了解。假设有 5 年新增加的相关的极端波数据：10.7、12.2、11.2、12.7 和 11.8 m。准备一个数据表，计算累积分布函数(CDF)和替代累积分布函数，其解如表 13.5 所示。累积分布函数和替代累积分布函数是使用式(13.21)和式(13.22)得到的。

表 13.5　CDF 和具有新波数据的可选 CDF

H_s/m	数据的数量	CDF	可选 CDF
8.5～9	2	0.069 0	0.066 7
9～9.5	2	0.137 9	0.133 3
9.5～10	2	0.206 9	0.200 0
10～10.5	5	0.379 3	0.366 7
10.5～11	6	0.586 2	0.566 7

（续表）

H_s/m	数据的数量	CDF	可选 CDF
11～11.5	4	0.724 1	0.700 0
11.5～12	4	0.862 1	0.833 3
12～12.5	2	0.931 0	0.900 0
12.5～13	2	1.000 0	0.966 7
合计	29		

符号表

$E(X)$	期望值
$f(x)$	概率密度函数
$F_X(x)$	累积分布函数
$\hat{F}_X(x)$	替代累积分布函数
N	数据的个数
n_x	观察到的 X 小于或等于 x 的个数
$P(x)$	一个事件 P 发生的概率
$\text{Var}(X)$	方差
$\bar{x}$	平均值
x_i	数据
σ	标准差

扩展阅读

- Leira B. Probabilistic Modelling and Estimation. Compendium，NTNU，Trondheim，2005.

- Myrhaug D. Statistics of Narrow Band Processes and Equivalent Linearization. Compendium，NTNU，Trondheim，2005.

- Newland E. An Introduction to Random Vibrations，Spectral and Wavelet Analysis. Third Edition. Longman，Lon.

第 14 章　海浪的描述

14.1　引言

线性波浪理论(正弦波)满足流体流动的控制方程和边界条件。实际海面波浪一段时间的测量数据(见图 14.1)并不能完全用正弦波表示,长周期的涌浪除外。

为了准确描述海面波浪信息,需要对求解方法进行研究。众所周知,偏微分方程的解可以用和的形式表示,因此,由偏微分方程来求解多组分正弦波组成的波浪的相关数据是合乎逻辑的。

这与傅里叶级数分析的方法是一致的。对于某一测量波,可以用一个重复的时历行为(时间 0 到时间 T 范围内)表示该测量波在某一有限时间范围内的波动行为,从而形成一个周期为 T 的周期性函数,可用多个离散线性波构成的傅里叶级数进行表示。因此,忽略波之间的非线性相互作用,这本身就是一种近似做法。这也意味着不考虑各个组分波之间的能量传递。

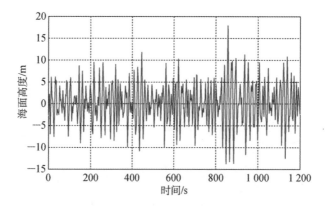

图 14.1　测量海面波浪信息的时间序列分布示意图

14.2　正弦波叠加以及傅里叶级数分析

在 $x=0$ 时,海洋中某一特定位置处的波浪表面高度可以由从 $-T/2$ 到 $T/2$ 的时间周期范围内的函数 $\xi(t)$ 进行描述。$\xi(t)$ 可表示为傅里叶级数,如式(14.1)所示。

$$\xi(t) = a_0 + \sum_{n=1}^{\infty} \left[a_n \cos \frac{2n\pi}{T}t + b_n \sin \frac{2n\pi}{T}t \right] \tag{14.1}$$

式中,

$$a_0 = \frac{1}{T}\int_{-T/2}^{T/2} \xi(t)\,\mathrm{d}t$$

$$a_n = \frac{2}{T}\int_{-T/2}^{T/2} \xi(t)\cos\frac{2n\pi}{T}t\,\mathrm{d}t$$

$$b_n = \frac{2}{T}\int_{-T/2}^{T/2} \xi(t)\sin\frac{2n\pi}{T}t\,\mathrm{d}t$$

波动函数 $\xi(t)$ 的起点位于平均海平面(MSL),$a_0=0$,则 $\xi(t)$ 可表示为

$$\xi(t) = \sum_{n=1}^{\infty}\left[a_n\cos\omega_n t + b_n\sin\omega_n t\right] \tag{14.2}$$

式(14.2)可进一步表示为三角函数形式,即

$$\xi(t) = \sum_{n=1}^{\infty}\xi_n\cos(\omega_n t - \theta_n) \tag{14.3}$$

其中:

$$\xi_n = \sqrt{a_n^2 + b_n^2}$$

$$\theta_n = \mathrm{arctg}\left(\frac{b_n}{a_n}\right)$$

因此,任一波动函数均可表示为一系列给定幅值 ξ_n 和相位 θ_n 的余弦波(或正弦波)的叠加。

各组分波之间的距离为一定值,$\Delta\omega=2\pi/T$。这是频率分解概念,需要注意的是与测量时间序列的长度 T 有关。

谐波的能量与幅值的平方成正比。为了研究海洋能量相对于频率的分布情况,在此引入一个海浪谱函数 $S(\omega)$,其表达式为

$$S(\omega_n) = \frac{1}{2}\frac{\xi_n^2}{\Delta\omega} \tag{14.4}$$

对所有频率的组分波采用该函数(式 14.1)进行计算,通常会得到如图 14.2 所示的波能分布。

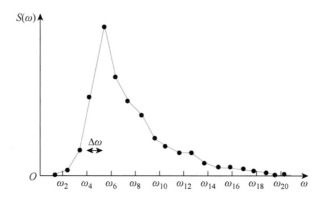

图 14.2　海浪谱(海洋能量相对于频率的分布)

可以看出,能量主要集中于 $\omega_4\sim\omega_{10}$ 组分波范围内。

各组分波的间距 $\Delta\omega$ 与周期 T 成反比,$\Delta\omega$ 随着 T 的增大而减小;当 T 趋于无限大时,$\Delta\omega$ 则近乎为零,此时海浪谱示意图中的各点将无限接近(见图 14.2),从而形成一条连续的

曲线。

海浪谱通常用于对海况的描述。夏季风暴对应的海浪谱数值远低于冬季风暴的数值。此外，冬季风暴对应的低频区能量往往远大于夏季风暴。

图 14.3 为相位谱（或方向谱），用于描述海洋能量相对于相位 θ_n 的分布。

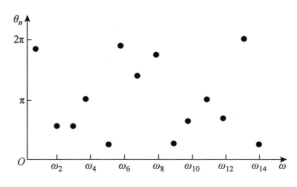

图 14.3　测量波的方向谱分布

在相同的风暴条件下，可以采取不同的测量序列来建立频谱和方向谱。不同时间序列的测量值是大相径庭的，这是因为海面波动是瞬息万变、不可重复的。这在随机过程中是可预期的。然而，对于两个测量序列，对应频谱分布看起来是十分相似的，但方向谱的差异是很大的，这是因为相位信息在 $0\sim2\pi$ 范围内或多或少是随意变化的。

14.3　开阔海域中描述为随机过程的波浪

研究由一定振幅、任意相位角确定的谐波组分的统计特性。表达式如下：

$$\Xi_n(t) = \xi_{0n}\cos(\omega_n t - \theta_n) \tag{14.5}$$

式中，相位角满足以下概率密度函数：

$$f_\theta(\theta) = \begin{cases} \dfrac{1}{2\pi}, & 0 \leqslant \theta \leqslant 2\pi \\ 0, & 其他 \end{cases} \tag{14.6}$$

当需要预估某组分波在某一确定时间点对应的数据时，必须采用统计学测量的方法加以确定，这是因为相位是个随机变量，其分布如式(14.6)所示。

$\Xi_n(t)$ 的期望值为

$$E[\Xi_n(t)] = \int_{-\infty}^{\infty} \Xi_n f_{\Xi_n}(\xi_n)\,\mathrm{d}\xi_n \tag{14.7}$$

$$= \int_0^{2\pi} \xi_{0n}\cos(\omega_n t - \theta_n)\frac{1}{2\pi}\mathrm{d}\theta_n = 0 \tag{14.8}$$

$\Xi_n(t)$ 的方差为

$$\mathrm{Var}[\Xi_n(t)] = E[\{\Xi_n(t) - E[\Xi_n(t)]\}^2] = E[\Xi_n^2(t)] \tag{14.9}$$

$$= \int_{-\infty}^{\infty} \Xi_n^2 f_{\Xi_n}(\xi_n)\,\mathrm{d}\xi_n \tag{14.10}$$

$$= \int_0^{2\pi} \xi_{0n}^2\cos^2(\omega_n t - \theta_n)\frac{1}{2\pi}\mathrm{d}\theta0 \tag{14.11}$$

$$= \frac{\xi_{0n}^2}{2\pi} \int_0^{2\pi} \cos^2(\omega_n t - \theta_n) \mathrm{d}\theta_n \tag{14.12}$$

$$= \frac{\xi_{0n}^2}{2\pi} \int_0^{2\pi} \frac{1}{2} \big[1 + \cos 2(\omega_n t - \theta_n) \big] \mathrm{d}\theta_n \tag{14.13}$$

$$= \frac{\xi_{0n}^2}{2\pi} \{ \pi + 0 \} = \frac{\xi_{0n}^2}{2} \tag{14.14}$$

由此可知,当某点的方差为 0 时,对应的期望值为 $\frac{1}{2}\xi_{0n}^2$。

将上述分析过程与之前相应的海浪谱分析过程进行对比,可以得到以下表达式:

$$\mathrm{Var}[\Xi_n(t)] = S(\omega_n)\Delta\omega \tag{14.15}$$

对于合成波:

$$\Xi(t) = \sum_{n=1}^{\infty} \Xi_n(t) \tag{14.16}$$

各组分波分量都是随机变量,这是因为相位角是随机的。如果相位角具有统计独立性,那么各个波分量也同样满足统计独立性。因此,$\Xi_n(t)$ 期望值和方差的表达式可变为

$$E[\Xi(t)] = \sum_{n=1}^{\infty} E[\Xi_n(t)] = \sum_{n=1}^{\infty} 0 - 0 \tag{14.17}$$

$$\mathrm{Var}[\Xi(t)] = \sum_{n=1}^{\infty} \mathrm{Var}[\Xi_n(t)] = \sum_{n=1}^{\infty} S(\omega_n)\Delta\omega \tag{14.18}$$

当 T 趋于无穷大时,合成波的数值趋于一个积分,此时方差为

$$\mathrm{Var}[\Xi(t)] = \int_0^{\infty} S(\omega)\mathrm{d}\omega = \sigma_{\Xi}^2 \tag{14.19}$$

14.4　表面波过程的分布 $\Xi_n(t)$

波面分布函数 $\Xi_n(t)$ 的变量为随机变量。采用统计学中的中心极限定理,$\Xi_n(t)$ 的随机变量为高斯变数,服从正态分布的条件,其概率密度函数为

$$f_{\Xi}(\xi) = \frac{1}{\sqrt{2\pi}\,\sigma_{\Xi}} \exp\left[-\frac{1}{2}\left(\frac{\xi}{\sigma_{\Xi}}\right)^2 \right] \tag{14.20}$$

综上所述,波面分布满足高斯分布。

14.5　特征参数

首先,假定给定的海浪谱对应于某一实际海况条件,则海浪谱的 j 阶谱矩可表示为

$$m_j = \int_0^{\infty} \omega^j S(\omega)\mathrm{d}\omega \tag{14.21}$$

因此

$$\sigma_{\Xi}^2 = m_0 \tag{14.22}$$

此外,可定义以下特征参数:

有义波高:

$$H_{m0} = 4\sqrt{m_0} = 4\sigma_{\Xi} \tag{14.23}$$

平均跨零波浪周期（当波浪从负值跨越 0 值时的周期）：

$$t_{m02} = 2\pi\sqrt{\frac{m_0}{m_2}} \tag{14.24}$$

（频谱的单位为 rad/s。）

谱峰周期：

$$t_{\text{p}} = \frac{2\pi}{\omega_{\text{p}}} \tag{14.25}$$

式中，ω_{p} 为海浪谱中最大谱值所对应的频率。

14.6 波谱

在实际工程应用中，使用解析表达式来表示海浪谱。接下来将介绍几种常用的海浪谱模型。

1）ISSC 谱

ISSC 谱定义为

$$S(\omega) = 0.312\,5H_{m0}^2\left(\frac{2\pi}{t_{\text{p}}}\right)^2\omega^{-5}\exp\left[-1.25\left(\frac{2\pi}{t_{\text{p}}}\right)^4\omega^{-4}\right] \tag{14.26}$$

ISSC 谱用于描述风浪充分成长海域的海况，包括两个参量：H_{m0} 和 t_{p}。

2）JONSWAP 谱

JONSWAP 谱由"北海海浪联合计划"于北海南部对海浪进行观测得到，其定义表达式为

$$S(\omega) = \alpha g^2\omega^{-5}\exp\left[-1.25\left(\frac{\omega}{\omega_{\text{p}}}\right)^{-4}\right]\gamma\exp\left[-\frac{(\omega-\omega_{\text{p}})^2}{2\sigma^2\omega_{\text{p}}^2}\right] \tag{14.27}$$

这种谱既可以描述海浪在成长发展中的海况也可以描述充分成长的海况。JONSWAP 谱的参量通常可由 H_{m0} 和 t_{p} 定义。需要注意的是该海浪谱假定涌浪和风浪的方向一致。

3）Pierson-Moskowitz 谱

Pierson-Moskowitz 谱（皮尔逊-莫斯科维奇谱，简称 PM 谱）由 Pierson 和 Moskowitz 提出，用于描述充分成长的风浪，即风成浪对应的风的风区长度在几天时间内能够持续超过数百里。

该海浪谱根据北大西洋的海浪观测分析得到，其表达式为

$$S(\omega) = \frac{\alpha g^2}{\omega^5}\exp\left[-\beta\left(\frac{\omega_0}{\omega}\right)^4\right] \tag{14.28}$$

式中：

$\omega = 2\pi f$；

$\alpha = 0.008\,1$；

$\beta = 0.74$；

$\omega_0 = \dfrac{g}{U_{19.5}}$；

$U19.5$ 为距离海面 19.5 m 处的风速。

JONSWAP 谱与 Pierson-Moskowitz 谱相似，只是 JONSWAP 谱随着距离（或时间）的

增加,谱峰值更明显。经证实,PM 谱的重要性更高,这是因为该海浪谱模型为标准单参数谱,能够体现较强的各组成波之间的非线性相互作用。

需要注意的是上述所介绍的海浪谱仅具有一个峰值,即单峰谱。对于混合型海况,如风浪和涌浪同时存在的情况,此时对应的海浪谱可能拥有两个峰值,因此将采用不同的海浪谱模型对海浪进行描述。

14.7　船舶运动及其对海况参数的敏感性

在工程环境中,许多海上作业都受到船舶波浪响应的制约。因此,确定船舶波浪响应分析的输入参数是十分重要的。通常情况下,波浪谱分析工程师对于船舶等浮体相对于海浪谱的运动响应(RAOs)分析所考虑的主要变量是有义波高 H_s 和谱峰周期 T_p。众所周知,单体船的横摇运动响应受波浪的方向和周期的影响很大。图 14.4 给出了单体船的横摇运动响应幅值算子 RAO 曲线示意图,通过观察可以看出,当船体遭遇横浪(即浪向角为 90 度)时,船体的横摇运动响应幅值最大。

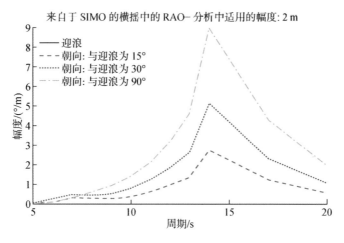

图 14.4　海底 7 艘船舶之一的横摇 RAO

根据上文有关横摇 RAO 的一系列讨论,可以明显地看出,影响船舶横摇运动响应的最重要参数是:有义波高(H_s);谱峰周期(T_p);风浪与涌浪之间的相对作用方向(D_{rel})。

其中,有义波高 H_s 和谱峰周期 T_p 往往是最受关注的。另一方面,受安装要求的影响,风浪与涌浪的相对作用方向通常不作为评估对象。需要注意的是,横摇运动响应幅值随着波浪周期的增大而增大。因此,如果可以选择的话,波束中波浪的周期越短越好。

某一特定项目在设计过程中使用的环境条件通常需要根据海洋专用设计规范标准进行选取。关于短期海况预报,通常采用双峰谱 Torsethaugen 谱应用于描述一般中低海况(通常由风浪和涌浪组成),对于仅有风浪的海况,则可采用 JONSWAP 谱进行描述。需要进一步说明的是,所有海况通常都会出现涌浪,涌浪与风浪的行进方向并不相同,并且涌浪往往属于长峰波,而风浪属于短峰波。

对于短峰波风浪,挪威大陆架(NCS)一般海况的海洋规范规定,其扩散系数的取值范围为 2～10,并且在设计过程中需要考虑一定的安全因子。

扩散系数是预测单体船运动响应的重要参数之一，这是因为，当扩散系数较低时，尽管主浪向为首迎浪，船体仍会遭受横浪的作用。简而言之，单体船的横摇运动响应对浪向的敏感性较高，如图 14.4 所示。

海洋规范通常没有具体给出有关风浪和涌浪相对方向的要求。然而，通过研究某一特定地点的长期统计数据，在一定程度上可以得到有关风浪、涌浪相对方向的统计性规律。建立海洋环境的分析模型的方法有多种。

NORSOK N-003 和挪威大陆架（NCS）海域的大多数海洋规范建议采用 Torsethaugen 双峰谱进行设计分析。从本质上讲，Torsethaugen 双峰谱是两个 JONSWAP 谱的叠加。因此，如图 14.5 所示，将 Torsethaugen 谱分为两个 JONSWAP 谱的做法是可行的。由此可知，将整个海浪谱分解为两个离散的海浪谱，此时，可以采用不同的浪向和扩散函数对两个海浪谱进行表示。

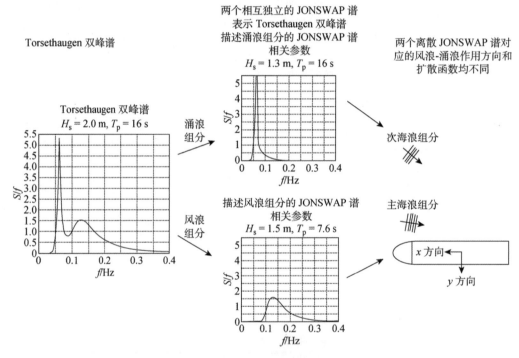

图 14.5　双峰谱分解
（Torsethaugen 谱分为两个 JONSWAP 谱）

综上所述，Torsethaugen 谱可以分解为两个 JONSWAP 谱，分别用于描述风浪组分和涌浪组分，图 14.6 给出了有义波高 H_s 相同（均为 2.5 m）、谱峰周期 T_p 不同的四个组分解示意图。由图可知，当谱峰周期 T_p 介于 8～9 s 范围内时，Torsethaugen 谱中涌浪组分的占比较小；与此同时，随着 T_p 的增大，部分风浪开始转化为涌浪，涌浪的占比增加。

然而，需要注意的是在预估船体运动响应时需要考虑不确定性。如上文所述，风浪与涌浪之间的相对方向是影响预报结果的众多输入参数中的一个参数。考虑到这一参数的不确定性程度，因此在精度选取时应尽量谨慎，不要给出一些无法通过技术验证的精度水平，并且应尽可能地采用船舶的运动响应作为设计衡准。

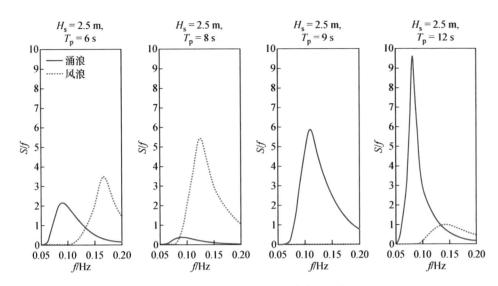

图 14.6　四个 Torsethaugen 谱分解示意图

注：H_s 相同、T_p 不同，涌浪能量峰值主要集中于低频区域。

对于一个实际的工程运动响应分析而言，在提供数据精度时需要十分谨慎，不要给出无法运用技术手段进行验证的精度水平。由于影响浮体运动响应的输入参数很多（其中包括风浪与涌浪之间的相对方向等），因此通过数值模型模拟得到的浮体运动响应的报告结果只能算作船舶运动响应预报的一个估算。在这种情况下，使用十进制小数来区分不同的海况是没有意义的。从船舶运动响应的角度看，相较于有义波高 H_s 的取值（1.4 或 1.5 m），涌浪与风浪之间相对位置方向的影响是更大的。但在实际工程安装作业分析中是根本不予考虑的。

举例说明，给定一个作业工况，$H_s = 1.8$ m，采用安装作业分析，对影响作业的关键性问题——船舶浮体的运动进行评估。然而此时，实际的海上作业工况对应的有义波高值为 $H_s = 1.9$ m。鉴于这种情况，过分纠结于 H_s 的取值到底是 1.8 m 还是 1.9 m 是没有意义的。即使实际的有义波高 H_s 为 1.8 m，此时船舶的实际运动响应仍可能大于数值分析预报的结果；同理，当实际情况的有义波高 H_s 为 1.9 m，此时船舶的实际运动响应有可能远小于 H_s 为 1.8 m 时的预报值。因此，当将船舶运动响应作为一个重要的设计控制衡准时，需要恰当选取作业海况对应的有义波高取值范围，如 1.5、2.0、2.5 和 3.0 m。

14.8　示例

14.8.1　例 14.1

接下来研究一个特定的海况条件，其中风浪与长峰波涌浪之间存在相互作用。稳定的涌浪与由局部低压形成的波浪之间就会存在这种相互作用，这种局部低压形成的波浪可以是由开阔海域与冰缘的冰水交界处的极地低压相互作用而形成。接下来，将选取一个合适的算法，用两个混合海浪谱描述此类混合海况。设定两个海浪谱分布满足三角型式分布：

①涌浪谱的有义波高 H_s 为 2 m，波能集中区域对应的周期范围为 14～22 s，且谱峰周期为 18 s。

②局部低压形成的海浪谱对应的有义波高 H_s 为 10 m，波能集中区域对应的周期范围为 6～16 s，且谱峰周期为 12 s。

（1）选取合适的海浪谱方程组，即对每一个海浪谱建立 $S(\omega)$ 关于 ω 的函数关系，并根据得到的相关数据绘制混合海浪谱的形状草图。

① 涌浪对应的海浪谱，$H_s = 2$ m。

$$m_0 = \int_0^\infty \omega^0(\omega)\mathrm{d}\omega = \int_0^\infty S(\omega)\mathrm{d}\omega = \sigma^2$$

$$H_s = 4\sqrt{m_0} = 4\sigma$$

$$m_0 = \left(\frac{H_s}{4}\right)^2$$

$$m_0 = \left(\frac{2}{4}\right)^2$$

$$m_0 = 0.25 = \int_0^\infty S(\omega)\mathrm{d}\omega$$

图 14.7 海浪谱的三角型式分布

图 14.7 为海浪谱的三角分布型式：

$$y_1 = S(\omega) = a_1\omega + b_1$$

$$y_2 = S(\omega) = a_2\omega + b_2$$

当 $T_1 = 22$ s 时，$\omega_1 = \dfrac{2\pi}{T_1} = \dfrac{2\pi}{22} = 0.286$

当 $T_p = T_2 = 18$ s 时，$\omega_2 = \dfrac{2\pi}{T_2} = \dfrac{2\pi}{18} = 0.349$

当 $T_3 = 14$ s 时，$\omega_3 = \dfrac{2\pi}{T_3} = \dfrac{2\pi}{14} = 0.449$

一般形式的线性方程表达式为

$$y - y_1 = \frac{y_2 - y_1}{x_2 - x_1}(x - x_1)$$

由图 14.7 可知，当 ω_1 和 ω_3 为零时，能量值为零，即 $S(\omega_1) = S(\omega_3) = 0$，此时 ω_2 为谱峰能量值。

因此，对于线段 1，存在以下关系表达式：

$$S(\omega) - S(\omega_1) = \frac{S(\omega_2) - S(\omega_1)}{\omega_2 - \omega_1}(\omega - \omega_1)$$

如图 14.7 所示，谱峰能量值可用三角线段以下覆盖的面积进行表示，即谱的零阶矩 m_0，具体表达式为

$$m_0 = 0.25 = \int_0^\infty S(\omega)\mathrm{d}\omega = 线段以下覆盖的面积$$

进一步推导，可得线 1 对应的线性方程，具体推导过程如下：

$$\frac{1}{2}(\omega_3 - \omega_1)(S(\omega_2) - S(\omega_1)) = 0.25$$

$$\frac{1}{2}(0.449 - 0.286)(S(\omega_2) - 0) = 0.25$$

$$S(\omega_2) = 3.067\ 5$$

$$S(\omega) - 0 = \frac{3.067\ 5 - 0}{0.349 - 0.286}(\omega - 0.286)$$

$$S(\omega) = 48.68\omega - 12.925 \rightarrow \text{线段 1 的线性方程}$$

同理,线 2 的线性方程表达式为

$$S(\omega) - S(\omega_2) = \frac{S(\omega_3) - S(\omega_2)}{\omega_3 - \omega_2}(\omega - \omega_2)$$

$$S(\omega) - 3.067\ 5 = \frac{0 - 3.067\ 5}{0.449 - 0.349}(\omega - 0.349)$$

$$S(\omega) = -30.675\omega + 13.773\ 5 \rightarrow \text{线段 2 的线性方程}$$

② 由局部低压形成波浪对应的海浪谱,$H_s = 10$ m。

$$m_0 = \int_0^\infty \omega^0 S(\omega)\mathrm{d}\omega = \int_0^\infty S(\omega)\mathrm{d}\omega = \sigma^2$$

$$H_s = 4\sqrt{m_0} = 4\sigma$$

$$m_0 = \left(\frac{H_s}{4}\right)^2$$

$$m_0 = \left(\frac{10}{4}\right)^2$$

$$m_0 = 6.25 = \int_0^\infty S(\omega)\mathrm{d}(\omega)$$

图 14.7 为海浪谱的三角分布型式,满足以下关系式:

$$y_1 = S(\omega) = a_1\omega + b_1$$
$$y_2 = S(\omega) = a_2\omega + b_2$$

当 $T_1 = 16$ s 时,$\omega_1 = \dfrac{2\pi}{T_1} = \dfrac{2\pi}{16} = 0.393$

当 $T_p = T_2 = 12$ s 时,$\omega_2 = \dfrac{2\pi}{T_2} = \dfrac{2\pi}{12} = 0.524$

当 $T_3 = 6$ s 时,$\omega_3 = \dfrac{2\pi}{T_3} = \dfrac{2\pi}{6} = 1.047$

一般形式的线性方程表达式为

$$y - y_1 = \frac{y_2 - y_1}{x_2 - x_1}(x - x_1)$$

由图 14.7 可知,当 ω_1 和 ω_3 为零时,能量值为零,即 $S(\omega_1) = S(\omega_3) = 0$,此时 ω_2 为谱峰值。

因此,对于线段 1,存在以下关系表达式:

$$S(\omega) - S(\omega_1) = \frac{S(\omega_2) - S(\omega_1)}{\omega_2 - \omega_1}(\omega - \omega_1)$$

如图 14.7 所示,谱峰能量值可用三角线段以下覆盖的面积进行表示,即谱的零阶矩 m_0,具体表达式为

$$m_0 = 6.25 = \int_0^\infty S(\omega)\mathrm{d}\omega = \text{线段以下覆盖的面积}$$

进一步推导,可得线段 1 对应的线性方程,具体推导过程如下:

$$\frac{1}{2}(\omega_3 - \omega_1)(S(\omega_2) - S(\omega_1)) = 6.25$$

$$\frac{1}{2}(1.047\,2 - 0.393)(S(\omega_2) - 0) = 6.25$$

$$S(\omega_2) = 19.10$$

$$S(\omega) - 0 = \frac{19.10 - 0}{0.524 - 0.393}(\omega - 0.393)$$

$$S(\omega) = 145.80\omega - 57.3 \rightarrow \text{线段 1 的线性方程}$$

同理，线段 2 的线性方程表达式为

$$S(\omega) - S(\omega_2) = \frac{S(\omega_3) - S(\omega_2)}{\omega_3 - \omega_2}(\omega - \omega_2)$$

$$S(\omega) - 19.10 = \frac{0 - 19.10}{1.047 - 0.524}(\omega - 0.524)$$

$$S(\omega) = -36.52\omega + 38.24 \rightarrow \text{线段 2 的线性方程}$$

基于上述推导，将得到一个双峰谱（见图 14.8），满足三角分布型式。

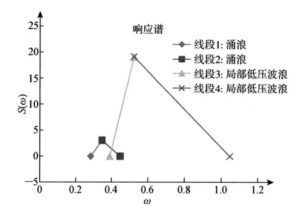

图 14.8　双峰海浪谱的三角分布

（2）计算混合海况跨零周期。

跨零周期为跨越平均海平面 MSL 时对应的周期，表达式为

$$T_z \approx 2\pi\sqrt{\frac{m_0}{m_2}}$$

式中，m_0 为零阶矩，表达式为

$$m_0 = \int_0^\infty \omega^0 S(\omega)\mathrm{d}\omega = \int_0^\infty S(\omega)\mathrm{d}\omega = \sigma^2$$

$$H_s = 4\sqrt{m_0} = 4\sigma$$

$$m_0 = \left(\frac{H_s}{4}\right)^2$$

m_n 为 n 阶矩，表达式为

$$m_n = \int_0^\infty \omega^n S(\omega)\mathrm{d}\omega$$

因此,二阶矩 m_2 的表达式为

$$m_2 = \int_0^\infty \omega^2 S(\omega)\,\mathrm{d}\omega$$

① 求解涌浪($H_s = 2$ m)的跨零周期 T_Z。

$$m_0 = \left(\frac{2}{4}\right)^2$$

$$m_0 = 0.25$$

$$m_2 = \int_0^\infty \omega^2 S(\omega)\,\mathrm{d}\omega$$

$$m_2 = \int_{\omega_1}^{\omega_2} \omega^2 S(\omega)\,\mathrm{d}\omega + \int_{\omega_2}^{\omega_3} \omega^2 S(\omega)\,\mathrm{d}\omega$$

$$m_2 = \int_{\omega_1}^{\omega_2} \omega^2 (48.69\omega - 13.925)\,\mathrm{d}\omega + \int_{\omega_2}^{\omega_3} \omega^2 (-30.627\omega + 13.755)\,\mathrm{d}\omega$$

$$m_2 = \int_{0.286}^{0.349} (48.69\omega^3 - 13.925\omega^2)\,\mathrm{d}\omega + \int_{0.349}^{0.449} (-30.627\omega^3 + 13.755\omega^2)\,\mathrm{d}\omega$$

$$m_2 = \left[\frac{48.69}{4}\omega^4 - \frac{13.925}{3}\omega^3\right]_{0.286}^{0.349} + \left[\frac{-30.627}{4}\omega^4 + \frac{13.755}{3}\omega^3\right]_{0.349}^{0.449}$$

$$m_2 = \left[\left(\frac{48.69}{4}0.349^4 - \frac{13.925}{3}0.349^3\right) - \left(\frac{48.69}{4}0.286^4 - \frac{13.925}{3}0.286^3\right)\right] +$$
$$\left[\left(\frac{-30.627}{4}0.449^4 + \frac{13.755}{3}0.449^3\right) - \left(\frac{-30.627}{4}0.349^4 + \frac{13.755}{3}0.349^3\right)\right]$$

$$m_2 = \left[(0.181 - 0.197) - (0.081 - 0.109)\right] +$$
$$\left[(-0.311 + 0.415) - (-0.114 + 0.195)\right]$$

$$m_2 = 0.035$$

$$T_z \approx 2\pi\sqrt{\frac{m_0}{m_2}} \approx 2\pi\sqrt{\frac{0.25}{0.035}} = 16.79 \text{ s}$$

② 求解局部低压波($H_s = 10$ m)的跨零周期 T_Z。

$$m_0 = \left(\frac{10}{4}\right)^2$$

$$m_0 = 6.25$$

$$m_2 = \int_0^\infty \omega^2 S(\omega)\,\mathrm{d}\omega$$

$$m_2 = \int_{\omega_1}^{\omega_2} \omega^2 S(\omega)\,\mathrm{d}\omega + \int_{\omega_2}^{\omega_3} \omega^2 S(\omega)\,\mathrm{d}\omega$$

$$m_2 = \int_{\omega_1}^{\omega_2} \omega^2 (145.80\omega - 57.3)\,\mathrm{d}\omega + \int_{\omega_2}^{\omega_3} \omega^2 (-36.52\omega + 38.24)\,\mathrm{d}\omega$$

$$m_2 = \int_{0.393}^{0.524} (145.80\omega - 57.3\omega^2)\,\mathrm{d}\omega + \int_{0.524}^{1.047} (-36.52\omega^3 + 38.24\omega^2)\,\mathrm{d}\omega$$

$$m_2 = \left[\frac{145.80}{4}\omega^4 - \frac{57.3}{3}\omega^3\right]_{0.393}^{0.524} + \left[\frac{-36.52}{4}\omega^4 + \frac{38.24}{3}\omega^3\right]_{0.524}^{1.047}$$

$$m_2 = \left[\left(\frac{145.80}{4}0.524^4 - \frac{57.3}{3}0.524^3\right) - \left(\frac{145.80}{4}0.393^4 - \frac{57.3}{3}0.393^3\right)\right] +$$

$$\left[\left(\frac{-36.52}{4}1.047^4+\frac{38.24}{3}1.047^3\right)-\left(\frac{-36.52}{4}0.524^4+\frac{38.24}{3}0.524^3\right)\right]$$

$$m_2=[(2.75-2.75)-(0.87-1.16)]+[(-10.97+14.63)-(-0.688+1.833)]$$

$$m_2=2.81$$

$$T_z\approx2\pi\sqrt{\frac{m_0}{m_2}}\approx2\pi\sqrt{\frac{6.25}{2.81}}=9.37\text{ s}$$

③ 混合海浪（涌浪＋局部低压波）的跨零周期 T_z。

$$T_z\approx2\pi\sqrt{\frac{m_0}{m_2}}\approx2\pi\sqrt{\frac{0.25+6.25}{0.035+2.81}}=9.83\text{ s}$$

根据以上计算推导过程，表 14.1 对相关计算结果进行了统计整理。

表 14.1　混合海浪相关计算结果统计表

名称	涌浪组分	局部低压波组分
H_s/m	2 m	10 m
$\omega_1/(\text{rad/s})$	0.286	0.393
$\omega_2=\omega_{\text{peak}}/(\text{rad/s})$	0.349	0.524
$\omega_3/(\text{rad/s})$	0.449	1.047
谱峰值 $S(\omega)\text{peak}$	3.0675	19.10
线性方程	$S(\omega)=48.68\omega-13.925$ $S(\omega)=-30.672\omega+13.7735$	$S(\omega)=145.80\omega-57.3$ $S(\omega)=-36.52\omega+38.24$
零阶矩 m_0	0.25	6.25
二阶矩 m_2	0.035	2.81
各组分对应跨零周期 T_z/s	16.79	9.37
混合海浪谱的跨零周期 T_z/s	9.83	

（3）JONSWAP 谱和 P-M 谱是描述某一位置的波浪条件的常用海浪谱。接下来将比较这两种海浪谱的不同点，并解释 P-M 谱比 JONSWAP 谱更适用于描述开阔海域（如北大西洋海域）的波浪条件。

① Pierson-Moskowitz 谱（P-M 谱）。

P-M 谱于 1964 年由 Pierson 和 Moskowit 共同提出，是描述海洋能量分布最简单的模型之一。假设风在很大风区范围内稳定地吹过很长一段时间，那么此时风传给风浪的能量与涡动摩擦消耗的能量达到平衡，风浪达到极限状态，这种状态成为风浪充分成长状态。风浪充分成长状态对应的风时范围为大约是 10 000 个波浪周期，风区范围大约为波长的 5 000倍。1964 年，Pierson 和 Moskowit 根据在北大西洋测得的数据提出了 P-M 谱模型。

海浪大多为风成浪，即风浪。如图 14.9 所示，风速越快，风时越长，风区越大，则风浪越大。

② JONSWAP 谱。

JONSWAP 谱由"北海海浪联合计划"测量分析提出，且风浪谱处于不断成长状态，即使

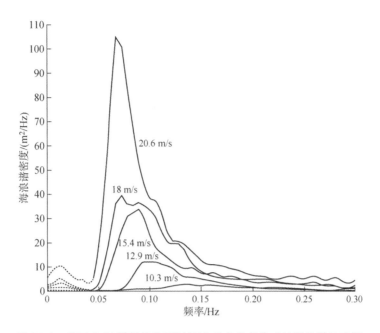

图 14.9　基于 P-M 谱描绘的不同风速对应的充分成长海浪谱示意图

是风时很长、风区很大的状态,海浪谱依然在发展,这主要是由于非线性因素以及波组分之间的相互作用造成的。

　　JONSWSAP 谱与 P-M 谱的型式十分相似,只是 JONSWAP 谱所描述的风浪会随着时间和距离的延伸而成长,且谱峰值更大更明显。在 JONSWAP 谱模型公式中,风时或风区的影响由无因次常数 α 项表示;谱峰值的增大程度,则由谱峰提升因子 γ 项表示。其中,谱峰提升因子 γ 经验证是尤其重要的,这是因为它对非线性的波-波相互作用进行了强调,并且 JONSWAP 谱随时间的变化满足 Hasselmann 理论。

　　众所周知,波浪多为风成浪,主要有三种不同的形成过程:

　　首先,风中的湍流在海面上产生随机的压力波动,从而形成波浪,但产生的波浪较小,波长仅有几厘米。

　　其次,风继续作用在之前生成的小波浪上,从而形成较大的波浪。这是因为,风吹波浪产生沿波浪剖面的压差,导致波浪生长。这个过程是不稳定的,因为,随着波的增大,压差变大,波生长的速度变快。这种不稳定性使波浪成倍增长。

　　最后,波浪开始相互作用,产生更长的波浪。相互作用将波能从短波传递到波频略低于谱峰频率的波(见图 14.10)。最终,这将导致波速快于风速。

　　③ P-M 谱和 JONSWAP 谱之间的差异。

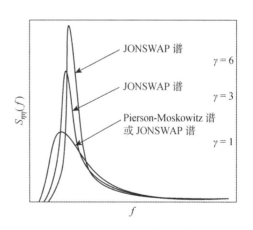

图 14.10　有义波高 H_s、跨零周期 T_z 均相同的 JONSWAP 谱和 P-M 谱对比示意图

P-M 谱和 JONSWAP 谱之间的差异可总结如下：

P-M 谱是 JONSWAP 谱的特例，此时 $\gamma = 1$。

如上文所述，P-M 谱适用于充分成长状态的海浪。

P-M 谱适用于开阔海域（如北大西洋海域）。表 14.2 列出了部分海域对两种海浪谱的使用情况。

如图 14.10 所示，JONSWAP 谱比 P-M 谱更加"高瘦"。

表 14.2 适用于不同海域的海浪谱模型的通用形式统计表

海域位置	作业工况	维护/设计工况
墨西哥湾	P-M 谱	P-M 谱或 JONSWAP 谱
北海	JONSWAP 谱	JONSWAP 谱
北海北部海域	JONSWAP 谱	JONSWAP 谱
巴西近海	P-M 谱 c	P-M 谱或 JONSWAP 谱
西澳海域	P-M 谱	P-M 谱
纽芬兰近海	P-M 谱	P-M 谱或 JONSWAP 谱
西非海域	P-M 谱	P-M 谱

P-M 谱适用于描述开阔海域波浪，因为 P-M 谱是根据选定风区大，风时长且属于开阔海域的波浪资料分析得到的。

（4）参照船舶的动力运动方程，详细讨论谱形状对海上漂浮单元动力学的影响。

动力学方程的一般型式：

$$m\ddot{x} + c\dot{x} + kx = F(t)$$

式中，$F(t)$ 为外力项，波浪力；m 为驳船质量；m_{add} 为附加质量；c 为阻尼系数，流体中的运动对应的阻尼系数很大，或者可增加额外的升沉补偿；k 为刚度，$k = A_w \cdot \rho_w \cdot g$，其中，$A_w$ 为船体水下面积，ρ_w 为水密度，g 为重力加速度。

系统的固有频率为 $\omega_0 = \sqrt{\dfrac{k}{m}}$

$$T_{\text{垂荡}} = 2\pi \sqrt{\frac{m + m_{\text{附加}}}{k}}$$

上述运动方程的解 $x(t)$ 的表达式为

$$x(t) = x_h(t) + x_p(t)$$

式中，$x_h(t)$ 为齐次方程解；$x_p(t)$ 为特解，其表达式为

$$x_p(t) = \frac{F_0}{k} D \sin(\omega t - \theta)$$

式中，D 为动态放大系数，其表达式为

$$D = \frac{1}{\sqrt{(1 - \beta^2)^2 + (2\lambda\beta)^2}}$$

$$\beta = \frac{\omega}{\omega_0} = \frac{\text{forcing frequency}}{\text{system frequency}}$$

$$\lambda = \frac{c}{2m\omega_0}$$

六个自由度的运动方程均采用相似型式,浮体结构受到的六个自由度运动分别为纵摇、横摇、横荡、纵荡、垂荡和艏摇,相关运动草图如图 14.11 所示。

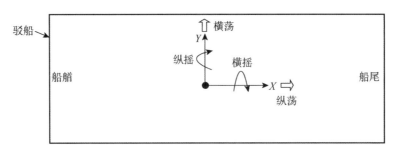

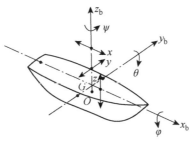

图 14.11 浮体六自由度运动

纵荡:$x = x_a \cos(\omega_e t + \varepsilon_x \zeta)$

横荡:$y = y_a \cos(\omega_e t + \varepsilon_y \zeta)$

垂荡:$z = z_a \cos(\omega_e t + \varepsilon_z \zeta)$

横摇:$\varphi = \varphi_a \cos(\omega_e t + \varepsilon_\varphi \zeta)$

纵摇:$\theta = \theta_a \cos(\omega_e t + \varepsilon_\theta \zeta)$

艏摇:$\psi = \psi_a \cos(\omega_e t + \varepsilon_\psi \zeta)$

遭遇频率:$\omega_e = \omega - kV \cos \mu$

式中,μ 为浪向;V 为船舶前行速度。

波高:$\zeta = \zeta_a \cos(\omega_e t)$.

根据线性理论,通过将不同振幅、频率和波向的规则波的运动结果相加,可以得到不规则波中产生的运动。利用已知的海浪谱和计算出的船体响应频率特性,可以得到相应的响应谱。

谱形状对海上浮体动力学的影响可用下面的方程来解释,如图 14.12 所示。

$$S_{\sigma\sigma}^{[k]}(f) = |G^{[k]}(f)|^2 S_{\eta\eta}(f)$$

式中,$S_{\eta\eta}(f)$ 为水面高程由能量(均方)谱定义;$G^{[k]}$ 为结构响应传递函数,利用波浪理论,结合加载模型和结构分析程序得到。如在某重要频率范围内,某个点处的应力对单位振幅波的响应。这可以定义为由系统本身决定的线性系统的传递函数(RAO);$S_{\sigma\sigma}(f)$ 为点 k 处的应力响应谱。

图 14.13 为浮体动力运动响应谱与波浪谱之间的关系示意图。

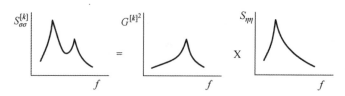

图 14.12　谱形状对海上浮体动力学的影响

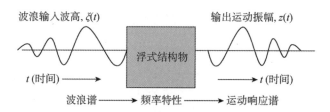

图 14.13　浮体动力运动响应与波浪之间的关系

当 $G^{[k]}$ 的峰值接近 $S_{\eta\eta}(f)$ 的峰值，且谱峰频率相同，则在该频率下会引起结构物与波浪之间的共振，从而产生较大的响应。

RAO 是浮式结构物在波浪作用下的运动响应幅值算子。首摇、横摇、纵摇、横荡、垂荡和纵荡六自由度运动的 RAO 曲线如图 14.14 所示。

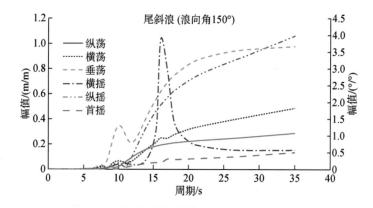

图 14.14　首摇、横摇、纵摇、横荡、垂荡和纵荡六自由度运动的 RAO 曲线
注：RAO 为响应幅值算子；首摇 RAO 的幅值最小、横摇次之、纵荡最大。

三种不同的浮式结构物对应的垂荡 RAO 与波浪谱之间的关系如图 14.15 所示。

一艘大型驳船，其固有频率相对较大，RAO 幅值较大，且覆盖很大一部分波频范围。几乎所有的波能都会转化为垂荡运动动能，从而产生一个很大的运动响应谱。

相较于大型驳船，普通船的固有频率较低，能量传输量比驳船小，但仍将相当一部分的波浪能量转化为升沉运动动能。

半潜式钻井平台的固有频率很低（质量大、水线面小），只传递一小部分波浪能量。

结论：固有频率是影响结构在波浪中的行为的一个非常重要的因素。在可能的情况下，应尽可能使固有频率移出波浪频率区域。

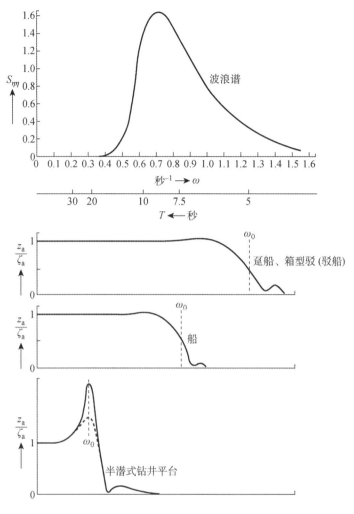

图 14.15　三种不同的浮式结构物对应的垂荡 RAO 与波浪谱之间的关系

14.8.2　例 14.2

当设备需要吊装至海上平台时,驳船的垂荡运动尤为重要。

（1）波浪中驳船垂荡运动的方程的分析讨论。

驳船的垂荡运动方程为

$$m\ddot{x} + c\dot{x} + kx = F(t)$$

式中,$F(t)$ 为外力项,波浪力;m 为驳船质量;c 为阻尼系数,流体中的运动对应的阻尼系数很大,或者可增加额外的升沉补偿;k 为刚度,$k = A_w \cdot \rho_w \cdot g$,其中,$A_w$ 为船体水下面积,ρ_w 为水密度,g 为重力加速度。

$F(t)$ 可以通过傅立叶分解转换成正弦力的总和。则垂荡运动方程可表示为

$$m\ddot{x} + c\dot{x} + kx = F_0 \sin \omega t$$

系统的固有频率为 $\omega_0 = \sqrt{\dfrac{k}{m}}$

固有周期 $T_{垂荡}$ 的表达式为

$$T_{垂荡} = 2\pi \sqrt{\frac{m + m_{附加}}{k}}$$

垂荡运动方程的解的表达式为

$$x(t) = x_h(t) + x_p(t)$$

式中,$x_h(t)$ 为齐次方程解;$x_p(t)$——特解,表达式为

$$x_p(t) = \frac{F_0}{k} D \sin(\omega t - \theta)$$

D 为动态放大系数,表达式为

$$D = \frac{1}{\sqrt{(1 - \beta^2)^2 + (2\lambda\beta)^2}}$$

$$\beta = \frac{\omega}{\omega_0} = \frac{力的频率}{系统的频率}$$

$$\lambda = \frac{c}{2m\omega_0}$$

(2) 假设驳船的重量为 9 400 t,并按计划运输 2 000 t 设备。驳船的尺寸为 91.44 m×27.32 m,则驳船在有/无 2 000 t设备的情况下对应的垂荡运动固有周期 Theave 的表达式为

$$T_{垂荡} = 2\pi \sqrt{\frac{m + m_{附加}}{k}}$$

$$k = A_w \rho_水 g$$

式中,m 为质量;k 为单位长度刚度;A_w 为船体水下面积;$\rho_水$ 为水密度,1.025 t/m³;g 为重力加速度,9.81 m/s²。

无设备对应的垂荡固有周期为

$$T_{垂荡} = 2\pi \sqrt{\frac{9\ 400 + 27\ 500}{91.44 \cdot 27.32 \cdot 1.025 \cdot 9.81}} = 7.6\ s$$

有 2 000 t 设备对应的垂荡固有周期为

$$T_{垂荡} = 2\pi \sqrt{\frac{9\ 400 + 27\ 500 + 2\ 000}{91.44 \cdot 27.32 \cdot 1.025 \cdot 9.81}} = 7.8\ s$$

(3) 讨论附加质量对垂荡固有周期的影响。

垂荡运动固有周期的表达式为

$$T_{垂荡} = 2\pi \sqrt{\frac{m + m_{附加质量}}{k}}$$

由上式可知,随着附加质量的增加,垂荡固有周期增大。

(4) 讨论设备由驳船吊装至海上平台过程中波浪条件的影响。根据波浪与驳船垂荡运动之间的共振情况,勾勒出相应的波谱,并提出可用于分析和简化分析的波谱(公式)类型。

① 讨论设备由驳船吊装至海上平台过程中波浪条件的影响。

波浪条件由波高和周期定义。波浪导致驳船运动,有六种波浪导致运动,分别为横摇、纵摇、纵荡、横荡、首摇和垂荡。假定横摇、纵摇、纵荡、横荡和首摇的运动响应很小,可忽略。因此,我们仅讨论垂荡运动。

驳船垂荡运动是线性的,则惯性力的表达式为

$$质量 \times 加速度 = m\frac{\mathrm{d}^2 z}{\mathrm{d}t^2}$$

如图 14.16 所示,根据加速度的方向,惯性力的方向是向上或向下的。

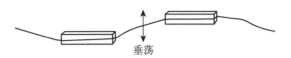

图 14.16　垂荡运动示意图

例如,当一艘驳船在波浪中的垂荡运动中处于其最高点的位置时,即此时振幅为最大幅值 Z_a,则驳船在 t 时刻的升沉运动幅值表达式为

$$z = z_a \cos \omega t$$

加速度的最大值为

$$\ddot{z} = -\omega^2 z_a$$

当加速度方向为向下时,总力为驳船重力加惯性力,即

$$mg + m\frac{\mathrm{d}^2 z}{\mathrm{d}t^2} = m(g - \omega^2 z_a)$$

由此可知,由于惯性力与重力的方向一致,驳船的有效重量增大了。反之,当驳船出平衡位置向下运动,此时加速度方向向上,则惯性力作用方向向上,与重力方向相反,则有效重量减小。

② 根据波浪与驳船垂荡运动之间的共振情况,勾勒出相应的波谱,并提出可用于分析和简化分析的波谱(公式)类型。

当结构物的固有频率与波浪的固有频率相同时会发生共振现象。

由上述问题(2)的讨论可知:

驳船在有无设备的情况下对应的固有周期分别为 7.6 s 和 7.8 s。

用于海洋结构物设计的谱公式有多种,其中,应用最广泛的谱模型包括 P-M 谱模型、Bretschneider 模型、ISSC 谱模型、JONSWAP 谱模型以及应用相对较少的 Ochi-Hubble 谱模型。

表 14.3 列出了几种常用谱模型的表达式。

表 14.3　几种常用谱模型的表达式

谱模型	参数数量	独立参数	公式表达式
P-M 谱	1	U_w 或 ω_0	$S(\omega) = \alpha g^2 \omega^{-5} \exp\left(-1.25\left[\frac{\omega}{\omega_0}\right]^{-4}\right)$
修正 P-M 谱	2	H_s、ω_0	$S(\omega) = \frac{5}{16} H_s \frac{\omega_0^4}{\omega^5} \exp\left(-1.25\left[\frac{\omega}{\omega_0}\right]^{-4}\right)$
Bretschneider 谱	2	H_s、ω_s	$S(\omega) = 0.168\,7 H_s \frac{\omega_s^4}{\omega^5} \times \exp\left(-0.675\left[\frac{\omega}{\omega_s}\right]^{-4}\right)$

谱模型	参数数量	独立参数	公式表达式
ISSC 谱	2	$H_s \bar{\omega}$	$S(\omega) = 0.110\,7 H_s \dfrac{\bar{\omega}^4}{\omega^5} \times \exp\left(-0.442\,7\left[\dfrac{\bar{\omega}}{\omega}\right]^{-4}\right)$
JONSWAP 谱	5	$H_s \, \bar{\omega}_0 \, \gamma \, \tau_a \, \tau_b$	$S(\omega) = \bar{\alpha} g^2 \omega^{-5} \exp\left(-1.25\left[\dfrac{\omega}{\omega_p}\right]^{-4}\right) \times$ $\gamma^{\left[\exp -(\omega-\omega_p)^2/(2\sigma^2 \omega_p^2)\right]}$
Ochi-Hubble 谱	6	$H_{s1} \, \omega_{01} \, \lambda_1 \, H_{s2} \, \omega_{02} \, \lambda_2$	$S(\omega) = \dfrac{1}{4}\sum_{j=1}^{2}\dfrac{\left(\dfrac{4\lambda_j+1}{4}\omega_{0j}^4\right)^{\lambda_j}}{\Gamma(\lambda_j)} \times$ $\dfrac{H_{sj}^2}{\omega^{4\lambda_j+1}}\exp\left[-\left(\dfrac{4\lambda_j+1}{4}\right)\left[\dfrac{\omega}{\omega_{0j}}\right]^{-4}\right]$

对于北海海域，$\bar{\alpha}$ 的常用表达式为

$$\bar{\alpha} = 5.058\left[\dfrac{H_s}{(T_p)}\right]^2 (1 - 0.287\ln\gamma)$$

式中，α 为菲利普斯常数；$\bar{\alpha}$ 为 α 修正值；γ 为谱峰因子，表 14.4 列出了应用于不同海域的 γ 取值；σ 为谱宽因子；$\omega \leqslant \omega_0, \sigma = \sigma_A$；$\omega > \omega_0, \sigma = \sigma_B$。

表 14.4　针对不同海域的 JONSWAP 谱模型中谱峰因子 γ 取值汇总表

海域位置	γ
北海或北大西洋海域	3.3
北海北部	不大于 7
西非近海海域	1.5±0.5
墨西哥湾	$H_s \leqslant 6.5$ m, $\gamma=1$；$H_s > 6.5$, $\gamma=2$
巴西近海海域	1-2

当某个特定海域的海浪谱型式未知，可以参照表 14.3 所概括的适用于世界不同平台位置的常见波谱模型。

为了绘制波浪谱，首要任务就是选取谱模型。本案例假设如下：

（a）位置为北海海域，因此选用 JONSWAP 谱模型；

（b）$\gamma = 3.3$（北海）；

（c）$\alpha = 0.081$，$\sigma_A = 0.07$，$\sigma_B = 0.09$；

（d）$H_s = 7$ m，10 m；

（e）$T_p = 7$ s，则 $\omega_p = 0.897$。

基于以上假设设置，得到的波浪谱型式如图 14.17 所示。

为简化分析，采用三角分布型式谱进行分析，如图 14.18 所示。

相关表达式为

$$y_1 = S(\omega) = a_1\omega + b_1$$

$$y_2 = S(\omega) = a_2\omega + b_2$$

$$m_n = \int_0^\infty \omega^n S(\omega)\,\mathrm{d}\omega$$

$$m_0 = \int_0^\infty \omega^0 S(\omega)\,\mathrm{d}\omega = \int_0^\infty S(\omega)\,\mathrm{d}\omega = \sigma^2$$

$$H_s = 4\sqrt{m_0} = 4\sigma$$

$$m_0 = \left(\frac{H_s}{4}\right)^2$$

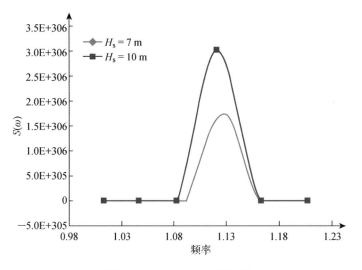

图 14.17　JONSWAP 波浪谱

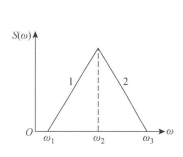

图 14.18　简化波浪谱

符号表

H_{m0}	有义波高
H_s	有义波高
m_j	j 阶谱矩$(j=0\sim\infty)$
RAO	幅值响应算子
$S(\omega)$	波浪谱密度分布
T	时间
T	波浪周期
t_{m02}	跨零周期的期望值
t_p	主谐波周期
ζ	波浪幅值
θ	相位谱(方向谱)
ω	频率
ω_p	谱峰频率

参考文献

[1]　Pierson-Moskowitz Wave Spectrum，[online]，http：//www. codecogs. com/code/engineering/fluid_mechanics/waves/spectra/pierson_moskowitz. php

[2]　Torsethaugen，K. & Haver，S.，Simplified double peak spectral model for ocean waves，in：Proceedings of the Fourteenth International Offshore and Polar Engineering Conference，Toulon，France，May 23-28，2004.

[3]　NORSOK，Actions and action effects，NORSOK Standard，N-003 Standard Norway，Oslo，2007.

[4]　Jacobsen，T.，Idsøe Næss，T.-B. & Karunakaran，D. Comparison with full scale measurements for lifting operations，2nd Marine Operations Specialty Symposium，MOSS，Singapore，2012.

[5]　Phillips，O. M.，On the generation of waves by turbulent wind，Journal of Fluid Mechanics，2(5)，pp. 417-445，1957.

[6]　Hasselmann，K.，Barnett，T. P.，Bouws，E.，Carlson，H.，Cartwright，D. E.，Enke，K.，Ewing，J. A.，Gienapp，H.，Hasselmann，D. E.，Kruseman，P.，Meerburg，A.，Mller，P.，Olbers，D. J.，Richter，K.，Sell，W. & Walden，H.，Measurements of wind-wave growth and swell decay during the Joint North Sea Wave Project (JONSWAP)，Ergnzungsheft zur Deutschen Hydrographischen Zeitschrift Reihe，A(8)(12)，p. 95，1973.

[7]　Chakrabati，S. K.，Handbook of Offshore Engineering，Elsevier，New Jersey，2005.

[8]　Design of Ocean Systems，Massachusets Institute ofTechnology [online]，http：//ocw. mit. edu/courses/mechanical-engineering/2-019-design-of-oceansystems-spring-2011/lecture-notes/

扩展阅读

• 　DNV，Enviromental conditions and environmental loads，Recommended Practice，DNV-RPC205，Det Norske Veritas，Høvik，Oslo，2010.

• 　DNV，Modelling and analysis of marine operations，Recommended Practice：DNV-RP-H103，Det Norske Veritas，Høvik，Oslo，2010.

• 　Journeè，J. M. J. & Massie，W. W.，Introduction to Offshore Hydrodynamics，Delft University of Technology，Delft，The Netherlands，2002，Available at：http：//www. shipmotions. nl/DUT/LectureNotes/Offshore Hydromechanics_Intro. pdf

第15章 波浪数据分析和极端波浪

15.1 波浪数据分析

波浪的累积分布函数表达式为

$$\hat{F}_x(x) = \frac{n_x}{N} \tag{15.1}$$

式中，n_x 为小于 x 的波数；N 为样本总波数。

需要注意的是，本模型要求每个波高区间范围内波浪的波高不得大于波高区间的上限，这样就导致整个模型无法预报超出最大波高范围的波浪，存在一定的局限性。为了给模型一定的预报裕度，使模型能够用于预报更大的波浪，提出了一个更加合适的累积分布函数表达式(15.2)，具体示例数据统计如表 15.1 所示。

$$\hat{\hat{F}}_x(x) = \frac{n_x}{N+1} \tag{15.2}$$

表 15.1 累积分布函数相关数据统计表

波高区间/m	观测波数	累积观测波数	累积分布函数经验值 $\hat{F}$	累积分布函数的备用值(用于绘图)$\hat{\hat{F}}$
0-1	2	2	0.01	0.010 0
1-2	16	18	0.09	0.089 6
2-3	48	66	0.33	0.328 4
3-4	62	128	0.64	0.636 8
4-5	36	164	0.82	0.815 9
5-6	20	184	0.92	0.915 4
6-7	8	192	0.96	0.955 2
7-8	2	194	0.97	0.965 2
8-9	4	198	0.99	0.985 1
9-10	0	198	0.99	0.985 1
10-11	2	200	1	0.995 0
11-12				
12-13				

（续表）

波高区间/m	观测波数	累积观测波数	累积分布函数经验值 $\hat{F}$	累积分布函数的备用值（用于绘图）$\hat{F}$
13-14				
14-15				
总计	200			

如果以式(15.2)为依据绘制波高和累积分布函数的关系曲线，那么当波高 x 较大时，将很难从曲线上读取相应的 $\hat{F}_x$ 值，这是因为模型统计的波浪中大波浪的占比太小。

更好的做法是将相关数据进行变形处理使其满足线性关系，绘制相应的直线关系线。由此，则更容易从图中读数，此时，累积分布函数的数值将经过一定的处理，满足某一数学模型，从而使其与变量之间满足线性关系。

假设累积分布函数含一个随机变量，具体表达式为

$$F_x(x) = 1 - \exp\left(-\left(\frac{x}{\alpha}\right)^{\beta}\right) \tag{15.3}$$

这个函数为韦伯分布函数，其中，α 和 β 为分布参数。将式(15.3)经过变形处理，可得：

$$1 - F_x(x) = \exp\left(-\left(\frac{x}{\alpha}\right)^{\beta}\right) \tag{15.4}$$

$$\ln(1 - F_x(x)) = -\left(\frac{x}{\alpha}\right)^{\beta} \tag{15.5}$$

$$\ln(\ln(1 - F_x(x))) = \beta\ln x - \beta\ln \alpha \tag{15.6}$$

此时，设立新坐标轴，设 $\ln x$ 为 x 轴，$\ln(\ln(1-F_x(x)))$ 为 y 轴，则在坐标系统中满足韦伯分布的所有数值点将形成一条直线。如果在坐标系统中描绘出这些数据，由此可以判定某个波浪测量数据是否满足韦伯分布。

接下来，将用一个示例来判断波浪数据是否满足韦伯分布，波浪数据参照表15.1；数据处理结果如表 15.2 所示。根据前文介绍，以 $\ln x$ 为 x 轴，$\ln(\ln(1-F_x(x)))$ 为 y 轴绘图（见图15.1）。

由图 15.1 可知，表 15.1 中选取的波浪数据并不能完全满足韦伯分布，这可能是因为数据的选取过于随机；通常情况下，风暴海况对应的波高数据是可以很好地满足韦伯分布的。

表 15.2　用于韦伯分布的相关波浪数据处理统计表

波高间距 x	$\hat{F}_x$	$\ln x(*)$	$\ln(\ln(1-\hat{F}_x(x)))$
0-1	0.010 0	0	-4.605
1-2	0.089 6	0.693 1	-2.366
2-3	0.328 4	1.098 6	-0.921
3-4	0.636 8	1.386 3	0.013
4-5	0.815 9	1.609 4	0.526

（续表）

波高间距 x	$\hat{F}_x$	$\ln x(*)$	$\ln(\ln(1-\hat{F}_x(x)))$
5-6	0.915 4	1.791 8	0.904
6-7	0.955 2	1.945 9	1.133
7-8	0.965 2	2.079 4	1.211
8-9	0.985 1	2.197 2	1.436
9-10	0.985 1	2.302 6	1.436
10-11	0.995 0	2.397 9	1.668
11-12		2.485	
12-13			
13-14			
14-15			

注：（*）表示每个波高区间的上限，即第一个波高区间的（*）为 1 m，依此类推。

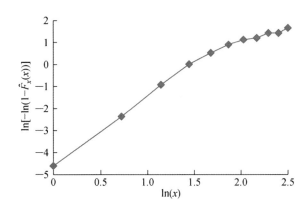

图 15.1　$\hat{F}$ 的韦伯概率分布

示例：接下来考虑另一个例子，随机变量满足瑞利分布，则函数表达式为

$$F_x(x) = 1 - \exp\left[-\left(\frac{x}{\alpha}\right)^2\right], \quad x \geqslant 0 \tag{15.7}$$

式中，α 为分布参数，$\alpha = \sqrt{2}\sigma$（σ 为满足瑞利分布数据的方差）。

（1）将累计分布函数进行求导得到概率分布函数，表达式为

$$f_x(x) = \frac{\mathrm{d}}{\mathrm{d}x}F_x(x) = \frac{2x}{\alpha^2}\exp\left(-\left(\frac{x}{\alpha}\right)^2\right) \tag{15.8}$$

（2）累积分布函数需要满足的要求：

x 的最小值为零，则

$$F_x(0) = 1 - 1 = 0 \tag{15.9}$$

x 的最大值取无穷大，则

$$F_x(\infty) = \lim\left(1 - \exp\left(-\left(\frac{x}{\alpha}\right)^2\right)\right) = 1 - 0 = 1 \qquad (15.10)$$

此外，当 $x > 0$ 时，$f_x(x) > 0$。由于 $F_x(x)$ 的导数也是正的，那么 $F_x(x)$ 将在区间 $x = (0, \infty)$ 范围内为增函数，取值为 $(0, 1)$。即

$$0 \leqslant F_x(x) \leqslant 1 \qquad (15.11)$$

（3）求解概率分布函数

$$P(X \leqslant 2\alpha) = F_x(2\alpha) = 1 - \exp\left(-\left(\frac{2\alpha}{\alpha}\right)\right)^2 = 0.981\ 7 \qquad (15.12)$$

$$P(X \geqslant 4\alpha) = 1 - P(X \leqslant 4\alpha) = 1 - F_x(4\alpha) \qquad (15.13)$$

$$= \exp\left(-\left(\frac{4\alpha}{\alpha}\right)^2\right) = 1.125 \cdot 10^{-7} \qquad (15.14)$$

$$P(\alpha \leqslant X \leqslant 1.5\alpha) = F_x(1.5\alpha) - F_x(\alpha) \qquad (15.15)$$

$$= 1 - \exp\left(-\left(\frac{1.5\alpha}{\alpha}\right)^2\right) - 1 + \exp\left(-\left(\frac{\alpha}{\alpha}\right)^2\right) \qquad (15.16)$$

$$= \exp(-1) - \exp(-2.25) = 0.262\ 5 \qquad (15.17)$$

本例共有 100 个变量 x，那么落在区间 $\alpha \leqslant X \leqslant 1.5\alpha$ 范围内的数量为 $0.262\ 5 \times 100$。

15.2　极端波浪和海况

高斯分布是描述海面的优良模型。某定点海域（常态环境）的统计特性可由海浪谱进行描述。实际上，描述海况的两个重要参数是有义波高及其对应的波浪周期。

15.2.1　平稳高斯过程中波高分布

首先，将平稳高斯过程中波高进行累积分布，即固定海域的海浪可以用单峰谱表示（见图 15.2）。

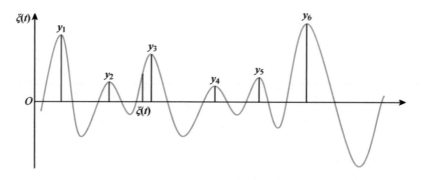

图 15.2　测量波高的时历曲线

如图 15.2 所示，y 代表波高。在这个方案中，波面函数 $\xi(t)$ 为一高斯过程，最大评估可用瑞利累积分布函数表示：

$$F_Y(y) = 1 - \exp\left(-\frac{1}{2}\left(\frac{y}{\sigma_\Xi}\right)^2\right) \qquad (15.18)$$

上式引入的参数 σ_E 为高斯过程的方差,可由特殊海况海浪谱求得。

假设海浪谱密度为 $S(\omega)$。对于持续 6 小时的海况,我们将预估风暴期间最高波峰。具体过程如下:

方差

$$\sigma_\Xi^2 = \int_0^\infty S(\omega)\,\mathrm{d}\omega \tag{15.19}$$

平均跨零周期

$$t_{\mathrm{m}02} = 2\pi \sqrt{\frac{m_0}{m_2}} \tag{15.20}$$

$$m_{\mathrm{j}} = \int_0^\infty \omega^{\mathrm{j}} S(\omega)\,\mathrm{d}\omega \tag{15.21}$$

风暴期间(6 小时)的期望波数

$$\bar{n} = \frac{6 \cdot 3\,600}{t_{\mathrm{m}02}} \tag{15.22}$$

$\tilde{y}$ 表示期望波数 n 的最大波峰特征值,相关表达式为

$$1 \quad F_{\mathrm{Y}}(\tilde{y}) = \frac{1}{n} \tag{15.23}$$

$$\exp\left(-\frac{1}{2}\left(\frac{\tilde{y}}{\sigma_\Xi}\right)^2\right) = \frac{1}{n} \rightarrow \tilde{y} = \sigma_\Xi \sqrt{2\ln n} \tag{15.24}$$

由上式可知,最大波峰特征值随着期望波数的增大而增大。

本方法中 $\tilde{y}$ 值常用于预估最高波峰高度。

此外,可以用一个方程表示最高波峰分布,其中,Z_n 表示最高波峰,可得:

$$F_{Z_{\bar{n}}} = P(Z_{\bar{n}} < z) = P((Y_1 < z) \bigcap (Y_2 < z) \bigcap \cdots \bigcap (Y_n < z)) \tag{15.25}$$

假设所有的波峰均是独立的且均匀分布(满足正态分布),由此可得:

$$F_{\bar{z}\bar{n}}(z) = (F_{\mathrm{Y}}(z))^{\bar{n}} = \left(1 - \exp\left(-\frac{1}{2}\left(\frac{z}{\sigma_\Xi}\right)^2\right)\right)^{\bar{n}} \tag{15.26}$$

对上式 $F_{\mathrm{zn}}(z)$ 求导得到概率密度分布函数,表达式为

$$f_{\mathrm{zn}}(z) = \frac{\mathrm{d}}{\mathrm{d}z} F_{\mathrm{zn}}(z) \tag{15.27}$$

令 $z = \tilde{y}$,代入上式(15.26),可得:

$$F_{\bar{z}\bar{n}}(\tilde{y}) = \left(1 - \exp\left(-\frac{1}{2}\left(\frac{\sigma_\Xi \sqrt{2\ln(n)}}{\sigma_\Xi}\right)^2\right)\right)^{\bar{n}} \tag{15.28}$$

$$= \left(1 - \frac{1}{n}\right)^{\bar{n}} \rightarrow \mathrm{e}^{-1} \tag{15.29}$$
$$\bar{n} \rightarrow \infty$$

上述分析说明,超过最大特征波高值的概率(即超值概率)为

$$1 - \mathrm{e}^{-1} = 0.63$$

由此可知,最大峰值分布的范围很窄,因此预报的波浪峰值不能超过该峰值分布范围太大,即超值概率不要太大,如图 15.3 所示。

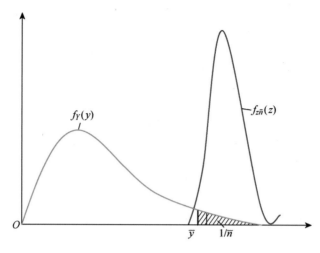

图 15.3　最大波峰分布

15.2.2　极端海况

接下来研究的海况为百年一遇海况。假设海况可由特征参数有义波高 H_{m0} 和波浪谱峰周期 t_p 进行定义。

常规测量历时(采样周期)为 20 分钟。通过时间序列测量，得到海浪谱和相应的特征参数，如有义波高 H_{m0} 和谱峰周期 t_p。经过数年测量数据积累，可以从所有不同海况中提取 20 分钟的时间序列测量数据，从而建立一个包含有义波高 H_{m0} 和周期 t_p 的频率分布统计表，如表 15.3 所示。

令 h 为波高统计区间的上限，得到该波高区间范围内关于有义波高 H_{m0} 的累积分布函数为

$$F_{H_{m0}}(h) = \frac{n_h}{N+1} \tag{15.30}$$

式中，n_h 为不大于波高 h 的观测波的累积数量；N 为总的观测波样本数量。

表 15.3 的解释：

①最左侧竖列：表示有义波高区间，依次为小于 0.5 m，0.5～1.0 m 等。

②最上侧横行：表示谱峰周期区间 t_p。

③最右侧竖列：表示各有义波高区间范围内的平均周期。

④右起第二竖列：表示各有义波高区间范围内的波浪数量，总计 8 212 个。

⑤下起第二横行：表示各峰值周期区间范围内对应的波浪数量。

⑥最下侧横行：表示各峰值周期区间范围内对应的波浪平均波高。

$F_{H_{m0}}$ 的韦伯对数分布如图 15.4 所示。根据此图，可以预估百年一遇的波浪波高(一年一遇波浪的波高的超值概率为 10^{-2})

表 15.3　H_{m0} 和 t_p 的频率分布统计表

周期/波高	3	4	5	6	7	8	9	10	11	12	13	14	15	16	17	18	19	20	合计	平均周期
	4	5	6	7	8	9	10	11	12	13	14	15	16	17	18	19	20	21		
<0.5	1	3	12	17	10	12	5	6	3	1	1								71	7.61
0.5—1	16	68	121	133	96	91	78	38	24	8	2	1	1						677	7.33
1—1.5	6	63	151	170	226	171	156	79	67	41	17	4	1	1	1				1 154	8.07
1.5—2		11	127	230	227	186	168	113	81	64	45	17	2	1	1	1	2	1	1 277	8.63
2—2.5			41	146	216	202	146	128	88	50	33	31	10	5	2	2	2	1	1 103	9.12
2.5—3			11	69	184	204	119	94	106	73	45	29	19	6	3	1	2	1	966	9.74
3—3.5				22	92	207	120	102	61	71	47	33	19	6	4				783	10.18
3.5—4				8	44	162	119	92	57	74	40	33	14	8	5	1			644	10.42
4—4.5					16	103	114	75	60	43	18	2	14	8	3	1			467	10.51
4.5—5				1	3	44	76	45	51	29	27	18	10	5	5	1			315	11.24
5—5.5						18	60	69	50	23	13	9	5	4	4	2			257	11.11
5.5—6					1	8	32	40	31	17	10	10	3	6	4	4			169	11.73
6—6.5							6	28	21	22	6	13	2	4	2	2		1	106	12.42
6.5—7							2	20	18	21	14	2	4	2	1	1	2		81	12.09
7—7.5								3	9	15	13	3	1	1	1				46	12.9
7.5—8									8	12	4	3	3						30	12.89
8—8.5							3		5	11	4	3	3	1					31	12.8
8.5—9									3	3	4	5	3			1			15	13.31
9—9.5								1	3	1	4	4	3		1		1		12	14.85
9.5—10											3	1							4	13.1
10—10.5											1								1	12.96
10.5—11								1					1		1	1			3	15.09
11—11.5																			0	0
11.5—12																			0	0
12—12.5																			0	0
12.5—13																			0	0
13—13.5																			0	0
13<																			0	0
总计	23	147	463	796	1 115	1 408	1 201	936	743	583	348	216	113	58	38	14	5	5	8 212	
平均波高	0.84	1.1	1.4	1.7	2.06	2.62	2.86	3.3	3.4	3.7	3.8	3.9	4.1	4.3	4.4	5.2	5.3	5		

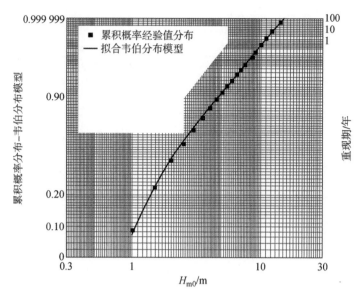

图 15.4   基于表 15.3 数据绘制的关于 H_{m0} 的累积分布函数曲线

对图 15.4 作如下解释：

① 图示曲线按韦伯分布模式绘制。

② 横坐标表示有义波高，单位为米。

③ 左侧纵坐标表示海况的累积概率分布。

④ 右侧纵坐标表示相应的重现周期，单位为年。

假设海况的变化期为 3 小时（每隔 3 小时一个新海况），则 100 年对应的周期为 3 小时的海况就有292 000个。因此，可以通过由表15.3数据绘制的累积分布曲线（见图15.4）来预报百年一遇海况对应的有义波高，超值概率为

$$1 - F_{H_{m0}}(h_{100}) = 292\ 000^{-1} \tag{15.31}$$

接下来，根据图 15.4 中数据进行推算，主要基于图中偏上部的大部分数据点拟合一条直线，然后根据该直线反推得到点的纵坐标值为累积概率分布值为 $1 - 29\ 200^{-1}$（即 0.999 996 6）对应的横坐标值，即可得百年一遇海况的有义波高。

由图 15.4 可得百年一遇海况对应的有义波高为 $h_{100} = 14.5$ m。与此同时，必须基于此有义波高选择一个合理的波浪周期。

如表 15.3 所示，最右侧竖列给出了各有义波高区间范围内的平均波浪周期。绘制这些平均波浪周期相对于有义波高 H_{m0} 的关系曲线（见图 15.5），由此可以推算得到极限海况对应的周期范围为 15~16 s。

取 $H_{m0} = 14.5$ m、$t_p = 16.0$ s，并假设海况的持续时间为 3 小时，则可以得到特征波峰的最大值。假设 $t_{m0} = 12$ s，那么可以在 3 小时周期范围内得到 900 个波。又因为 $H_{m0} = 4\sigma_{\Xi}$，$\sigma_{\Xi} = 3.625$，则特征波峰的最大值为

$$\widetilde{y} = \sigma_{\Xi}\sqrt{2\ln n} = 13.4 \text{ m}$$

假设波估值为 72.5% 的波峰值，可以得到最大特征波高值为

$$\bar{h} = 23.1 \text{ m}$$

需要注意的是最大特征波高对应的重现期小于 100 年。

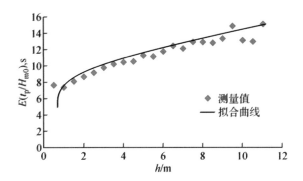

图 15.5　极端波浪海况对应的峰值周期预估曲线

15.3　示例

15.3.1　例 15.1

采用例 13.1 中数据进行分析。

(1) 编制一个关于韦伯分布的数据计算统计表。

根据式(15.6)计算得到关于韦伯分布的相关计算数据统计表(见表 15.4)。

表 15.4　韦伯分布相关计算数据统计表

波高 H_s/m	数据点数量	累积分布函数值 CDF, $\hat{F}_x$	累积分布函数的备用值, $\hat{F}_x$	$\ln H_s$	$\ln(-\ln(1-\hat{F}_x(x)))$
8.5～9	2	0.083 3	0.08	2.197 2	$-2.484\ 3$
9～9.5	2	0.166 7	0.16	2.251 3	$-1.746\ 7$
9.5～10	2	0.25	0.24	2.302 6	$-1.293\ 0$
10～10.5	5	0.458 3	0.44	2.351 4	$-0.545\ 0$
10.5～11	5	0.666 7	0.64	2.397 9	0.021 4
11～11.5	3	0.791 7	0.76	2.442 3	0.355 7
11.5～12	3	0.916 7	0.88	2.484 9	0.751 5
12～12.5	1	0.958 3	0.92	2.525 7	0.926 5
12.5～13	1	1	0.96	2.564 9	1.169
	24				

(2) 判断数据是否满足韦伯分布,并作出相关解释。

当数据点的拟合线满足韦伯分布模型,那么就说明数据满足韦伯分布。

韦伯分布的相关表达式为

$$\hat{F}_x(x) = 1 - \exp\left[-\left(\frac{x}{\alpha}\right)^\beta\right]$$

$$1 - \hat{F}_x(x) = \exp\left[-\left(\frac{x}{\alpha}\right)^\beta\right]$$

$$\ln\left[1 - \hat{F}_x\right] = -\left(\frac{x}{\alpha}\right)^\beta$$

$$\ln\left[-\ln\left[1 - \hat{F}_x(x)\right]\right] = \beta\ln x - \beta\ln \alpha$$

（3）选取合适的横坐标表示方式，使数据点的分布呈一条直线，从而判断数据点是否满足韦伯分布。

基于问题（2）的讨论，韦伯分布的表达式为

$$\underbrace{\ln\left[-\ln\left[1 - \hat{F}_x(x)\right]\right]}_{\text{函数=}y\text{轴}} = \underbrace{\beta\ln x}_{x\text{轴}} - \underbrace{\beta\ln \alpha}_{\text{常数}}$$

如果所用数据满足上述模型方程，则该数据点将落在一条直线上，如图15.6所示。

（4）将所用数据点绘制成图，判断相应的波高数据是否满足韦伯分布。如果仅关注 $H_s > 10.5$ m 的数据点，结论会有所改变吗？

图 15.7 为按照韦伯分布模式绘制的示意图。

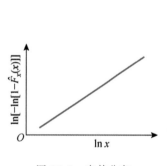

图 15.6　韦伯分布

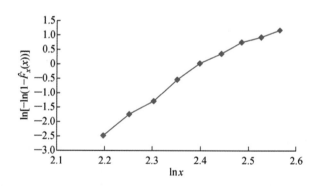

图 15.7　按韦伯分布模式绘制

由图可知，数据不满足韦伯分布。然而，将所有数据点分为两组，就可以得到两条直线，其直线分布数据范围为 $H_s < 10.5$ m 的波浪数据为一组；$H_s > 10.5$ m 的波浪数据为另一组。

如果仅考察 $H_s > 10.5$ m 的一组数据，可以发现该组数据满足韦伯分布。

将原曲线按 $H_s > 10.5$ m 和 $H_s < 10.5$ m（H_s 需大于 2.4）分为两条曲线，通过拟合可以得到两条近似直线段，如图15.8和图15.9所示。

（5）预报一年一遇海况的有义波高，其中超值概率为 10^{-2}。

超出百年一遇数据的超值概率为 0.01。假设每年统计 24 组数据。则 100 年就有 $100 \times 24 = 2\,400$ 组数据。则

$$y = \ln\left[-\ln\left(1 - \frac{2\,400}{2\,401}\right)\right] = 2.052$$

由图可知：

$$\ln x = 2.687 \quad （从图中得出）$$

因此,有义波高 $H_s = 14.69$ m。

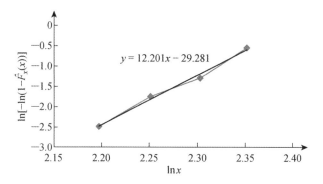

图 15.8　韦伯分布($H_s < 10.5$ m)

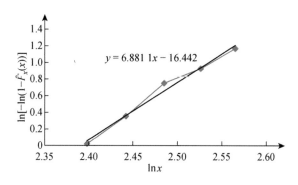

图 15.9　韦伯分布($H_s > 10.5$ m)

15.3.2　例 15.2

(1) 有些学者指出耿贝尔分布(Gumbel)更适合于描述极端波浪海况。

Gumbel 分布的数学表达式是什么？ 如何判断数据满足 Gumbel 分布？

Gumbel 分布的累积分布函数表达式为

$$F(x,\mu,\beta) = e^{-e^{-(x-\mu)/\beta}}$$
$$\ln[F(x,\mu,\beta)] = -e^{-(x-\mu)/\beta}$$
$$-\ln[F(x,\mu,\beta)] = e^{-(x-\mu)/\beta}$$
$$\ln[-\ln[F(x,\mu,\beta)]] = -(x-\mu)/\beta$$
$$-\ln[-\ln[F(x,\mu,\beta)]] = (x-\mu)/\beta$$
$$-\ln[-\ln[F(x,\mu,\beta)]] = x/\beta - \mu/\beta$$
$$\underbrace{-\ln[-\ln[F(x,\mu,\beta)]]}_{y\text{轴}} = \underbrace{x/\beta}_{x\text{轴}} - \underbrace{\mu/\beta}_{\text{常数}}$$

如果数据满足此模型,那么该数据点将落在一条直线上,如图 15.10 所示。

(2) 判断例 13.2 中数据是否满足 Gumbel 分布。

表 15.5 为 Gumbel 分布模型计算数据统计表,根据表中数据绘制相应的 Gumbel 分布图(见图 15.11)。

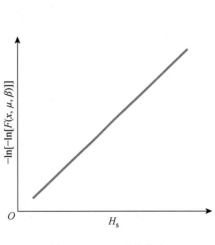

图 15.10　Gumbel 分布

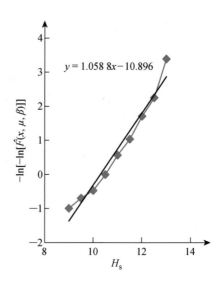

$y = 1.058\,8x - 10.896$

图 15.11　Gumbel 模型分布

表 15.5　Gumbel 分布模型计算数据统计表

波高 H_s/m	数据点数量	累积分布函数值 CDF, $\hat{F}_x$	累积分布函数的备用值, $\hat{F}_x$	$\ln H_s$	$\ln(-\ln(1-\hat{F}_x(x)))$
8.5～9	2	0.069	0.066 7	9	−0.996 2
9～9.5	2	0.137 9	0.133 3	9.5	−0.700 6
9.5～10	2	0.206 9	0.2	10	−0.475 9
10～10.5	5	0.379 3	0.366 7	10.5	−0.003 3
10.5～11	6	0.586 2	0.566 7	11	0.565 7
11～11.5	4	0.724 1	0.7	11.5	1.030 9
11.5～12	4	0.862 1	0.833 3	12	1.702
12～12.5	2	0.931	0.9	12.5	2.250 4
12.5～13	2	1	0.966 7	13	3.384 3
	29				

（3）利用 Gumbel 分布模型预估百年一遇波浪数据并进行数据分析讨论。

超出百年一遇观测数据 0.01 对应的概率。假设每年统计 29 组数据。则 100 年就有 $100 \times 29 = 2\,900$ 组数据。则

$$y = \ln\left[-\ln\frac{2\,900}{2\,901}\right] = 4.6$$

由图可知

$$x = 14.7$$

则有义波高 $H_s = 14.7$ m。

通过 Gumbel 分布模型分析得到的百年一遇海况的有义波高 H_s 与例 15.1 中利用韦伯

分布模型得到的结果相同。然而,需要注意的二者的分析方法是不同的。

符号表

$F(x)$	累积密度分布函数
$f(x)$	概率密度函数
H_{m0}	有义波高
m_j	J 阶谱矩
N	总波浪数
n_x	低于某波高 x 的波浪数
$S(\omega)$	海浪谱
t_p	c 谱峰周期
t_{m02}	平均跨零周期
σ	标准差
ω	频率

参考文献

Haver, S., Lecture Notes in Analysis of Wave Statistics, University of Stavanger, 2014.

扩展阅读

- Leira, B., Probabilistic Modelling and Estimation, Compendium, NTNU, Trondheim, 2005.

- Myrhaug, D., Statistics of NarrowBand Processes and Equivalent Linearization, Compendium, NTNU, Trondheim, 2005.

- Naess, A. & Moan, T., Stochastic Dynamics of Marine Structures, Cambridge University Press, Cambridge, UK, 2013, 410p, ISBN 978-0-521-88155-5.

- Newland, E., An Introduction to Random Vibrations, Spectral and Wavelet Analysis, Third Edition, Longman, London, 1993.

附　录

本附录提供有关海洋技术和作业中使用的软件程序的信息。它还对分析过程中使用的获取极端波浪值的方法提供了有用的见解值,从而减少分析时间并节省资源。

附录 1　适用的软件程序

石油和天然气行业中进行海洋结构的设计和分析的软件程序数量有了很大增长。其中一些软件程序具有相似的功能,许多公司使用的软件的选择受到不同因素的影响,包括位置、易用性和专家知识。

应该指出的是,软件程序的使用不是"本身就是最终产品",换言之,用户应该能够使用简单的检查来验证分析的结果,或其他验证手段,如手算,专家判断等。所以本书正文中介绍的海洋技术和作业知识是一种必要的背景。

以下是目前正在使用软件程序的海洋技术和作业的一些方面。

管道和立管设计和分析,包括:海底脐带立管和流线(SURF);生产和钻井立管;刚性立管概念;柔性立管概念;混合立管概念。

位置保持包括:系泊系统;动态定位系统。

安装分析包括:管道和立管安装;管道的在位稳定性;海底设备的安装;升降。

船舶稳定性和海上结构物的运输。

以下是一些适用的软件程序:

- ORCAFLEX
- RIFLEX
- SIMO
- HYDRO-D
- ANSYS
- VIVANA
- INVENTOR
- STAD-PRO
- FLEXCOM

大多数软件程序可用于执行以下分析:

- 静态分析:仅考虑功能载荷
- 准静态分析:考虑水流和功能载荷
- 动态分析:考虑环境和功能载荷
- 时域或频域分析

- 疲劳分析:波浪疲劳和 VIV 疲劳
- 干扰分析
- 规则检查

这里将提供使用 ORCAFLEX 软件程序的快速指南。这是 Orcina 有限公司的产品,读者可以在 Orcina 网站上的软件(www. orcina. com)找到更多有关这方面的信息;最新版本的演示版本可以在网站 www. orcina. com/SoftwareProducts/OrcaFlex/Demo 免费下载。里面也提供了不同应用领域的例子。

A1.1 ORCAFLEX 软件程序

该软件是一个完全的 3D 非线性时域有限元程序,它能够在初始配置中灵活地设置任意大挠度。它可以用来对整个系统或各条线进行模态分析。它可以用于在不同的海况下进行极端响应分析,并进行海上海洋结构的疲劳分析。

当前版本 9.7 可用于在设计或执行时进行多次规则检查或分析海上系统,包括:

- DNV-OS-F201
- DNV-OS-F101
- PD-80010
- API-RP-1111

应用领域包括:

①立管系统:钢悬链立管(SCR),顶部张紧立管(TTR),混合材料,弹性材料,脐带,软管。

②系泊系统:伸展,转台,SPM,码头等。

③拖曳系统:束动力学,地震阵列,拖曳物体等。

④安装计划,涵盖各种场景的功能。

⑤国防,海洋可再生能源,海床稳定和许多其他类型的系统。

在 ORCAFLEX 中对待分析的结构进行建模后,需要分析人员进行分析,通过提供诸如水深,波浪和水流等信息来定义海洋环境数据,并区分正规海域或随机海域。ORCAFLEX 提供了广泛的结果,分析人员只需要提取相关工作结果。

A1.1.1 软件概述

该软件程序在安装了软件的计算机上以类似其他基本软件的方式启动。这可以通过桌面,从开始菜单或通过其他可用的快捷方式来完成。程序开始时,软件向用户呈现表示海洋环境的三维视图;该视图显示了海面,海底和一个代表周围的环境的黑暗的空白空间。这个主窗口如图 A1.1 所示,其中蓝线代表海面,棕色线代表海底。

1) 菜单栏

菜单栏有各种命令,包括打开,保存,打印和出口命令。它具有数据和对象编辑功能。

它提供访问使用的设施用于建模,启动,停止和重放分析。它可以用于访问不同模型的视图。它提供用于获取分析结果的命令,并可用于访问多个窗口和工作区。

2) 工具栏

工具栏可以被描述为菜单栏的快捷方式,它提供了一个快捷方式来访问菜单栏中的大

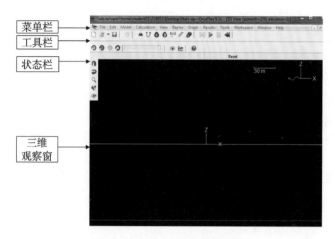

图 A1.1　ORCAFLEX 主窗口

多数命令。换句话说，它提供了一个快速访问大多数用于建模，分析和获得结果的命令。在 OrcaFlex 中可以找到一个关键工具的列表，它们的功能如表 A1.1 所示。

表 A1.1　OrcaFlex 工具

工具	任务	描述
	新建	删除模型中的所有对象并将数据重置为默认值
	打开	打开保存的 OrcaFlex 文件-数据文件（.dat 或.yml）或模拟文件（.sim）
	保存	保存 OrcaFlex 文件-数据文件或模拟文件
	模型浏览器	转换模型浏览器的可见性
	新船舶	创建新的船舶-船舶（物体）放置在 3D 视图中下一个鼠标点击的位置
	新线	创建新线
	新的 6D 浮标	创建新的 6D 浮标
	新的 3D 浮标	创建新的 3D 浮标
	新的绞车	创建新的绞车

工具	任务	描述
	新的链接	新的链接
	新形状	创建新的形状
	单个静力学	开始单个静力学计算
	运行动态模拟	开始动态模拟
	暂停动态模拟	暂停模拟
	重启	重置模型，丢弃任何现有的结果
	开始/停止重播	开始或停止模拟的重播
	一步重播	逐步向前或向后逐帧播放一帧。单击按钮可以前进；按下 SHIFT 和 CLICK 向后退一步
	编辑重播参数	调整重播参数，例如重播模拟的时间段，帧之间的时间间隔以及重播速度等。
	添加 3D 视图	添加另一个 3D 视图窗口。在屏幕上有多个视图可以让您同时观看系统的不同部分，或同时看到不同的意见（例如计划和海拔）
	选择结果	显示结果表单，它允许您从当前可用的图形和结果表中进行选择。可以在仿真运行之前创建诸如时间历史，XY 图和范围图之类的图形，从而允许您在仿真过程中观察变量
	OrcaFlex 的帮助	打开 OrcaFlex 在线帮助系统
	向上/向下/左/右旋转	通过视图旋转增量更改活动 3D 视图的视图方向
	放大/缩小	单击缩放按钮可放大（减小视图大小）或按住 SHIFT＋CLICK 以缩小（增加视图大小）
	更改图形模式	切换线框和阴影之间的图形模式
	编辑视图参数	调整活动 3D 视图的视图参数

3）状态栏

状态栏提供有关当前操作正在进行的信息,并分为消息框,状态指示符和信息框。

4）3D 视图

3D 视图窗口以图形型式显示当前模型,并提供系统每个部分的良好图形表示。主窗口也可以分为子窗口,显示图表,电子表格和文本。

A1.1.2 建模和分析

在建立海洋结构模型之后,ORCAFLEX 中的分析顺序如图 A1.2 所示。如果静态分析不收敛,则不可能执行动态分析,这将要求用户修改配置或时间步。

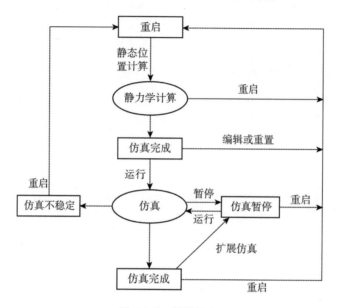

图 A1.2 模型状态

ORCAFLEX 中的坐标系如图 A1.3 所示,这包括一个通用全局坐标系统,对于每个建模对象,表示为 GXYZ 和局部坐标系统($Vxyz$)。

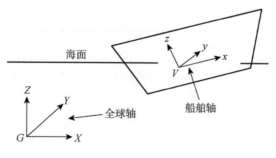

图 A1.3 ORCAFLEX 坐标系

ORCAFLEX 中的各种艏向和方向如图 A1.4 所示,通过提供方向的方位角来指定,逆时针测量。

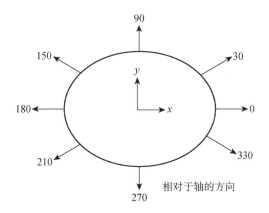

图 A1.4　ORCAFLEX 艏向和说明

图 A1.5 描述了如何指定仿真时间以及如何将其分为不同的情况。如果想要捕捉仿真的一部分,而不是整个仿真周期,这个信息特别有用。

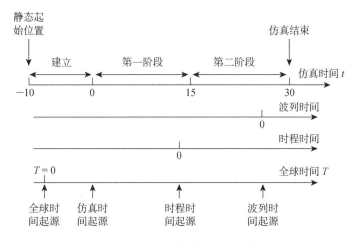

图 A1.5　设置仿真时间和阶段

Orcina 提供了 ORCAFLEX 在海洋结构中的应用实例,对初学者有用,可以学习更多关于如何使用该软件的知识,并且可以通过以下链接找到:

http://orcina.com/SoftwareProducts/OrcaFlex/Examples/index.php

在某些时候,OrcaFlex 的大多数用户需要创建一系列输入文件,这些输入文件是基本输入数据集上相对简单的变体。这些变化可能是为了以下原因:

（1）分析需要完成的不同环境条件。这可以是极端和疲劳的环境。

（2）参数变化,如试图了解一条线路的长度的小变化,其挂起位置,外径等可能对结果有影响。

（3）输入数据敏感性研究。例如,如果您不确定某个输入数据项目的确切值,为该项目运行多个具有不同输入值的仿真。如果结果在很大程度上是不变的,那么你不需要花更多的时间来更准确地定义这个输入值。但是如果结果不同,那么你需要花更多的时间进行准确的评估该输入值。

（4）网格收敛检查。网格收敛检查。为了获得数值网络的准确性的唯一方法是执行一系列具有不同网格大小的模拟，并查看结构如何变化。

解决这些"变化"问题的唯一方法是使用 OrcaFlex 提供的几种"自动化"方法之一。为了方便，OrcaFlex 提供了几种系统地改变输入数据的方法：Excel 中内置的预处理和后处理；通过 Python 和 Matlab 的高级编程接口；C,C++或者德尔福的低级编程。用户可以自行选择最适合其能力和自动化灵活性需求的方法。

附录 2　极值统计

真正的大海是小波浪和大波浪的结合体，因此在考虑不规则的海域时是可取的，以获得具有一定超越的概率的极值，在给定的回报期内建立海上结构的极端响应。使用统计估计可以从随机波时间序列中获得极值。可以采用的统计方法通常分为两组，它们是：

①使用瑞利分布应用所有波峰值的直接计算。

②使用威布尔分布，冈贝尔分布或广义帕累托分布（GPD）拟合到极值的分布。

讨论 Rayleigh,Weibull,Gumbel 和 GPD,并重点介绍它们适用于海洋技术和操作的领域，说明它们用于从仿真时间序列确定极端值的方法。最后，考虑 ORCAFLEX 中的一个示例，以根据 Weibull 分布方法确定极值。

A2.1　瑞利分布

瑞利分布是一个连续的概率分布，概率密度函数由下式给出：

$$f(x;\sigma) = \frac{x}{\sigma^2} e^{-\frac{x^2}{2\sigma^2}}, \quad x \geqslant 0 \tag{A2.1}$$

并且累积概率函数由下式给出：

$$F(x) = 1 - e^{-\frac{x^2}{2\sigma^2}} \quad 对于 \ x \in [0, \infty] \tag{A2.2}$$

式中，$\sigma > 0$，是比例参数。

该方法考虑所有相关数据，并直接计算。如果变量是固定的高斯过程，瑞利分布只适用于极值统计。对于深水波来说，静态高斯过程的假设是合理的，并且对于与波高有关的近似线性响应是合理的。然而，对于其他变量，该假设是不合理的，并且可能导致对其极值的估计有所误差。

A2.2　威布尔分布

威布尔分布是连续概率分布，双参数密度函数由下式给出：

$$f(x;\alpha,\beta) = \frac{\beta}{\alpha} \left(\frac{x}{\alpha}\right)^{\beta-1} e^{-\left(\frac{x}{\alpha}\right)^{\beta}} \quad x \geqslant 0 \tag{A2.3}$$

累积分布函数由下式给出：

$$F(x) = 1 - \exp\left(-\left(\frac{x}{\alpha}\right)^{\beta}\right) \tag{A2.4}$$

式中，$\beta > 0$，是形状参数；$\alpha > 0$，是比例参数。

威布尔分布的密度函数取决于 β 的值。当 $\beta=2$ 时,分布衰减到瑞利分布。经验累积分布图函数可用于检查数据集是否符合威布尔分布。通常情况下,该图是在威布尔绘图纸上绘制的,如果数据近似形成一条直线,则认为数据符合威布尔分布。

威布尔分布适用于许多领域,常用于海洋系统的极端响应分析。

A2.3　Gumbel 分布

Gumbel 分布是一个连续的概率分布,它也称为 log-Weibull 分布;它具有以下概率密度函数:

$$f(x;\mu,\beta) = \frac{1}{\beta} e^{-\left(\frac{x-\mu}{\beta} + e^{-\frac{x-\mu}{\beta}}\right)} \tag{A2.5}$$

累积分布函数由下式给出:

$$F(x) = e^{-e^{-(x-\mu)/\beta}} \tag{A2.6}$$

耿贝尔分布与威布尔分布密切相关,然而,当考虑具有已知下边界的最小值的分布时,可以选择威布尔分布。当考虑到最大极值的时候,耿贝尔分布是适用的。

A2.4　广义帕累托分布(GPD)

广义帕累托分布是连续概率分布族,常用于模拟另一种分布的踪迹。GPD 由三个参数指定,概率密度函数由下式给出:

$$f(x;\xi,\mu,\sigma) = \frac{1}{\sigma}\left(1 + \xi\left(\frac{x-\mu}{\sigma}\right)\right)^{-\left(\frac{1}{\xi}+1\right)} \tag{A2.7}$$

累积分布函数由下式给出:

$$F(x) = 1 - \left(1 + \xi\left(\frac{x-\mu}{\sigma}\right)\right)^{-\left(\frac{1}{\xi}\right)} \quad 对于 \ \xi \neq 0, \tag{A2.8}$$

$$F(x) = 1 - e^{-\left(\frac{x-\mu}{\sigma}\right)} \quad 对于 \ \xi = 0 \tag{A2.9}$$

式中,μ 是位置参数;σ 是比例参数;ξ 是形状参数。

基于其合理的数学基础,相对于威布尔分布,一些统计分析师优先考虑广义帕累托分布。这两种分布在极值分析中的应用是相似的,不同之处在于用于预测极值的拟合统计分布。

A2.5　极端反应统计分析

真实海洋中的每个海洋状态都是独特的,因此,应分别分析每个海洋状态的响应,以确定海洋状态的最大响应的条件分布。这个可以通过进行一些模拟来实现。

使用连续概率分布的类比,不规则海况的极端响应的累积密度函数可表示为

$$F(x) = \iiint F(x \mid \overline{U}, H_s, T_z) \cdot f(\overline{U}, H_s, T_z) d\overline{U} dH_s dT_z \tag{A2.10}$$

式中,x 是响应变量;$F(x \mid \overline{U}, H_s, T_z)$ 是响应的条件分布;$f(\overline{U}, H_s, T_z)$ 是参数的联合概率密度。

在考虑长期分布时,可以假定海洋状态是独立的,在一些海洋状态下最大响应不超过的概率为

$$F(x) = (F(x))^N \tag{A2.11}$$

式中，N 是一段时间内独立海态的数量；x 是在 N 个海况下的响应的最大值。

回归周期 T 可以用来描述极端反应，这由下式给出：

$$T = \frac{1}{1 - F(x)} \tag{A2.12}$$

以下方法可用于从模拟时间序列确定 a 的极端响应分布：
- MAX 方法—只考虑每个时间序列的最大值。
- 峰值超过阈值（POT）方法—将峰值超过一定阈值考虑在内。

MAX 方法和 POT 方法在下面的章节中讨论。

A2.5.1 MAX 方法

在这种方法中，从每次模拟中挑出最大响应值。然后将这些最大值数值拟合为极值分布，例如威布尔分布。该这种方法的局限性在于，必须进行多次仿真，因为对于每次仿真只取最大值。如基于年度极端海况的 50 年仿真数据将只给出 50 个数据点。MAX 方法不限于年度最大响应，也可以使用两年一次，季节性，每月或每日最大值。

先决条件是确定仿真的数量，以及仿真应运行多长时间，以实现良好的分布拟合。一般来说，仿真的数量越多，运行时间越长，估计的响应越好。但是，仿真的数量运行时间对极值的估计几乎没有影响。

对所需的仿真长度没有硬性规定，但是，较长的仿真长度优选较短的仿真长度。平均来说，仿真时间为 30 分钟到 1 小时可能被认为是足够的。

A2.5.2 峰值超阈值（POT）方法

POT 将峰值超过一定的阈值考虑在内（见图 A2.1）。

如果原始分布处于极值分布的范围内，POT 遵循广义帕累托分布。

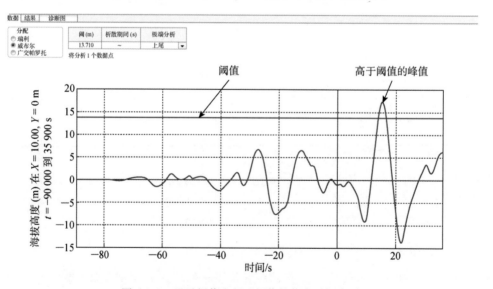

图 A2.1　显示阈值和超过阈值的仿真时间序列

在峰值超阈值中使用的数据应该从原始仿真时间序列中获取，其方式可以将它们建模为独立观测值。这可以通过称为解聚的过程来实现。解聚集确保仅从仿真时间序列中保留在连续超出定义阈值的群集中的峰值观测值。此外,它仅考虑峰值超阈值一定范围内的峰值。

与 MAX 方法相比这种方法允许更多的数据或信息用于统计分析。阈值的选择是一种主观选择,非常高阈值可能导致分析的峰值很少,而极低的阈值可能会导致数据设置方差很高。

最低要求的阈值可以从阈值稳定性属性中确定广义帕累托分布,即

$$\sigma_u = \sigma_{u0} + \xi(u - u_0) \tag{A2.13}$$

式中,u_0 是最小阈值;u 是较高阈值;σ 是广义帕累托分布的尺度参数;ξ 是广义帕累托分布的形状参数。

式(A2.13)的一般思想是,如果最小阈值 u_0 的峰值能够提供合理的广义帕累托分布模型,那么更高的阈值 u 也应该提供合理的广义帕累托分布。

可以用许多数值方法来评估参数,如极值分布的 σ 和 ξ。这些方法中的大多数都给出了可用于估计参数的显式公式,一些方法包括概率加权矩(PWM)方法和矩量法。由于其灵活性,许多分析师优先考虑最大似然估计方法(MLE)。MLE 与贝叶斯估计技术一致。

读者可以参考统计方面的教科书了解更多关于这些方法的信息。另外,像 Matlab 这样的软件可以用来以更有效的方式评估参数。

在进行有义波高数据极值分析时,以下是一些推荐的步骤:

①选择峰值有义波高,MAX 或 POT,并考虑到分解。

②选择极值分配方法;在 POT 的情况下应该使用广义帕累托分布。

③选择确定所选分布的未知参数的方法。

④在 POT/广义帕累托分布的情况下,阈值图指导选择阈值。

⑤估算对应于一个或多个规定的返回周期的极值。

⑥量化估算中的不确定性;这可以使用置信区间来实现。

参考文献

[1] ORCINA, ORCAFLEX [online], 2014, http://www.orcina.com/SoftwareProducts/OrcaFlex/index.php [Accessed 30 July 2014].

[2] Cheng, P. W., A reliability based design methodology for extreme responses of offshore wind turbines, DUWIND Delft University, The Netherlands, 2002.

[3] Pickands, J., Statistical interference using order statistics, Annals of Mathematical Statistics, Basel, 1975.

[4] Caires, S., Extreme value analysis: wave data, Joint WMO/IOC Technical Commission for Oceanography and Marine Meteorology (JCOMM) Technical Report, No. 57, Geneva/Paris, 2011.

专业的海洋工程水下平台

Forum公司
各类型工作级/观察级ROV

高性能智能控制系统
搭载各种作业工具的高负载设计
油气行业检查型、轻量型、工作型各种作业

Forum公司
丰富的一站式产品线

挖沟机、推进器、绞车、脐带缆管理系统、
作业工具等一应俱全

一站式声呐解决方案

Teledyne Reson公司
多波束测深系统

- 卓越的高分辨率测深数据
- 自动探测跟踪海底管线功能
- 独特的模块化声呐设计
- 双探头、长量程、各种耐压深度可选

Coda Octopus公司
三维图像声呐

- 高分辨率的三维实时声呐
- 数据更新率高达20Hz
- 低能见度下仍获得清晰3D图像
- 动态监测水下施工、海上钻井平台拆建等

AAE公司
超短基线水下定位系统

- 高精度动态追踪水下潜水员、ROV/AUV、拖体等
- 安装于驳船、油气平台、浮体等

中船海鹰加科海洋技术有限责任公司
CSSC HAIYING-CAL TEC MARINE TECHNOLOGY CO.,LTD.

地　址：江苏省无锡市梁溪路18号
电话：0510-88669692
传真：0510-88669700

网　　址： www.haiyingmarine.com
产品咨询： sales@haiyingmarine.com
服务支持： service@haiyingmarine.com

关注 **船海書局**® 微信公众号

➡️ **船海書局**® 官方网站 www.ship-press.com